国家社科基金西部项目

"中西方必然推理比较研究——以《九章算术》刘徽注为对象"

（11XZX009）成果

张学立

杨岗营

/ 著

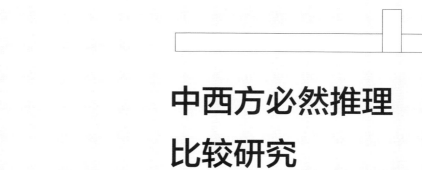

中西方必然推理
比较研究

社会科学文献出版社
SOCIAL SCIENCES ACADEMIC PRESS (CHINA)

序

　　合理的思维方式是文明的基石，在不同思维方式下产生的哲学、宗教以及其他思想理论体系也形态各异，这也导致了不同文明呈现出不同的样貌。而逻辑是研究思维方式及其最一般规律的学问，通过对三大逻辑体系（中国名辩学、印度正理-因明和西方逻辑学）的比较研究，可以揭示各自文明思维方式的不同特征，进而洞悉其文明的不同底色和根本特征，彰显不同文明的本质。在此基础上，探究以不同逻辑体系为基底的文明所呈现的理论建构和说理特征，有助于在世界交流对话时更好地以相互认可的方式进行沟通，特别是为世界从思维方式这一根本层面增进对中华文明的理解和认同提供借鉴，进而助力我国国际话语权的提升。

　　2022年10月28日，习近平总书记在位于安阳市西北郊洹河南北两岸的殷墟遗址考察时提出了"建设中华民族现代文明"的重要论断。2023年6月初，习近平总书记在文化传承发展座谈会上强调，"在新的起点上继续推动文化繁荣、建设文化强国、建设中华民族现代文明，是我们在新时代新的文化使命"[①]。建设中华民族现代文明，已经成为中华民族豪迈前行的目标航向和指路明灯！

　　习近平总书记强调，"把世界上唯一没有中断的文明继续传承下去""做好中华文明起源的研究和阐释"[②]，这为广大学者提出了新的时代

---

① 习近平：《在文化传承发展座谈会上的讲话》，人民出版社，2023，第10页。
② 《深入学习贯彻习近平总书记在文化传承发展座谈会上的重要讲话精神》，人民出版社，2023，第2、3页。

课题。

要阐释好中华文明，就必须回答一个问题，为什么在历史长河中，只有中华文明是唯一没有中断的文明，随之而来的一个问题是，这将如何助力构建中华民族现代文明。

中华文明和世界其他文明的一个巨大差异是，世界其他文明都曾经有过或长或短的中断，甚至有些文明已经消亡，但是中华文明在数千年的历史中一直没有中断，绵延不绝、持续至今。一个重要的原因是，中华文明在不断的冲突中展现出强大的文化生命力。

这种文化生命力一方面来自文化的内涵，这既包含儒家的仁爱天下，也包括道家的道法自然以及墨家的兼爱尚同等；另一方面也来自文化的交流方式，即文化所体现的中华民族特有的思维方式：兼容而不排斥，辩证而不极端。

人们常常关注的是文化的内涵，而忽略了文化的思维方式特性，应该说中华民族在历史长河中，之所以能够在各种冲突中绵延不绝、奔流不息，文化的内涵及其独有的思维方式这两者是不可或缺的核心因素。

因之，在世界处于前所未有之大变局的今天，如何深刻挖掘中华文化的内涵和其独有的思维方式，并与世界其他文化的思维方式沟通、融合，以应对前所未有的新挑战，成为摆在广大学者面前的一个崭新时代课题。

文明的此消彼长，必然造成文明间的冲突。特别是，在一种文明的发展、上升乃至强盛期，必然要面临其他文明的理解和认同等问题，这样，交流、沟通和融合就显得尤为重要了。因此，在文明的构建、交流中，话语权至关重要！所谓话语权，既包括话语内容，又包括话语方式。在东西方文明的冲突中，特别是由于近代科技的兴起，西方文明在诸多方面超越东方文明，取得了话语的影响力。在这一过程中，我们意识并关注比较多的是思想（话语内容）层面的话语权的丧失，而较少意识到在话语方式层面的话语权的丧失。但在某种意义上，这是一种更为根本的话语权的丧失，因为失去了沟通方式上的话语权，我们会陷入有理说不出、有理说不清、有理无处说的非常尴尬的境地。而中国传统话语方式（如名家的名学、墨家的辩学、儒家的正名理论等）所展现的无疑是我们中华民族（甚至东方文明）的话语方式，名辩等成绝学，根本上是传统话语方式的丧失！在此意义上，名辩学等中国传统话语方式不仅是历史文化资源，更是民族复兴的战略资源。中国学者应该肩负起历史责任，阐发好中华民族的话语方式，让世界理解中国话语方式、接受中国话语方式、共享中国话语方式！

对于世界文明的划分，存在不同的说法。如果从古代文明的角度看，通常的说法是存在四大古文明，即古印度文明、古埃及文明、古巴比伦文明和中华文明；如果从现代社会看，则主要有中华文明、英美文明、伊斯兰文明等；如果从思维方式的层面看，则主要有中华文明、古希腊文明和古印度文明等。

从不同的角度来看文明的分野，均可透视不同文明的差异。但是角度不同，认识的差异程度也有所不同，例如从古代文明的角度看，不同文明体现的主要是文化的差异；从现代社会看，不同文明体现的主要是物质的和价值观的差异；而从思维方式的层面看，不同文明则体现出更为根本的差异，因为思维方式的不同，是底层的差异，会从根本上影响其他方面的差异，如文化的差异、物质的差异和价值观的差异等。合理的思维方式是文明的基石，在不同思维方式下产生的哲学、宗教以及其他思想理论体系也形态各异，这也导致了不同文明呈现不同的样貌。

因此，从思维方式的层面认识不同文明的差异，对于探寻不同文明之间的冲突由以产生的根源，并从根本上消除差异，进而达成诸文明间的交流互信具有更深层次的理论价值和实践意义。

逻辑是研究思维方式及其最一般规律的学问。世界有三大逻辑体系，这实际上也体现了三种形态各异的思维方式。这三大逻辑体系是中国名辩学、印度正理-因明和西方逻辑学。

中国早在春秋战国时期就有了逻辑思想的萌芽。其时社会剧烈变动，学术上出现了"百家争鸣"的局面。各家各派为了宣传自己的主张、驳斥别家别派的观点，必然要对论辩的原则、方法等进行探讨、总结。当时出现了一个专门从事名辩学研究的学派——名家，中国古代的名辩之学包含非常丰富的逻辑思想。儒家创始人孔子提出著名的"正名说",强调"名不正,则言不顺;言不顺,则事不成;事不成,则礼乐不兴;礼乐不兴,则刑罚不中;刑罚不中,则民无所措手足"。后期墨家比较全面地总结了前人的名辩成果,写出了中国历史上的名辩学经典——《墨经》,建构了一个完整的名辩学体系,这标志着中国古代名辩学的创立。《墨经》总结了辩的六项作用;提出了或、假、效、辟、侔、援、推等七种不同的判断、推理形式,并具体说明了这些判断、推理形式可能产生的谬误及其原因。先秦时期各家对名辩的探讨,奠定了中华传统文化的基本思维方式。

古代印度教派林立,论辩之风盛行,产生了以论辩为主题的论究学。经过苏拉巴(Sulabh)等人的努力,树立了公允、合理的论辩精神。因明是古代印度逻辑的一个主要流派。因,指原因或理由;明,指学问或学说。因明,即指关于原因或理由的学问或学说。公元400年前后,弥勒(Maitreya)口述了一部涉及论辩术的著作《瑜伽师地论》,该书被称为因明的"第一部正式论著"。古印度大乘佛教瑜伽行派论师陈那(Dignāga,约440—520)被公认为新因明的代表人物。他改进因明五支论式为三支论式,如:(1)宗:声是无常。(2)因:所作性故。(3)喻:若是所作,见彼无常,如瓶;若是其常,见非所作,如虚空。从而形成了因明独特的说理论证方式。

公元前7至前6世纪,希腊建立了许多奴隶制的城邦。此时古希腊也处于"百家争鸣"的时期,当时辩论之风盛行,产生了论辩术。到公元前3世纪,古希腊哲学家亚里士多德集前人之大成,创立了以三段论为代表的古典逻辑学。中世纪的经院哲学家们进一步发展了逻辑学。文艺复兴之后,归纳逻辑得到了很大的发展。英国哲学家弗朗西斯·培根提出了著名的"三表法",英国哲学家穆勒(Mill)进一步发展了培根的归纳思想,提出了著名的"穆勒五法"。17世纪末,德国哲学家莱布尼茨(Leibniz)提出了建立"普遍语言"和"思维演算"的思想。这成为今天计算机科学、人工智能科学的思想基础。20世纪之后,现代逻辑获得了极大的发展,这直接奠定了计算机科学的理论基础。

实际上，三大逻辑起源及其体系在今天也体现出其所代表的各自文明的不同样貌。

这三大思维方式也深刻影响着各自文明的发展和进步。仅就古希腊逻辑体系而言，其对西方文明的影响是极其显著的。不难看出，现代西方文明是建立在近代科学及其后来发展的基础之上的。而对于科学与逻辑的关系，爱因斯坦曾经明确指出："西方科学的发展是以两个伟大的成就为基础，那就是：希腊哲学家发明形式逻辑体系（在欧几里得几何学中），以及通过系统的实验发现有可能找出因果关系（在文艺复兴时期）。"他还说："科学家的目的是要得到关于自然界的一个逻辑上前后一贯的摹写。逻辑之对于他，有如比例和透视规律之于画家一样。"① 由此可见，古希腊的逻辑体系及其现代形式才是西方文明的底色。

中国传统思维方式、印度因明之于各自文明的影响，其研究尚不深入，也很不系统，亟待加强。只有充分厘清中华文明的根本思维方式，才能培根沃土，助力构建中华民族现代文明。

对世界三大逻辑体系进行比较研究，在这方面，国外的论述较少，一个重要的原因是世界对中国名辩学缺乏充分的理解和认识，并且即使有所认识，也是较为晚近的事情。国内方面，在清末民初之际，西方逻辑输入中国，而在汉唐时期即已传入中国的印度因明逻辑也得以复苏，至此，各具千秋的世界三大逻辑体系在中国形成鼎足之势，梁启超等开了三大逻辑体系比较研究的先河，但这方面的研究总体比较零散，未能出现系统性的比较研究成果。

对世界三大逻辑体系进行比较研究，代表性著作主要有俄国舍尔巴茨基所著的《佛教逻辑》和我国学者张家龙主编的《逻辑思想史》。《佛教逻辑》详细地论述了佛教逻辑的产生和发展，对晚期大乘佛教的认识论和逻辑学进行了深入的讨论，该书以印度其他哲学流派的逻辑及亚里士多德逻辑为参照，指出了佛教逻辑在推理形式方面的特征。《逻辑思想史》采用逻辑与历史相统一的方法从逻辑思想的层面论述了世界三大逻辑学传统的基本理论和基本概念的演进历史。

---

① 《爱因斯坦文集》第一卷，许良英、范岱年编译，商务印书馆，1976，第574、304页。

要构建中华民族现代文明，就必须让世界理解中国逻辑思维方式，理解中国话语表达方式，从而建立更加公正、和谐、相互尊重、相互理解、相互包容的话语交流体系，为构建中华民族现代文明营造良好的外部环境。

基于上述原因，亟待加强三大文明思维方式比较与国际话语权提升研究。因此，张学立、杨岗营两位教授的《中西方必然推理比较研究》的出版，可以说正当其时！

该书不局限于先秦名学、辩学以及墨学相关思想的研究、分析，而是从刘徽《九章算术注》的分析入手，从中西方数学文化出发，对中西方必然推理产生的文化背景、思想基础、表现形式进行独特的比较研究。

该书在比较逻辑研究方面具有以下几个鲜明的特色。

首先，具有视野开阔的文化逻辑观。该书所秉持的文化逻辑观是：在不同语言、文化视域下研究逻辑问题，需要对逻辑进行全面的文化定位和文化阐释。作者认为：第一，要关注逻辑和言语、语言的关系；第二，文化决定逻辑，不同的文化决定不同的逻辑；第三，文化逻辑观是基于逻辑和文化的相互影响、相互联系的多元逻辑观。作者认为，逻辑在本质上是一种约束一切人类语言和理性思维的规则和规范。这种规则和规范具有超越各种语言的普遍性，同时也因不同文化而具有特殊性。该书以文化逻辑观这一多元逻辑观的视角展开比较研究。作者基于中国文化的视角，对逻辑、中国逻辑的内涵以及逻辑的共同性与特殊性，逻辑观念对中国逻辑研究的影响等，进行深入探究，为比较逻辑学研究的展开奠定了观念和方法的基础。

其次，具有高度自觉的比较逻辑学学科理论构建意识。作者对比较逻辑学的学科定位、基本内涵和研究方法进行了系统的阐述，尝试构建比较逻辑学学科理论体系，为比较逻辑学的发展奠定理论基础。作者指出比较逻辑学具有特定的研究领域，即三大逻辑体系各自特征以及三者之间的相互联系；比较逻辑学的价值取向是以三大逻辑体系之间的平等对话与贯通融合为主要研究诉求，从人类历史背景与文化传统的角度进行解释，以促进不同文化、不同思维方式之间的对话与沟通；比较逻辑学的理论立场是在体现学术能量和学术眼光的"比较视域上"进行分析和综合。

再次，昭示了比较逻辑学研究的鲜明范式。该书提出了比较逻辑学研究的描述、评价、会通之"三层次"理论，并在此基础上展开中西方必然推理的比较研究。在描述研究中，主要探究的是中西方必然推理的实际存在状态；在评价研究中，通过对中西方必然推理的比较分析，揭示中西方必然推理各自不同的特点；在会通研究中，对三种逻辑传统进行全方位、跨文化的重构，以促进不同文化、不同思维方式之间的对话与交流。提出了历史分析与文化诠释的研究方法。

最后，对中西方必然推理进行了多层次的系统研究。（1）在描述视野下概要地对中西方逻辑必然推理的思想源流进行了梳理，揭示了中国传统"推类"推理的逻辑属性，指出中国古代的推类，其"必然地得出"的"机理"是"类同理同"，进而彰显了不同历史文化背景下不同逻辑体系各自的内涵和光彩。（2）在评价视野下对中西方必然推理进行比较研究。初步探究了《周易》揲法的逻辑性质，认为《周易》揲法逻辑推理的本质是以一次同余式组理论为内核的必然推理机制；提出"推类"是刘徽演绎逻辑的核心，是中国古代数学的主导推理类型。（3）在会通视野下对中西方必然推理进行比较研究。作者选取刘徽《九章算术注》之"开方术""测量术"的具体术文作为研究对象，尝试应用中国逻辑"推类"推理和西方公理化演绎推理进行分别求解，从而分析中西方必然推理机制殊途同归的原因。

毫无疑问，这是一部比较逻辑学的开山之作！一部奠基之作！

杜国平

2024 年 1 月

目　录

导　论 ……………………………………………………………………… 1

第一章　逻辑观念 …………………………………………………… 7

　第一节　逻辑观念与文化逻辑观 …………………………………… 7

　第二节　逻辑观念与中国逻辑研究 ………………………………… 10

　第三节　逻辑观念在中国语境中的意义演变及其新审视 ………… 29

第二章　中国逻辑研究回顾 ………………………………………… 44

　第一节　新近中国逻辑研究的特点和趋势 ………………………… 44

　第二节　中国逻辑研究的影响因素 ………………………………… 53

　第三节　中国传统"推类"推理的逻辑属性 ……………………… 60

第三章　中西方推理的文化差异 ………………………………… 71

　第一节　逻辑的文化相对性 ………………………………………… 71

　第二节　中西方推理是各自文化的产物 …………………………… 82

　第三节　中西方必然推理比较研究何以可能 …………………… 101

第四章　比较逻辑研究的理论建构 ················ 110

　第一节　中西比较逻辑义理探究 ················ 110

　第二节　比较逻辑研究的现状和意义 ················ 123

　第三节　比较逻辑研究的原则和方法 ················ 138

第五章　描述视野下的中西方必然推理比较研究 ········· 149

　第一节　描述视野下中国逻辑必然推理思想源流 ······· 150

　第二节　描述视野下西方逻辑必然推理思想源流 ······· 175

　第三节　中西方必然推理比较研究的首次尝试 ········ 182

第六章　评价视野下的中西方必然推理比较研究（上） ····· 187

　第一节　《周易》揲法推理 ················ 187

　第二节　《周易》揲法逻辑机制对"中国剩余定理"的影响 ······ 195

　第三节　必然还是或然：揲法推理机制评述 ········ 204

第七章　评价视野下的中西方必然推理比较研究（下） ····· 207

　第一节　刘徽演绎逻辑思想的传承与创新 ········ 207

　第二节　推类是刘徽注逻辑思路的主导推理类型 ······ 228

　第三节　中西方必然推理比较研究：以刘徽《九章算术注》

　　　　　为例 ················ 236

第八章　会通视野下的中西方必然推理比较研究 ······· 246

　第一节　基于刘徽《九章算术注》"开方术"的比较研究 ······· 246

　第二节　基于刘徽《九章算术注》"测量术"的比较研究 ······· 250

第九章　中西方必然推理比较研究展望 ············ 261

　第一节　中西方必然推理比较研究的领域可望再度拓展：

　　　　　从中西方音律比较看 ················ 261

第二节　中国数学推理机制在计算机时代应用展望 ············· 266

第三节　中国逻辑的未来 ······························· 268

参考文献 ··· 271

后　记 ·· 289

导　论

一　核心概念界定

1. 逻辑与推理

按照逻辑学的定义理论，作为概念的"逻辑"与"推理"不是同一关系，而是交叉关系。

逻辑，既指"逻辑学"，一门关于如何进行正确推理的学问；也指逻辑学所研究的具体的推理过程。

推理，是由前提出发、经由特定的思维进路得出结论的过程，是用一个或几个命题为理由以得出或确立另一个命题的思维过程。推理是人类三大思维方式（概念、判断、推理）之一，是思维方式的最高形式。

简言之，推理是逻辑的研究对象。基于此，在本书的行文中，并未严格区分逻辑与推理。

2. 必然推理与或然推理

逻辑学的分类方法，对推理的划分有两种结果。

其一，按照思维进程的走向，推理可以分为两种：一种是由一类事物的一般性或整体性（或全部）知识出发推出该类事物的个别性或局部性（或一个）知识的推理，简称"从一般到特殊"，是为演绎推理；另一种是由个别性或局部性（含一个）知识出发推出一类事物的一般性或整体性（或全部）知识的推理，简称"从特殊到一般"，是为归纳推理。

其二，按照推理前提与结论之间的关系，推理分为或然推理和必然推理。

必然推理，是从前提出发必然得出结论的推理，也叫作演绎推理。必然推理的结论真包含于前提之中。以必然推理为研究对象的逻辑，也被称为形式逻辑或演绎逻辑。

或然推理，是从前提出发不必然得出结论的推理，其推理形式主要有归纳推理、类比推理、溯因推理等。以或然推理为研究对象的逻辑，也被称为非形式逻辑。

本书所及：必然推理就是演绎推理，与模态逻辑中的"必然"没有任何关系。

"由于数学的确定性和严谨性，数学证明都是演绎证明。"① 本书主旨在于从中西方数学文化出发，对中西方必然推理产生的文化背景、思想基础、表现形式进行比较研究。说中国古代数学没有证明，是指没有演绎证明。证明是由推理组成的。因此，我们得首先分析刘徽《九章算术注》（以下简称《九章刘注》）中有没有演绎推理。

二 研究的缘起

学界公认，西方逻辑必然推理始于欧几里得《几何原本》的数学公理化演绎推理，大成于亚里士多德的三段论演绎推理；而"中国古代是否有逻辑"，至今仍是逻辑学界有争议的论题，其焦点恰恰在于中国古代是否有必然推理。②

爱因斯坦在面对中国古代辉煌的科学技术成就时，对其中究竟采用了何种方法感到"惊奇"、迷惑不解，他说：

> 西方科学的发展是以两个伟大的成就为基础，那就是：希腊哲学家发明的形式逻辑体系（在欧几里得几何学中），以及通过系统的实验发现有可能找出因果关系（在文艺复兴时期）。在我看来，中国

---

① 郭书春：《刘徽〈九章算术注〉中的定义及演绎逻辑试析》，《自然科学史研究》1983年第 3 期。

② 王路：《逻辑与哲学》，人民出版社，2007。

的贤哲没有走上这两步，那是用不着惊奇的，令人惊奇的倒是这些发现在中国全都做出来了。①

　　这段话的前半部分阐述了一个事实：西方科技成就的取得是建立在两大逻辑工具——演绎和归纳之上的，中国古代没有这两样工具。但是，通过对爱因斯坦全文的逻辑解读，不难发现，这段话的前后两部分构成一组类比推理的关系：

　　　　西方人→以"形式逻辑""归纳逻辑"为工具→取得科技成就（"西方科学的发展"）
　　　　中国人→　　　　　　　　　？　　　　　　　　　　→取得科技成就（"中国全都做出来了"）

　　根据类比推理规则，令爱因斯坦惊奇的、中国人"全都做出来"的科技成就，一定也是通过某种类似于西方逻辑的"工具"来实现的。这种具有中国文化特色的逻辑工具，也正是类比模式中"？"的答案。中国古代没有产生出演绎逻辑和归纳逻辑，那么，这些辉煌的科学成就赖以产生的"中国逻辑"是何种类型？其中蕴含着什么样的独特推理机制？

　　由于文化的差异，中国数学没有走西方数学公理化演绎推理的路径，而是形成了以解决实际问题为核心的数学机械化路径，②《九章刘注》是这种数学机械化思想的最优秀代表。刘徽全面论证了《九章算术》的公式解法，提出了许多重要的思想、方法和命题，在数学理论方面取得了斐然成绩。如果按照西方逻辑的推理类型分类，《九章刘注》综合运用了演绎推理、归纳推理、类比推理等多种推理形式，却无法较为明晰地归入哪一类别。笔者通过对《九章刘注》"割圆术""测量术"的实证研究，初步得出结论：中国古代数学的逻辑基础是"推类"推理——其形

---

① 《爱因斯坦文集》第一卷，许良英、范岱年编译，商务印书馆，1976，第 574 页。
② 吴文俊：《关于研究数学在中国的历史与现状——〈东方数学典籍《九章算术》及其刘徽注研究〉序言》，《自然辩证法通讯》1990 年第 4 期。

式上有类比推理的特征，但在前提与结论之间，则具有演绎逻辑必然推理的性质。

中国逻辑思想研究百余年来，大多集中在对先秦名学、辩学思想及其流变的整理、诠释领域，而对于中国传统数学的逻辑推理研究，则鲜有涉足。

与本书关联度较高的研究状况如下。

其一，数学史领域的研究。

国内该领域的成果以下述两部著作为代表。第一部是吴文俊主编《中国数学史大系》（十卷本）丛书的第二卷——《中国古代数学名著〈九章算术〉》，该书40多万字，从《九章算术》的形成与流传、内涵、成就与影响、与国外数学的比较研究四个方面，对这部数学经典进行了全面的研究。吴文俊认为《九章算术》《九章刘注》的数学机制是"出入相补原理"，他通过把中国古代数学原理和现代计算机技术相结合，创造性地提出了享誉世界的"吴方法"——数学机械化方法。2001年2月19日，在中共中央、国务院隆重举行的国家科学技术奖励大会上，朱镕基总理指出："（吴文俊）运用计算机进行数学定理证明和非线性方程组求解，彻底改变了数学机械化领域的面貌，为信息时代数学发展开辟了新途径。"[①] 第二部是李继闵著的《东方数学典籍〈九章算术〉及其刘徽注研究》，重点对蕴含其中的数学理论、方法进行挖掘，取得了大量原创性成果。

国外该领域的研究成果，以李约瑟（Joseph Needham）的《中国科学技术史》（数学卷）为代表。李约瑟长期致力于中国科技史研究。"李约瑟难题"是其研究中国科学技术史的中心论题："为什么在公元前1世纪到公元15世纪期间，中国文明在获取自然知识并将其应用于人的实际需要方面要比西方文明有成效得多？"本书的研究将为破解"李约瑟难题"提供有力的证据。

---

① 朱镕基：《推进科技创新造就杰出人才——在国家科学技术奖励大会上的讲话》，国务院公报，2001年第9号。

其二，科技哲学领域的研究。

周柏乔通过实证研究指出，刘徽算法是证明的一种方式，与布劳维尔（Brouwer）提出的直觉主义相呼应。他以《九章算术·少广》第12个问题——开方术（自然数55225的开平方）为例，从科技哲学的视角考察了机械化算法系统的可靠性、普遍性。周柏乔呼吁："让我们的目光从公理化方法转移到算法系统，也许会为科学的可靠性和普遍性等课题讨得说法，为科学哲学作出新的贡献，同时引发逻辑学家对算法的研究兴趣。"[①]

其三，逻辑史方面的研究。

刘邦凡的《中国逻辑与中国传统数学》，对中国传统数学中的逻辑类型与推理机制，进行了描述性的整理与研究。代钦的《儒家思想与中国传统数学》以中国传统数学的《九章算术》和古希腊的《几何原本》作为比较参照物，系统、深入地论述了儒家思想与中国传统数学之间的内在关系。该书在第三章"儒家思想抑制逻辑思想"中，讨论了刘徽逻辑思想与儒家的关系。

其四，演绎逻辑思想方面的研究。

郭书春先生经过研究，对《九章刘注》中的演绎逻辑思想进行了初步梳理和评价，他指出："刘徽对《九章算术》和他自己所提出的数学公式、解法，主要采取了从定义、公理和已有的公式、解法出发的演绎证明方法，并且基本上作到了论题明确而一致，论据真实而充分……更为难能可贵的是，他的许多重要理论，特别是属于几何方面的面积、体积、勾股等理论中，各个证明之间有着有机的联系，在实际上存在着一个由定义、公理出发的、由浅入深、一环扣一环的演绎逻辑系统。"[②] 同时，郭书春也指出《九章刘注》的最大缺陷在于：刘徽虽然用演绎方法证明了大部分数学命题，但是他始终没有把这个演绎逻辑系统用类似西方公理化的方法明确地表达出来，而是以注释的形式，把自己的杰出数学成

[①] 周柏乔：《公理化、算法与科学的可靠性》，载《第二届两岸逻辑教学学术会议论文集》，中国南京，2006年10月。

[②] 郭书春：《刘徽〈九章算术注〉中的定义及演绎逻辑试析》，《自然科学史研究》1983年第3期。

就和深刻的关于当时所掌握的数学知识的严谨的演绎逻辑系统，以迥然不同的形式表现在《九章刘注》这一经典著作的各个题目和解法中，这对后人理解他的数学思想、发扬光大他的数学思想，带来了一定的困难。郭书春评价说："刘徽以演绎证明为主，他的逻辑系统是建立在演绎法为主的基础之上的。这是中国古代数学从感性认识阶段进入到理性思维阶段的重要标志之一。刘徽在实现中国古代数学'从实践到纯知识领域的飞跃中'作出了最伟大的贡献。"①

郭书春对《九章刘注》中的演绎逻辑思想的初步研究成果，为我们以中国古代数学为研究对象，开展中西方必然推理比较研究，提供了重要的研究方法参考。

三　研究的意义

逻辑有其文化相对性，必然推理亦然。既然中国与西方存在截然不同的文化，依存于各自文化属性的逻辑和必然推理自然呈现不同的类型和推理方式。正如张洪彬在《曾高度发达的古代中国科学为何没发展出现代科学》一文中所说："任何研究总是需要比较，因为没有比较就不会有参照物，就建立不起坐标系，更不会有庐山之外的观照点。"以"李约瑟难题"为例，李约瑟提出的"科学革命为什么发生在欧洲"，也是在把欧洲文明与其他地区或民族的文明做充分比较之后才提出来的问题。"实际上，李约瑟难题引发的比较研究，大幅强化了我们对中西文明特质的理解。"②

综上所述，国内外以《九章刘注》为研究对象，在比较视域下开展的中西方必然推理研究尚属空白，亟须填补。中国逻辑必然推理体系的证成可以为中国逻辑存在的合理性提供证据，为"爱因斯坦惊奇"和"李约瑟难题"提供研究思路。

---

① 郭书春：《刘徽〈九章算术注〉中的定义及演绎逻辑试析》，《自然科学史研究》1983年第3期。

② 张洪彬：《曾高度发达的古代中国科学为何没发展出现代科学》，《科学大观园》2016年第23期。

第一章

逻辑观念

从逻辑学的整体看，逻辑科学发展的历史是一部逻辑观念的演变史。一方面，逻辑科学的发展、完善源于逻辑学家们逻辑观念的不断创新。逻辑学每有新的分支、新的类型诞生，必然导源于创立者对原有逻辑观念的扬弃。亚里士多德以后，斯多葛学派创建命题逻辑、培根创建归纳逻辑、莱布尼茨和布尔开创数理逻辑，等等，逻辑史上的每次重大变革，莫不是逻辑观念更新的产物。另一方面，在逻辑学发展史上，逻辑的含义、内容、性质等的不断更新，客观上要求学习逻辑、应用逻辑、研究逻辑的人们，不断更新逻辑观念。两方面结合，使得逻辑学发展和逻辑观念演变之间形成一种相辅相成的关系。

本书首先从文化逻辑观入手，基于中国文化的视角，对逻辑、中国逻辑的内涵，逻辑的共同性与特殊性，逻辑观念对中国逻辑研究的影响等，进行深入探究，为研究的展开奠定观念和方法基础。

第一节　逻辑观念与文化逻辑观

一　逻辑观念

《现代汉语辞海》中涉及"观""观念"的词条解释如下：

观：（觀）guān［部首］见部……［造字法］形声，从又、见声。［字义］①（动）看：走马~花；坐井~天。②（名）景象或样子：

7

奇～；改～。③对事物的看法或认识：人生～；世界～；宇宙～；唯物史～。

观念：guān niàn（名）①思想意识：破除旧的传统～。（作宾语）②客观事物在人脑里留下的概括形象。

"观"是人们对事物的一种认识，属于比较主观的判断；"观念"是事物在人脑里留下的概括形象，是人们对事物的一种经过分析、比较后的理解，属于比较客观的判断。那么，逻辑观就是不同的人对逻辑的各种不同的看法或认识，是一种个体知识；逻辑观念则是指逻辑学在人们大脑里留下的概括形象，这种概括形象应该是经过分析后的归纳判断，是不同人们的相似逻辑观的总和，是一种群体知识。

可见，逻辑观和逻辑观念都是指人们对逻辑的认识和理解，二者在语义上没有太大的区别。本书仅对二者在不同语境中的应用稍加区分：在行文中涉及个体对逻辑的认识，称为逻辑观；而涉及群体对逻辑的认识，称为逻辑观念。

逻辑观念既然是人们对逻辑的认识，那么，由于认识对象——逻辑自身有一个漫长的发展历程，所以，人们对不同时期的逻辑性质会有不同的理解；同样地，由于认识的主体——人自身的差异性，如不同时代的人、不同工作性质的人对逻辑的认识也会存在差异，所以，逻辑观念必然是一个具有历史性、差异性的概念。逻辑学是工具性科学，人们以逻辑为工具，首先是为了解决问题，这就客观上要求逻辑观念要有实用性，要能够指导人们更好地学习、应用逻辑这门工具。在逻辑学自身的发展历程中，每一个新的逻辑思想的诞生，都是对以前逻辑观念的突破，没有创新性，就不会有今天逻辑学百花齐放、多分支蓬勃发展的局面。

二　文化逻辑观

逻辑观是人们对逻辑的看法和认识。

文化逻辑观，就是不同语言和文化视域下，人们对逻辑的看法和认识。文化逻辑观体现的是一种多元的逻辑观。

在 20 世纪三四十年代，西方哲学整个弥漫在"分析哲学"的氛围下，西方逻辑学界还是各种"意义理论"一统天下。此时，在东西方，维特根斯坦、海德格尔和张东荪已分别独立地、初步提出了有关逻辑语言转向的观点。

维特根斯坦在其后期的重要研究成果《哲学研究》中，提出了把哲学的视野转向有关生活形式和生活语言的设想，逻辑的视野在维特根斯坦那里也随之得到了进一步的开拓。后期维特根斯坦哲学"以一种'生活形式'的哲学来取代逻辑经验主义以科学经验为基础的哲学，以'家族相似性'概念来取代'普遍性'概念，以由历史积淀、文化背景等构成的生活形式所产生的习俗的'确定性'，来取代严格的逻辑的确定性"。①

海德格尔认为，语言是思想的寓所，语言中蕴含着的真理是思想的第一规律。他高度强调语言的意义，明确指出，将来的哲学是关于语言，甚至是关于更原始的道说（言语）的科学，而逻辑的规则来自"存在的规律"。他说："这种思想把语言聚集到简单的道说之中。语言是存在之语言，正如云是天上的云。这种思想以它的道说把毫不显眼的沟垄犁到语言之中。这些沟垄比农夫缓步犁在田野里的那些沟垄还更不显眼。"②海德格尔已隐约地指出了哲学的语言转向，并指出哲学和逻辑的研究要回归生活，回到逻各斯的本源——言语、道说。这一思想不但是哲学语言转向的先声，更是逻辑语言转向的先声。

张东荪也给予语言、文化和逻辑的关系以高度的重视。他认为，言语与思想在根本上是不可分的，任何思想必须以言语来表现；言语创造思想，言语伸展思想。言语上每有新名词创出，每有新结构产生，都足以把思想推进一步。进而，他提出："我对于传统逻辑的看法是以为这种逻辑就是研究'人类说话'（human discourse）中所宿有的'本然结构'（intrinsic structure）。"③ 对于逻辑和文化之间的关系，张东荪认为："逻辑是跟着文化走的，即因文化上某一方面的需要逼使人们的思想不得不

① 参见周祯祥《逻辑叙事：历史的比较和学科的比拟——兼评马佩老师的逻辑观》，《广州大学学报》（社会科学版）2005 年第 3 期。
② 〔德〕海德格尔：《路标》，孙周兴译，商务印书馆，2000，第 429 页。
③ 张汝伦编选《理性与良知——张东荪文选》，上海远东出版社，1995，第 389 页。

另有一种'联结'（connection）。所以逻辑的联结是为其背后的文化与概念所左右。而不是逻辑左右文化，详言之，即不是逻辑是普遍必然的，而通贯于一切文化中。因此我主张没有唯一的逻辑而只有各当文化一面以应其需要的种种逻辑。"①

崔清田先生继承发扬了张东荪的文化逻辑观，他指出："只有把一定的逻辑体系和传统及其创建者，纳入孕育、生成并制约该逻辑体系和传统发展的历史、文化背景之中，我们才有可能正确把握不同逻辑体系和传统所具有的'某个时代、某个民族和某些个人的特点'，即：不同逻辑体系和传统的特质。这样，也只有这样，我们才能全面地认识不同逻辑体系和传统之间的共同点和差异点，才能对它们做出科学的比较。可以说，对不同逻辑体系和传统的历史分析与文化诠释，是比较逻辑研究能够正确进行的必要前提。"②

综上所述，本书所秉持的文化逻辑观是：在不同语言、文化视域下研究逻辑问题，需要对逻辑进行全面的文化定位和文化阐释。具体而言，文化逻辑观的内涵可以概括为：第一，关注逻辑和言语、语言的关系。第二，文化决定逻辑，不同的文化决定不同的逻辑。不同逻辑既有共同性又有特殊性。第三，文化逻辑观是基于逻辑和文化相互影响、相互联系的多元逻辑观。

第二节　逻辑观念与中国逻辑研究

一　什么是逻辑

（一）"逻辑"的含义

众所周知，古汉语中没有"逻辑"一词，与现今"逻辑"一词含义略有相近的古汉语词有"齐辑"，如《文子·上义》中就说："治人之

---

① 张汝伦编选《理性与良知——张东荪文选》，上海远东出版社，1995，第 401 页。
② 崔清田：《墨家逻辑与亚里士多德逻辑比较研究——兼论逻辑与文化》，人民出版社，2004，第 38—39 页。

道，其犹造父之御骊马也：齐辑之乎辔衔；正度之乎度胸臆。内得于中心，外合乎马志，故能取道致远，气力有余，进退还曲，莫不如意，诚得其术也。"《列子·汤问》也说："推于御也，齐辑乎辔衔之际。"

现今"逻辑"一词最初是英语 logic 的音译。近代著名启蒙思想家严复（1854—1921）在《穆勒名学》（1903 年译自穆勒的《逻辑学》）中首次用逻辑二字作为英文 logic 的音译。但他在书的按语中说："逻辑最初译本为固陋所及见者，有明季之《名理探》，乃李之藻所译，近日税务司译有《辩学启蒙》。曰探、曰辩，皆不足与本学之深广相副。必求其近，姑以名学译之。"可见严复并不主张音译 logic，而主张意译 logic 为"名学"。不过首次把 logic 译为"名学"的人却不是严复，"名学"一词最早见于 1824 年（清道光四年）乐学溪堂刊修的无名氏译著《名学类通》。

严复之后，不论是主张把 logic 译为"名学"、"辩学"或"名理学"的人，还是主张译为"论理（学）"或"理则（学）"的人，都在著述中广泛使用"逻辑"二字。尽管这些著述仅把"逻辑"作为 logic 的音译而已，但事实上起到了一个传播作用，使人们认定了"逻辑"，把"逻辑"当成了 logic 的对应词，并应用在社会生活中，赋予它丰富的含义，变成了真正的"逻辑"（logic）。这也例证了这样的道理：一个词语的产生与发展并不以某个人的意志为转移，它是社会生活的产物。

随着时间的推移，"逻辑"一词不仅是 logic 的音译，也逐渐成为名、理、辨、论理、理则等的代名词，而且发展出丰富的含义。归纳起来，汉语"逻辑"一词的主要含义有 20 种，现列举如下：（1）逻辑学，如形式逻辑、辩证逻辑、数理逻辑等；（2）一个演绎或推理的形式原则的系统；（3）一门学科（或科学）的演绎体系或结构；（4）思维的规律（性），如"他的思维缺乏逻辑"；（5）逻辑性、条理性，如"他这个逻辑不强"；（6）论证（法）、推理（法），如"这一点上，你的逻辑是错误的"；（7）必然的联系或结果，如"这件事之所以这样出现，有它的逻辑，绝非偶然"；（8）道理、理由，如"他的话很有逻辑"；（9）客观事物的规律性，如"生活的逻辑"；（10）知识的某一个分支的形式、原则或原理，如"艺术逻辑、创作逻辑、思维逻辑"；（11）关于"逻辑

（学）"的著作，如"这本逻辑值得一读"；（12）符号学或符号学的一个分支，尤指符号关系学或符号逻辑（研究符号之间的抽象形式的联系，semeiology 或 syntactic）；（13）根据形式上是否遵循逻辑指令而判断其是否存在的相关性或相宜性，如"这个程序缺乏逻辑"，又如"不能理解这样一种行为的逻辑"；（14）逻辑学分支，如"这种逻辑与传统逻辑既有区别又有联系"；（15）顺理成章，符合规律，如"一个剧情可以逻辑地引起第二剧情"（见洪深《电影戏剧的编剧方法》）；（16）荒谬的理论、诡辩，如"根据这样的逻辑，会得出 1＋1＝3 的结果"；（17）方法、手段，如"行骗不是赚钱的逻辑"；（18）研究真值表的基本原理和应用计算机计算所有电路元件的互联和选择的科学，也指电路本身，如"逻辑操作、逻辑电路"；（19）逻辑的解说或论述，如"你对此逻辑一下"；（20）咬文嚼字，如"在法庭上，律师总喜欢逻辑，抓住对方一言一词紧追不舍"。

（二）逻辑概念的不同视角

1. 历史与文化的视角

从历史与文化视角看，逻辑是"经验命题"的总结，是人们认识世界过程中的理解、解释、选择的原则以及思维方式和观念的积淀。逻辑有它的自然属性，也有它的主观属性，作为一种存在，它以主观形式和语言形式存在。不容否认，逻辑是简化概括的一种方法，作为"经验命题"的总结的逻辑，本质上是真值表分析的规则性总结。

2. 哲学的视角

在一般人甚至在一些从事学术或科学研究的人之观念中，逻辑就等同于"理性"，这也许是"逻辑"一直被哲学家或科学家所提倡的原因。事实上，这是一个误会，逻辑并不等同于理性，正如逻辑不等同于数学一样。

我们可如此论证：当说一个命题违背矛盾律时，事实上是在二值逻辑背景下，出现了"A""非A"同时成立的情况；而我们经常说的"反理性"却是当矛盾律被违反时，自以为"理性"的一方对另一方的指责，以图解决违反矛盾律所带来的冲突和紧张。例如指责《圣经》中的许多记载反理性，实际上是人的"神迹不可能"的观念，与《圣经》有关神迹的记载同时存在违反了"非矛盾律"。对这样的紧张与冲突，需要有一个解释。于是自以为"理性"的一方就指责另一方"反理性"，以解释这个事件，使"矛盾律"重新得到满足。这两个命题——"神迹不可能"和"神迹可能"违反了"矛盾律"，至少有一个是假的。只有当确知其中一个是真的以后，才能责难另一个为"假"。它们的产生都源于各自背后的信仰体系，自成一体。从逻辑的角度来看，它们都是"合理"的，但站在自己的信仰立场指责对方为"反理性"的做法却是"非理性"的。

因此，理性是一种态度、一种伦理、一个要求人们达到的标准，具有明显的主观色彩，而逻辑是一种更具自然属性的东西，对一个人的要求而言，逻辑更多的是指一种能力。

3. 学科的视角

知道逻辑学的人，对逻辑学是一门学科、一个专业是没有意见的。同时人们也根据某种用途或某个标准把逻辑分成若干类属，如把逻辑分为"演绎逻辑"（deductive logic）或"形式逻辑"和"归纳逻辑"（inductive logic）。"演绎逻辑"又分为"命题逻辑"（proposition logic）、"谓词逻辑"（predicate logic）、"模态逻辑"（modal logic）等。

（三）关于"逻辑"的界定

关于"逻辑"的界定，在中国有以下主要观点。

1. 逻辑研究思维

把逻辑与思维联系起来看待，这主要是人们日常的自然想法，事实上亦是如此，逻辑与思维是不可分的。最早系统地把逻辑与思维联系起来看待的还是1662年出版的《波尔·罗亚尔逻辑》或《逻辑学，思维的艺术》（即《王港逻辑》），此书之后，"逻辑"是"关于思维的科学"的说法开始出现并流行起来，直到今天，仍然被许多人所接受和认同。远的有韦尔顿的《逻辑手册》，逻辑被定义为"关于支配思维的原理的科学"；近的有金岳霖主编的《形式逻辑》，逻辑被定义为"以思维形式及其规律为主要研究对象，同时也涉及简单的逻辑方法的科学"。① 在中国，金先生的这一定义，一直被大多数学者认同，无论是在学术著作中，还是在大专院校的逻辑教科书中，都被直接或间接地应用、采纳。尽管近些年来，人们指出这一类定义的局限性，但若完全否认"逻辑是研究思维形式及其规律的科学"这一定义的合理性及其历史作用，会显得武断而偏激。

2. 逻辑研究推理

中国逻辑学专家王路和李小五，主张"逻辑是研究推理的"而非研究思维的。王路在《逻辑和思维》一文中认为，当我们把逻辑说成研究思维的时候，就会带来许多问题。② 他详细论证了这"许多问题"，他的论述是有依据的。他在该文中还认为，逻辑与推理有关，"逻辑是研究推理的"。③ 李小五认为，"逻辑研究的对象应该是推理形式（即思维形式的一部分）。事实上，具有权威性的《中国大百科全书》哲学卷也定义逻辑'是一门以推理形式为主要研究对象的科学'（第 534 页）"。他还通过现代逻辑思想与方法给出一个关于逻辑的形式定义，并用自然语言表述为"逻辑就是对形式正确的推理关系进行可靠且完全刻画的形式推演系统"。④

除王路和李小五以外，苏天辅主编的《形式逻辑学》也说"形式逻辑是研究推理的有效性和可靠性以进行论证和认知的科学"；⑤ 何向东主编的面向 21 世纪的通用大学教材《逻辑学教程》也说"狭义的逻辑就是研究推理形式的科学"；⑥ 等等。

宋文淦甚至认为，逻辑是研究命题（或语句）之间的逻辑关系，首先是蕴涵关系，更直接地说，逻辑是研究逻辑词的特有性质的。⑦ 这样的界定比说"逻辑是研究推理的"更具体、更专业化，其缺点是定义显得

① 金岳霖主编《形式逻辑》（重版），人民出版社，2006，第 1 页。
② 王路：《逻辑和思维》，《社会科学战线》1990 年第 3 期。
③ 王路：《逻辑和思维》，《社会科学战线》1990 年第 3 期。
④ 李小五：《什么是逻辑？》，《哲学研究》1997 年第 10 期。
⑤ 苏天辅主编《形式逻辑学》，四川人民出版社，1981，第 3 页。
⑥ 何向东主编《逻辑学教程》，高等教育出版社，2003，第 3 页。
⑦ 宋文淦：《符号逻辑基础》，北京师范大学出版社，1993，第 5 页。

过窄。

3. 逻辑研究思维的形式与规律

在中国一个流行较广、为大多非逻辑专业人士所知晓的关于"逻辑"的定义是教材定义，即大学逻辑教材对逻辑的定义，这一定义大体上是沿金岳霖主编的《形式逻辑》的定义框架构思的。近20年流行较广的大学逻辑教材主要有以下相关论述。

《普通逻辑》一书作为中国高校文科逻辑学教材从1979年初版后三次修订、再版，发行了200万余册，在国内普通高校文科教学中产生了广泛的影响。该书在1992年增订本之前给"普通逻辑"下的定义是："普通逻辑是一门研究思维的逻辑形式及其基本规律，以及人们认识现实的简单逻辑方法的科学。"1992年增订本改为："普通逻辑主要研究思维的逻辑形式，同时也研究思维的逻辑规律和简单逻辑方法。"中国人民大学编的《形式逻辑》说："形式逻辑是关于思维的逻辑形式及其规律的科学，同时也研究一些认识现实的逻辑方法。"全国自考教材《普通逻辑原理》的定义与上面三者大同小异："普通逻辑是研究思维的逻辑形式及其基本规律和简单逻辑方法的科学。"苏天辅主编的《形式逻辑》的定义也类似："形式逻辑是研究思维形式的结构、思维的基本规律以及一些认识客观现实的方法。"

与以上有所不同的论述有下面这些。杭州大学等十院校编的《逻辑学》认为形式逻辑是从形式方面研究概念、判断、推理等思维形式结构及规律的；章沛编的《逻辑基础》说形式逻辑是研究抽象思维的形式和规律的科学；马佩主编的《逻辑学原理》说逻辑学就是关于思维形式及其规律的科学，或者说，它是研究制定思维形式正确性的方法的科学。何向东主编的《逻辑学教程》说："广义的逻辑就是研究思维的形式及其规律以及逻辑方法的科学。"在这种意义下，逻辑当然主要研究推理形式，但也研究命题形式、词项的逻辑特征、逻辑思维的基本规律和科学思维方法。

4. 逻辑研究语言或有关语言论证

李先焜在《语言逻辑引论》中说："一般都认为逻辑是研究思维形式

和思维规律的科学，逻辑研究的对象是人的思维。实际上，这只是一种历史的观念，而且是一种不太科学的观念。逻辑研究的直接对象应该说是语言。"① 在这里，他实际上提出了一个关于逻辑的语言定义：逻辑是研究语言的科学。他分析指出，推理和思维是依赖于语言表达的，离开对语言的分析，逻辑也是讲不清楚的；即使现代逻辑也要使用人工语言，人工语言也是语言，所以现代逻辑"研究的主要对象还是语言"。他进一步证明道："卢卡西维茨认为现代逻辑是研究人工语言符号的。他说：'现代形式逻辑力求达到最大可能的确切性。只有运用由固定的、可以辨识的记号构成的精确语言才能达到这个目的。这样一种语言是任何科学所不可缺少的。……因此，现代形式逻辑对语言的精确性给以最大的注意。所谓形式化就是这个倾向的结果。'正因为这样，所以说现代逻辑学具有符号逻辑学的特征。"②

如果从促进中国非形式逻辑运动兴起的角度看，李先焜的逻辑定义语言论对拓展我们的逻辑观是有启发意义的。在北美和欧洲，从 20 世纪 70 年代起，掀起了一场非形式逻辑运动。这场运动主要是对现代形式逻辑的逻辑观的反思。欧美众多人士认识到，由弗雷格初创、罗素全面系统化的所谓现代形式逻辑，空前地密切了逻辑与数学之间的联系，给人以二者本无差别的错觉，逻辑从此似乎与自然语言彻底分了家，逻辑不再对日常思维感兴趣，而只关心如何建构形式系统，如何按照特定的规则来进行符号操作。现代形式逻辑如今已经变得如此技术化、纯净化和专业化，以至于与原初的概念格格不入了。一句话，现代逻辑的纯形式化特征使它越来越不能满足日常思维的实际需要，特别是人们日常论证实践的需要。现代形式逻辑对论证实践苍白无力，它不适用于自然语言中的某些论证。可见，非形式逻辑的产生与发展是必然的，逻辑观的发展也是必然的。由此，在非形式逻辑里，逻辑被定义为研究自然语言的论证、谬误、悖论的一门学问。

皮尔士曾专门谈及逻辑学的界定问题："逻辑这门科学至今还未完成

---

① 王维贤、李先焜、陈宗明：《语言逻辑引论》，湖北教育出版社，1989，第 21—22 页。
② 王维贤、李先焜、陈宗明：《语言逻辑引论》，湖北教育出版社，1989，第 24 页。

关于其第一原则的争论阶段，虽然它可能就要完成了。几乎一百种的逻辑之定义已经给出。然而一般都会承认，逻辑的中心问题是，对论证进行分类，以使那坏的归入一类，那好的归入另一类，这种划分由可辨认的标记来决定，即使还不知道那些论证是好的或是坏的。而且，逻辑要根据可辨认标记把好的论证划入那有着不同等级有效度的每一类，还要提供测量论证强度的手段。"[1] 在这里，皮尔士看来是赞同把逻辑界定为"语言论证的"。

5. 逻辑的模型解释

现当代逻辑是以经典数理逻辑为基础，联系模型论、集合论、递归论和证明论发展起来的，由此也发展起了对逻辑的数学化的、强调科学系统的解释，我们姑且称之为"逻辑的模型解释"。

前面提到的李小五对"逻辑"所做的定义，属于这一类。他在《无穷逻辑》中指出："逻辑是研究一类语言形成的公式之间的关系，研究解释该类语言的结构之间的关系，以及研究这些结构作为模型与公式之间的关系的形式理论。因此，这样的逻辑概念除了包括通常逻辑所包含的内容，还包括所谓的四论：模型论、集合论、递归论和证明论，特别是模型论。"[2] 周北海在《模态逻辑》中也指出，"所谓逻辑，可以看成一定范围下的全体有效式（或永真式），或说，一定范围下的全体有效式就是（关于该范围的）一个逻辑"[3]；等等。

"逻辑的模型解释"，都力求去对现代逻辑或一个分支做出具体的、数学表达式刻画，力求对逻辑有一个科学明晰的实物性把握，力求以这样的逻辑为定义，即使用这样的逻辑观，去建构一个或多个逻辑系统（一种或多种逻辑），其突出特点就是学科的预设性——在解释"逻辑"时往往是为了建构某个或一些可操作、可运演的形式系统的需要。这样的定义是十分有利于逻辑专业及相关专业人士对现代逻辑的认识的。但

① Peirce Charles Sanders, *Articles Dictionary of Philosophy and Psychology*, The Macmillan Company, 1925, Logic.
② 李小五：《无穷逻辑》，社会科学文献出版社，1996，前言第 I 页。
③ 周北海：《模态逻辑》，中国社会科学出版社，1996，第 19 页。

这样的定义学科性太强，正如李小五在评价周北海的"逻辑"定义时所说："如果说逻辑研究的对象是有效式，这不仅与逻辑产生的初衷相去甚远，而且也让初学逻辑的人很难理解。例如，在逻辑教科书的导论或开头部分，如果你说逻辑研究的对象是有效式，一定会让学生莫名其妙，即使你加上一大堆解释也未必使学生清楚。"①

我们认为，逻辑在本质上是一种约束一切人类语言和理性思维的规则和规范。这种规则和规范具有超越各种语言的普遍性，同时也因不同文化而具有特殊性。

二　什么是"中国逻辑"

（一）关于"中国逻辑"概念的历史回顾

检索 CNKI 收录的 1994 年以来发表的论文，以"中国逻辑"为篇名或关键词的文章只有 23 篇，而且很多时候，"中国逻辑"并没有专指"中国古代逻辑"，往往涵盖"中国古代逻辑或中国古典逻辑""中国近现代逻辑研究"等范畴。周文英的系列文章②中尽管没有定义"中国逻辑"，但从文中思想来看，"中国逻辑"概念包括中国传统逻辑和近现代中国逻辑研究等范畴。孙中原的系列文章③以及许锦云的文章④中对"中国逻辑"与"中国古代逻辑"二词没有做区分，时而说"中国逻辑"，时而说"中国古代逻辑"，大概他们的"中国逻辑"概念指的是"中国古代逻辑"。

温公颐在其文集⑤中曾多次使用"中国逻辑"的概念，但没有具体做出界定，不过从他分析中国逻辑的特点看，他的中国逻辑主要指中国古

---

① 李小五：《什么是逻辑?》，《哲学研究》1997 年第 10 期。
② 周文英：《中国逻辑的独立发展和奠基时期（上）（下）》，《江西教育学院学报》（社会科学）1997 年第 2、4 期；《中国传统逻辑在近、现、当代的升华与发展（上）（下）》，《江西教育学院学报》（社会科学）1998 年第 1、2 期。
③ 孙中原：《论中国逻辑史研究中的肯定与否定》，《广西师院学报》（哲学社会科学版）2000 年第 4 期；《中国逻辑研究百年论要》，《东南学术》2001 年第 1 期；《中国逻辑史研究若干问题》，《哲学动态》2001 年第 7 期；《中国古代有逻辑论》，《人文杂志》2002 年第 6 期。
④ 许锦云：《论墨经逻辑的价值》，《职大学报》2003 年第 1 期。
⑤ 温公颐：《温公颐文集》，山西高校联合出版社，1996，第 263 页。

代以三物逻辑为代表的内涵逻辑，他曾说："中国逻辑与西方三段逻辑和印度三支逻辑既有相同的方面，又有不同的方面，既有共性，也有个性。中国的名、辞、说（说辞），有一般逻辑的特征，但不能和古希腊、古印度等同。……从逻辑的总的性质来看，西方推论三大类属为依据，可以说是外延的逻辑，这与中国的三物逻辑有所不同，我国古代的三物逻辑重在内涵，'类不可必推'、'推类之难，说在名之大小'。'类'，即应作为推论的依据，又不能完全依靠。公孙龙曾注重内涵的分析，我姑且名为内涵的逻辑，这是中国逻辑的一个特点。"①

周文英在《中国逻辑思想史稿》中先有"中国古典逻辑"的提法，后说"中国的古典逻辑叫名学，名学研究的对象是什么呢？刘歆认为，名家者流，盖出于礼官，名学就是正名之学"。司马迁作《史记》，说"韩非……喜刑名法术之学"，后来的一些人解释说，"这个刑名也包含有'刑名'的意义，于是法家的刑名之学又被认为是名家的一个重要方面。战国时，公孙龙、荀子、墨家讲名与实（或说形与名），近代大多数研究中国逻辑的人，认为这才是典型的名学"。初步断定，周文英大概有"中国逻辑"即"中国古典逻辑"的意思。②

最早提出"中国逻辑传统"概念的是周礼全，他曾说："在逻辑发展的历史过程中，就产生了许多不同逻辑体系并形成了三个不同的逻辑传统，即中国逻辑传统、印度逻辑传统和希腊逻辑传统。"③ 崔清田大概是赞成这样的观点的，因为在其与温公颐主编的《中国逻辑史教程》中沿用了周礼全的观点。④

第一个对"中国逻辑"概念做出明确界定的是崔清田，他曾说："发生并发展于先秦时期的中国逻辑，不同于古代希腊的亚里士多德逻辑，也有别于古代印度的因明。中国逻辑有自己的传统，其主导的推理类型

---

①　温公颐：《温公颐文集》，山西高校联合出版社，1996，第264页。

②　参见周文英《中国逻辑思想史稿》，人民出版社，1979，第214—247页。

③　《中国大百科全书·哲学Ⅰ》，中国大百科全书出版社，1995，第535页。

④　温公颐、崔清田主编《中国逻辑史教程》，南开大学出版社，2001，第8页。

是推类。"①

王克喜的《古代汉语与中国古代逻辑》一书,自始至终使用"中国古代逻辑"概念,同时也使用"中国古代的逻辑理论与思想"概念,他的"中国古代逻辑"即指"中国古代的逻辑理论与思想"。他的这一理解既借鉴了南明镇的观点:作为世界逻辑史的组成部分,它(中国古代的逻辑理论和思想)具有科学精神和独特的逻辑语言结构;② 也参考了《中国大百科全书·哲学Ⅱ》中"中国古代逻辑"的提法。③

张晓光的文章④把"中国逻辑"与"中国逻辑传统"并用。总的说来,在笔者看到的文献资源中,没有就"中国逻辑"的界定做深刻论述。

(二) 中国逻辑与名辩学

中国逻辑,不等于名家或辩学或名辩学。"名学是以名为对象,以名实关系为基本问题,以正名为核心内容的学问。名学在自身的发展中,既有重政治、伦理的一面,也有相对抽象的一面;既有名实关系的讨论,也有对物质世界的分析,呈现出多样性的态势。名家涉及了名的界说、功用、形成,名与实,名的分类,正名,名的谬误,名与辩说等诸多问题。""辩学的对象是谈说辩论;辩学的基本问题是谈说辩论的性质界定及功用分析;辩学的内容包括:谈辩的种类、原则、方法以及谈说辩论的语言形式及其运用的分析,言与意的关系等。""'名辩学'是名学与辩学的合称。它既可表明名学与辩学的区别,又能表明二者的联系。如前述,名学与辩学是对象、内容不同的两门学问,不可混同为一和彼此取代。虽说辩学也讨论名,名家好辩且善辩,但这不能表明没有相对独立之名学与辩学。应当看到,辩学论名与名家论名有根本区别。辩学多注重结合谈说论辩中语言形式的运用,对名加以考察。名家则不然,不仅有'正名以正政',使名与治国之道相连,也有由名及物的分析,引入了

---

① 崔清田:《中国逻辑与中国传统伦理思想——儒家诚信思想解读》,《山东师范大学学报》(人文社会科学版) 2003 年第 3 期。

② 〔韩国〕南明镇:《中国何以未发展出像西方那样的逻辑学》,《孔子研究》1992 年第3 期。

③ 《中国大百科全书·哲学Ⅱ》,中国大百科全书出版社,1995,第 1203 页。

④ 张晓光:《墨家的"类推"思想》,《中国哲学史》2002 年第 2 期。

万物属性及存在变化状况的讨论。"①

我们也赞成刘培育的观点："'名辩学'与'中国古代逻辑'是两个不同的概念。'名辩学'是中国古代思想家建构的一门学问，主要研究正名、立辞、明说、辩学的方法、原则和规则。这门学问的核心是逻辑学，但也包括认识论和论辩术等内容，与政治和伦理也有十分密切的关系。逻辑学是名辩学的核心，并非名辩学就是中国古代逻辑。名辩学在中国古代已经形成了一个比较完备的体系，而中国古代逻辑却没有得到很好发展，也没有形成完备的体系。"②

（三）墨家辩学与墨家逻辑③

我们赞成崔清田关于墨家辩学与墨家逻辑的观点，现简述如下。

对于墨家辩学与逻辑（指传统逻辑，下文中未特别说明者皆同）的关系，历来有不同看法。梁启超指出，"西语的逻辑，墨家叫做'辩'"④。这是认为，墨家辩学等同于逻辑，二者是同一关系。郭沫若则不然，认为墨家辩学与逻辑有别。他对"近时学者每多张皇其说，求之过深，俨若近世缜密之逻辑术，于《墨辩》中已具备"⑤的做法，持批评态度。

墨家辩学以言谈论辩为对象，讨论了涉及言谈与论辩的诸多内容：语言的本质与功用，语言的特征与组成，言义关系，语义与语用；论辩的界说、性质与功用，论辩的认知基础，论辩的诸种原则与要求，论辩中立辞的根据与组成，论辩的诸种方法与谬误等。

墨家辩学与逻辑之间的关系，是既有区别，又有联系。

所谓区别，是指就整体而言，墨家辩学与逻辑的研究对象、目的不尽相同。墨家辩学以言谈论辩为对象，以"取当争胜"宣说墨

---

① 崔清田：《名学、辩学、名辩学析》，《哲学研究》1998 年增刊。
② 刘培育：《名辩学与中国古代逻辑》，《哲学研究》1998 年增刊。
③ 本节主要参见崔清田《墨家逻辑与亚里士多德逻辑比较研究——兼论逻辑与文化》，人民出版社，2004，第 77—78 页。
④ 梁启超：《墨子学案》，《饮冰室合集》（8），中华书局，1989，第 41 页。
⑤ 郭沫若：《十批判书》，科学出版社，1956，第 298 页。

家"义事"为目的。逻辑以推理为对象，其目的既涉及谚语交际行为，更要为科学认知提供工具。

所谓联系，是指墨家辩学也讨论了推理，而逻辑是关于推理的学问。墨家为了使自己宣说的义事获得他人赞同，也为了使论辩胜负的判定为他人认可，必然要讨论"立辞"。《大取》所谓"立辞"，是指命题的成立。墨家辩学主张，任一命题的成立，都要有相应的理由和根据。如果一个命题没有其赖以成立的理由，就是荒谬的了。这就是《大取》所说，"夫辞，以故生……立辞而不明于其所生妄也"。墨家用做提出理由以成立命题的基本方法是"说"，即《小取》所谓"以说出故"。这表明，墨家辩学的"说"，是提出理由（"故"），以成立一个命题（"辞"）的过程，即推理（论证）过程。所以说，墨家辩学虽然以言谈论辩为研究对象，但同时也涉及了推理。这正是墨家辩学与逻辑的相通之处。

了解了墨家辩学与逻辑思维的区别和联系，我们就可以明确以下两点：第一，墨家辩学不能简单地与逻辑画等号，就整体而言两者不是一回事；第二，由于墨家辩学也讨论了推理，所以墨家也有自己的逻辑思想和学说，"墨家逻辑"指的是墨家辩学中所包含的有关推理的思想与学说。

（四）"中国逻辑"的定义

所谓中国逻辑，就是指"中国古代逻辑"，以"墨家逻辑"为代表，是世界三大逻辑之一。墨家逻辑是指《墨子》（《墨经》）中的名辩逻辑思想与方法，也指"《墨经》中所包含的墨家逻辑学说，是中国古代逻辑学的代表"。① 同时，中国逻辑不仅包括墨家逻辑，还包括先秦其他诸子百家的逻辑思想，更包括先秦以后中国文化典籍中一切有关逻辑的思想与方法，当然也包括墨家以前"辩者"的逻辑内涵，不过，"中国古代逻辑学思想的发展，到了《墨经》，就同登上高峰一样"。② 总的

---

① 孙中原：《论墨家逻辑》，《哲学研究》1998 年增刊，第 50 页。
② 沈有鼎：《墨经的逻辑学》，中国社会科学出版社，1980，导言。

说来，在中国逻辑发展史上，乃至在中国文化发展史上，墨家逻辑对中国先秦诸子百家直至汉晋思想都曾产生过全面而深刻的影响。如果说西方传统逻辑是以亚里士多德逻辑为代表的话，印度逻辑是以因明为代表的话，那么，也可以肯定地说，中国逻辑是以墨家逻辑为代表，墨家逻辑是中国逻辑成就最高的主体部分。

中国逻辑的实质是推类逻辑。

推类逻辑就是基于"推类"的中国古代逻辑，包括推类方法（如譬、侔、援、推、类以合类等），推类法则（如类、故、理等），推类基本概念（如名、辞、说等），等等。推类逻辑是墨家逻辑的主体，但不局限于墨家逻辑。在墨家逻辑之前，《周易》的推类逻辑已经很发达，并一直影响着中国古代文化的发展。事实上，推类逻辑有墨家和《周易》两大传统，但从现代逻辑的角度看，这二者是统一的。

什么是"推类"？

首先，"推类"是以"类"为基础。一方面，中国古代文化的"类"概念，不仅指"相似"、"相'象'"、"有"、"相同"或"相等"，而且指"相异"或"不相同"或"不有"的"不类"之类。例如，张山、李市、王悟都能制造工具，所以他们是一类——"人"；猪儿、狗儿、猫儿、树、石头等不能制造工具，就是"非人类"的一类。简单地说，相同是同类，相异是异类。另一方面，必须指出，"类"概念在很多情况下，是作为行动与行为来实现其义的，是作为一个动词出现在具体语句中的。同时，在中国古代文化文献中，"类"有"推类""类推""比类""类比""类同"等多种含义。总之，在中国古代文化中，"类"与同异、有无的认识联系在一起。类，是事物间同异关系的概括，但主要指"类别"、"类同"或"不类"。

其次，"推"是以"类"为基础的推理，但不等同类比推理。什么是"推"？墨家已经说得十分清楚："在诸其所然未者然，说在于是推之。"也就是说，"推"是从已知到未知的思维过程。

总体而论，所谓"推类"就是一种以类为基础，从已知到未知的思维过程。这种思维过程（思维模式）在形式上具有类比推理的特征，在内容上则更具有演绎推理的性质，是一种中国古代文化所固有的综合推理形式。

"推类"思想在中国古代文化的历史领域中，展现了既有区别又有联系的丰富多彩的形式，有系统的、属性的平行推类、形态推类、属性推类，有同构对应（天人同构、心物同构、人神同构）的以类度类，也有将心比心、以己度物（人）的推类，更有因果关系的因果推类，有同类相推（以类取），也有异类相推（以类予）等。因此，中国古代文化中的"推类"不等于西方传统逻辑的类比推理：类比推理是单向性的，即基本形式就是"从个别到个别、从特殊到特殊"，依据的只是事实、实指、同类；而"推类"是多维多向的，是一种事物现象按照另一种事物现象来理解的综合思维过程，这样综合思维过程既有非理性的比附、同构，也有理性的因果分析、演绎论证。与"推类"相比较，"类比"概念很少在中国古代文献中出现，"类比"是一个现今使用的通常用语，是"类比方法"的缩语，其含义不外是指：由个别场合的知识推出另一个有关个别场合的知识的思维方法。事实上，推类不仅含义宽泛、方法多样、运用灵活，没有固定的模式，而且从本质上看，推类强调的"类同理同"的理的一致性或贯通性以及推理过程的合理性，推类关键在于"理"的推通，所有的推类首先是要求知"类"，"类同"才能到达"理同"。因此，"推类"不等于现今的语词"类比"或"比类"。

三　逻辑的共通性与特殊性[①]

逻辑科学有三大传统，即中国逻辑、西方逻辑和印度逻辑，这三大传统也形成三大逻辑类型。对不同类型的逻辑进行比较，从 20 世纪初就已经开始，尤以中国近代文化开拓者严复最为努力和突出。但总体而论，我国学者对中国逻辑与西方逻辑的比较，更重视和更深刻一些，对中国逻辑与印度逻辑的比较研究，没有足够的重视。

---

① 本节主要观点和内容参见崔清田《墨家逻辑与亚里士多德逻辑比较研究——兼论逻辑与文化》，人民出版社，2004，第258—263页。

中国逻辑与西方逻辑的比较研究一直是我国逻辑史学者关注的主题，不少学者对这个问题进行了广泛的探讨。这其中，尤以崔清田的观点值得重视和具有代表性，他认为"两种逻辑（以墨家逻辑为代表的中国逻辑和以亚里士多德逻辑为代表的西方逻辑——引者注）的比较研究不是笼统地从社会意识的角度，或其它任何角度就墨家逻辑与亚里士多德逻辑进行比较，而是专门从逻辑科学的角度进行比较。这种比较的依据和标准只能是逻辑科学，或者说是我们对逻辑科学的认识和理解。逻辑的共通性与特殊性是涉及理解逻辑学诸多问题中的一个重要问题，也是决定两种逻辑比较研究的要求和内容的重要依据"。① 崔清田通过精准的分析和论证中国逻辑与西方逻辑，得出以下重要结论。

　　（一）不同类型逻辑具有逻辑科学的共通性②

　　不同社会和文化背景下，人们运用的推理有共通的组成、共通的特征、共通的基本类型和共通的原则。同时，这些共通的方面也构成了不同逻辑理论或思想的共通基本内容，从而具有一定程度的共通的使用价值。

　　共通的组成：任何推理都是由命题组成的，而命题是由词项构成的。与之相应，有关词项、命题和推理的理论，就成了逻辑学的共通内容。例如，亚里士多德的三段论学说包含了实然命题和构成实然命题的词项理论，以及三段论推理的理论。与之相类，中国古代的逻辑思想也有关于名、辞、说的全面讨论。

　　共通的特征：任何推理都是由前提得出结论的过程，是以一个或几个命题为根据或理由以得出一个命题的思维过程。中国古代逻辑思想在论及辞的得出或确立（"立辞"）时，也明确地提出了应以理由为根据予以推出。这就是所谓的"夫辞，以故生……立辞而不明于其所生妄也"（《墨子·大取》），以及"以说出故"（《墨子·小取》）。这表明，墨

　　①　崔清田：《墨家逻辑与亚里士多德逻辑比较研究——兼论逻辑与文化》，人民出版社，2004，第 39 页。

　　②　本小节是对崔清田《墨家逻辑与亚里士多德逻辑比较研究——兼论逻辑与文化》第二章相关内容的转述。在此对崔师清田先生表示深深的感谢。

家的"说",也是由作为理由（"故"）的"辞"去得出和确立另一个"辞"的过程。

共通的基本类型：对于推理的划分有两种观点。一种观点是，依照思维进程的走向将推理区分为：由一类事物或现象的一般性知识推出该类的个别或部分事物、现象知识的推理；由个别或部分事物、现象的知识推出该类事物或现象普遍性知识的推理；由一个或一类事物、现象的知识推出另一个或一类事物、现象知识的推理。另一种观点是，依照前提与结论联系的状况将推理区分为：由前提必然得出结论的必然性推理和由前提不必然得出结论的或然性推理。

这些类型的推理普遍地存在于东、西方各民族人民的实际思维中，也被不同程度地反映于不同的逻辑理论或思想中。例如，亚里士多德的三段论是一种必然性推理。同时，《墨子》也提出了推论必然性的学说与相应的"效"式推论。所谓"以说出故"，"故，所得而后成也"，"大故，有之必然，无之必不然"等论述，都表明《墨子》认识到了推论中的必然性的一面。这就是由理由（"故"）得出结论（"辞"）的过程（"立辞"）中，理由（"故"）与结论（"辞"）之间有必然的关系。

共通的原则：同一律、矛盾律、排中律在传统逻辑中有重要地位。这几条规律是全人类都要遵守的推理原则，不会因为地域、民族、文化的不同而有所区别。不同文化背景下的逻辑理论或思想，也都反映和概括了这几条规律。例如，亚里士多德在《形而上学》中对矛盾律有如下的表述：互相对立的命题不可能同时都是真。沈有鼎认为与之相应，矛盾律和排中律就在《墨子》所给"彼"的定义中明确地表示出来了。[①]这就是《墨子》所谓"辩，争彼也"，"或谓之牛，或谓之非牛，是争彼也，""'彼'，不两可两不可也"（"彼"据胡适校，"不两可两不可"据沈有鼎增前"两"字）。

共通的使用价值：不论何种类型的逻辑学，都是人们思维实践中推理形式和规律的总结，尽管语言文化等多种因素的不同而导致不同类型逻辑的特殊性，但逻辑学是获得科学知识和进行正确交际与沟通所必需

---

① 沈有鼎：《墨经的逻辑学》，中国社会科学出版社，1980，第13页。

的工具，可以被不同地域、民族、国家以及不同阶级的人们使用，因而具有普遍意义。

（二）不同类型逻辑也具有自身的特殊性[①]

大体看来，由于社会和文化条件不同而形成的逻辑的特殊性，主要表现在以下三个方面。

第一，居于主要地位的推理类型不同。

现实生活中的推理论说活动，是社会政治与文化生活的一部分。它总是围绕着社会政治与文化生活的需求，并服务于这种需求而进行。因此，需求的状况会影响到推理论说的状况；前者的不同，就会导致后者的差异。

在我们对希腊、印度和中国的古老文明进行比较时，有人认为中国传统文化更富有人文精神。这种人文精神的突出表现是伦理政治受到特别的关注。与之相应，人们的推理论说也就主要服务于伦理政治的各种思想的教化与宣扬，以及不同主张之间正误当否的争辩。

社会的这种需求和实证科学的缺乏，没有导致推理的规范、严密，却在关注推理论说正误的同时，十分关注论说的直观、简明、生动，为的是运用推理论说去晓示和说服他人与取胜论辩对手。由此，以事物或现象之间的同异为依据的"推类"，就成了在《墨子》及其他中国古代文献中占有重要地位的一种推理。

古代希腊与古代中国不同。在古希腊，虽然有论辩对推理的要求，但更有科学的发展，特别是科学发展对推理的需求。科学的发展要求一种可以产生科学知识的推理。由真实前提必然得出真实结论的演绎推理符合这种需求，在科学研究中得到了应用，因此，"从一般的前提来进行演绎的推理，这是希腊人的贡献"[②]。亚里士多德概括了古代希腊的科学成果，建立了以演绎推理（三段论）为核心内容的传统逻辑。

第二，推理的表现方式不同。

---

① 本小节是对崔清田《墨家逻辑与亚里士多德逻辑比较研究——兼论逻辑与文化》第二章相关内容的转述。

② 〔英〕罗素：《西方哲学史》上卷，商务印书馆，1976，第24页。

所谓表现方式可以包括：其一，相同类型的推理，在不同文化背景下的具体特征不完全相同；其二，推理具有规范论式的状态不同。

就推理具体特征的差异而言，我们可以举出模拟作为例子。西方传统逻辑的模拟是根据两个或两类事物在若干属性上相同，推出它们在其他属性上相同的过程。沈有鼎认为，墨家的"类推"包含了"类比推论"，但这里的"类比推论"与上述类比不同，其表现是，"善于运用类比推论的，一定是能在表面上不相似的东西之间发现本质上的'类同'的人"。① 这说明《墨子》的"类比推论"与西方传统逻辑"类比"有不同的具体特征。

推理具有规范论式的状态也不尽相同。

在亚里士多德之前或同时，古希腊的几何学论证十分发达。几何学论证的重要性质不仅在于所由出发的某些命题的自明性，更在于"推导必须是形式的或者对于几何学所讨论的特殊对象是独立的"。② 古希腊最早的逻辑研究多半是由对这种推理的考察所引起的，而且正是包括几何学在内的数学为亚里士多德提供了对证明做的大部分解释。因此，亚里士多德的三段论既有明确的论式，也有系统的推演规则。

《墨子》也涉及了推理的必然性。《墨子》中"效"被做了如下说明："效者，为之法也。所效者，所以为之法也。故中效则是也，不中效则非也。"（《小取》）但是，由于现实生活中应用的"效"式推论没有明晰规范的论式，所以《墨子》难以对之做出说明，沈有鼎指出，《墨子》虽有对"效"这种演绎的一般性概括，但对论式（"法式"）则"没有如亚里士多德那样的精详研究"。③

第三，逻辑的水平及演化历程不同。

人们对推理的运用和认识，是一个不断发展的过程。因此，逻辑发展也是一个无限的、充满进步的过程。其间，能够对推理类型、推理形式及推理规则给出系统的总结和清晰、规范的说明的，相对而言是逻辑

① 沈有鼎：《墨经的逻辑学》，中国社会科学出版社，1980，第43页。
② 〔英〕威廉·涅尔、玛莎·涅尔：《逻辑学的发展》，张家龙、洪汉鼎译，商务印书馆，1985，第10页。
③ 沈有鼎：《墨经的逻辑学》，中国社会科学出版社，1980，第50页。

发展的较高水平；反之，则不然。在这个意义上，应当说中国古代的逻辑没有达到古希腊逻辑学的水平。这正如张岱年所言："由于重视整体思维，因而缺乏对于事物的分析研究。由于推崇直觉，因而特别忽视缜密论证的重要。中国传统之中，没有创造出欧几里得几何学那样的完整体系，也没有创造出亚里士多德的形式逻辑的严密体系。"①

不同社会政治和文化背景下逻辑的演化历程也不同。

在西方，逻辑学与哲学一起，发源于公元前 6 至前 5 世纪的古希腊。公元前 4 世纪，亚里士多德建立了传统逻辑。此后，逻辑不断获得发展。17 世纪，弗朗西斯·培根奠定了归纳逻辑的基础，时至今日已发展出了现代归纳逻辑。同样在 17 世纪，"思维就是计算"的思想由霍布斯提出，时至今日已发展成了现代形式逻辑。

与西方逻辑的发展不同，中国古代逻辑经历了一段曲折的道路。先秦时期的《墨子》，已对"推类"进行了研究。到了汉代，随着百家被黜，墨家的逻辑学说及名家的分析思想均走向了衰微。此后，中国古代逻辑再没有获得重大发展。这不能说不是中国传统文化的一大缺憾。

第三节　逻辑观念在中国语境中的意义演变及其新审视

逻辑观念是对逻辑学定义、研究对象、功能和作用的根本看法，是对逻辑学存在自身的合理性、合法性和正当性进行的追问、反思和诠释。纵观逻辑学发展史，每一次逻辑理论的重大创新和突破，莫不是首先导源于逻辑观念的创新。探究逻辑观念在中国语境下的意义演变，可以为中西方必然推理比较研究提供重要的观念和方法参考。

一　逻辑观念在西方的意义演变

从词源上说，逻辑最早源于一个希腊词——"逻各斯"（logos）。陈波指出，"逻各斯"是多义的，其主要含义有：（1）一般的规律、原理和

---

① 张岱年：《文化与哲学》，教育科学出版社，1988，第 208 页。

规则，在这一点上，"逻各斯"类似于中国老庄哲学的"道"；（2）命题、说明、解释、论题、论证等；（3）理性、推理、能力、与经验相对的抽象理论、与直觉相对的有条理的推理；（4）尺度、关系、比例、比率等；（5）价值。不管怎样，"逻各斯"的基本词义是言辞、理性、秩序、规律。其中最基本的含义是"秩序"和"规律"，其他含义都是由此派生出来的。①

逻辑起源于古希腊，是与当时特定的希腊文化背景分不开的。"希腊文化的一个特殊之处在于它的哲学，而希腊哲学的特殊之处在于其最早形态是自然哲学。……自然哲学所研究的'自然'（physis），本意是生成变化；自然哲学研究的对象是万事万物生成变化的本原。"② 赫拉克利特（约前540—约前480与470之间）是古希腊早期自然哲学家中的杰出代表，他首先使用了 logos 这一哲学概念。"逻各斯"是赫拉克利特哲学中一个最基本的范畴，用来表示万事万物生成变化之道。他认为一切都在生成变化，没有一个事物是自身，其一般形式是"既是……又不是"，如："不死者有死，有死者不死：后者死则前者生，前者死则后者生。""我们踏入又不踏入同一条河流，我们存在又不存在。"③ 赵敦华把这一形式称为"生成的逻辑"，其核心不同于辩证法的对立面统一，而是对立面的过渡和转化，"这种思想状态不是逻辑思维方式（包括辩证逻辑）的特征，而是前逻辑的思维方式"。④ 巴门尼德是与赫拉克利特同时代的埃利亚学派代表之一。虽然巴门尼德也使用 logos 这一哲学概念，但是不认为 logos 是万物生成变化的真理，并针对赫氏"既是……又不是"形式的哲学思想提出截然不同的观点，如："不存在者存在是不可能的。……这些不能分辨是非的群氓，居然认为存在者和不存在同一又不同一，一切事物都有正反两方向。"⑤ 显然，logos 在赫拉克利特、巴门尼德的思想体系

① 陈波：《逻辑学是什么》，北京大学出版社，2007，第1页。
② 赵敦华：《逻辑和形而上学的起源》，《学术月刊》2004年第1期。
③ 北京大学哲学系外国哲学史研究室编译《西方哲学原著选读》，商务印书馆，1999，第22—23页。
④ 赵敦华：《逻辑和形而上学的起源》，《学术月刊》2004年第1期。
⑤ 北京大学哲学系外国哲学史研究室编译《西方哲学原著选读》，商务印书馆，1999，第32页。

中都属于哲学范畴，还不是一个真正意义上的逻辑概念。

亚里士多德（前384—前322）被公认为西方逻辑的创始人，但是学科意义上的"逻辑"术语却非亚氏的发明创造。他在"议论"或"论证"的意义上使用过"逻各斯"一词，但是，对于我们现在称为逻辑的科学，亚氏所用术语是"分析的"或"由前提继随的"。罗斯指出："亚里士多德未认识'逻辑'这个术语……亚历山大第一个在逻辑意义上用这个词。亚里士多德对于这个知识分支，或至少对于研究推理的学科，他用'分析'一词。"① 亚里士多德在《形而上学》卷（Β）三中提出："（一）原因的探求属于一门抑或数门学术？（二）这样一门学术只要研究本体的第一原理抑或也该研究人们所凭依为论理基础的其他原理？"② 基于此，他明确将学术分为两大类型：研究事物之生成原因、原理的学术；研究认识事物的"智慧"问题的学术。在《形而上学》卷（Κ）十一中，针对"第二门学术"论述如下："这不属于物理之学，因为全部物理学专门研究具有动静原理诸事物；这也不属于实证之学，因为这一学术所研究的就是它所实证的那一类知识。"③ 显然，这样一门研究"它所实证的那一类知识"的学术，就是亚里士多德对逻辑学的原始理解。但对这门学科本身的正式名称，亚里士多德却没有确切的规定。在亚氏的著作中，有时对这门学科沿用柏拉图的称呼叫作"辩证法"，有时则称作"综合论法"或"三段论法"。被后人公认为亚里士多德关于逻辑学内容的著作有：《范畴篇》《解释篇》《分析前篇》《分析后篇》《论辩篇》《辩谬篇》，是公元前60—前50年，由亚里士多德第11代传人、罗马的安德罗尼柯（Andronicus）编纂在一起出版的，被命名为《工具论》。

Logica 一词作为逻辑这门学科的名称，推原其始，最早见于罗马哲学家西塞罗（前106—前43）的著作中。④ 在西塞罗那里，逻辑学包括修辞学和论辩术。在整个中世纪的欧洲学术史上，学科意义上的逻辑，曾长期缺乏一个统一的名称，有称"辩证法"，或者叫"工具论"，只有很少

① 郑文辉：《欧美逻辑学说史》，中山大学出版社，1994，第21页。
② 〔古希腊〕亚里士多德：《形而上学》，吴寿彭译，商务印书馆，1997，第37页。
③ 〔古希腊〕亚里士多德：《形而上学》，吴寿彭译，商务印书馆，1997，第209—210页。
④ 〔古希腊〕亚里士多德：《形而上学》，吴寿彭译，商务印书馆，1997，第62页注3。

的人，采用西塞罗的"逻辑"这个词。有影响的著作如：12世纪法国经院哲学家阿伯拉尔（Petrus Abaelardus）的《辩证法》、16世纪德国神学家梅兰希顿（Philipp Melanchthon）的《辩证法手册》，以及古典归纳逻辑的创始人、17世纪英国著名哲学家弗兰西斯·培根的《新工具》等。①对上述现象，学者何新曾进行过详细的分析，他指出，如果我们对"辩证法"—"逻辑"—"逻各斯"这三个概念的语义，从历史语义学的角度进行比较，就会发现，它们的含义在从古到今的过程中恰好发生了对换。"辩证法"一词，出自古希腊语"dialectic"，其语义是辩论、对话。黑格尔在他的哲学史著作中曾说："思辨的或逻辑的哲学，古代哲学家叫做辩证法。"②辩证法的这种本来语义，非常接近现代学术中的"逻辑"；而逻辑（logica）本是一个拉丁词，词源来自希腊语 λδψos，即"逻各斯"，语义是：规律、法则、秩序。概言之，现代意义的逻辑，古代人称作辩证法；现代哲学中的客观辩证法，古代人称作"逻各斯"；而古代的"逻各斯"一词，则是逻辑这个词的母词。③

直到18世纪，德国哲学家康德在《纯粹理性批判》中首次用形式逻辑这一概念，来称谓亚里士多德的古典逻辑，以区别于他所建立的"先验逻辑"。康德认为："逻辑作为一门关于一切一般思维的科学，不考虑作为思维质料的对象。""这种关于一般知性或理性的必然法则的科学，或者说——这是一样的——这种关于一般思维的单纯形式的科学，我们称之为逻辑。""形式逻辑这个名称就是康德第一次使用的。"④把逻辑作为学科名称传播开去、为世人公认的主要功臣当数黑格尔，尽管人们对黑格尔的学说性质是逻辑学还是哲学存在较大争论："如果我们要问，到底是谁使逻辑这个用语在德国最后取得胜利的呢？……最主要的是黑格尔。""黑格尔在1812—1816年出版了他的三个部分组成的主要思辨著作，标题是《逻辑科学》。因此，黑格尔对于使'逻辑'这个词得到最后的承

---

① 何新：《黑格尔〈逻辑学〉释名》，《学术研究》1986年第1期。
② 转引自何新《黑格尔〈逻辑学〉释名》，《学术研究》1986年第1期。
③ 何新：《黑格尔〈逻辑学〉释名》，《学术研究》1986年第1期。
④ 转引自〔英〕罗斯《亚里士多德》，王路译，张家龙校，商务印书馆，1997，第271页。

认，其功绩超过任何人。"① 直到近代，西方才通用"logic""logik"
"logique"等表示逻辑这门科学。

在西方逻辑学发展史上，逻辑观念的意义演变主要有三方面原因：
其一，人们对逻辑学本身理解有差异；其二，在后来整理、翻译逻辑学
文献过程中，当事人的水平、能力存在差异；其三，不同民族、不同语
言、不同文化对逻辑含义的认知不同，如古希腊文、拉丁文、阿拉伯文、
英文、德文、汉文之间互译时，基于不同文化背景而产生的歧义。

二　逻辑观念在中国的意义演变

西方逻辑学传入中国肇始于明季李之藻、傅汎际翻译的《名理探》，
这是西方逻辑学专著的第一个中译本。《名理探》原著是葡萄牙高因盘利
大学耶稣会会士的逻辑学讲义《亚里士多德辩证法概论》，共分上下两
编，上编为亚里士多德的十范畴理论和谓词理论，下编为亚里士多德的
命题理论和三段论学说，《名理探》只包括上编。可见，直到16—17世
纪，在西方依然用"辩证法"指称形式逻辑。

"名理探"是"逻辑"一词在中国的第一个译名。至于为什么用
"名理探"作译名，李次彬在为《名理探》一书作的序文中指出："盖
《寰有诠》详论四行天体诸义，皆有形声可晰。其于中西文言，稍易融
会。故特先之以畅其所以欲吐。而此则推论名理，迪人开通明悟，洞彻
是非虚实，然后因性以达夫超性。凡人从事诸学诸艺，必梯是为嚆矢，
以启其倪；斯名之曰《名理探》云。"② 这已表明，名理探是"推论名
理"之学，"凡人从事诸学诸艺，必梯是为嚆矢，以启其倪"，这和培根
对逻辑学的认识——"是学为一切法之法，一切学之学"可谓有异曲同
工之妙。李之藻在翻译拉丁文 logica 一词时也曾用"络日伽"作为音译，
"《名理探》中是这样写的：'引人开通明悟，辨是与非，辟诸选谬，越归
一真之路。名曰终日伽'。意思是：使闭塞糊涂的思维晓畅清楚，以作到

---

① 〔德〕亨利希·肖尔兹：《简明逻辑史》，张家龙、吴可译，商务印书馆，1977，第
16页。

② 参见徐宗泽《明清间耶稣会士译著提要》，上海书店出版社，2006，第150页。

明辨是非，批判谬误，达于真理。使人的思维作到这点的途径或方法就称为络日伽。'依此释络日伽为名理探。即循所已明，推而通诸未明之辨也'。可知，'名理探'含义就是关于由已知达于未知的推理论证的学问。"①

1896年，艾约瑟翻译出版的《辩学启蒙》把逻辑学译为"辩学"，原著是英国人耶方斯的《逻辑初级读本》。1908年，国学大师王国维翻译耶方斯的《逻辑基础教程：归纳和演绎》，出版时也采用了《辩学》作为中文译名。20世纪早期从日文翻译引进我国的逻辑教材，其中的逻辑学术语多依照原书日文汉字术语，将逻辑学译为"论理学"，主要有田吴炤译十时弥的《论理学纲要》（1902年出版）、胡茂如译大西祝的《论理学》（1906年出版）、商务印书馆编译的《论理学》（1906年出版）等。此后，我国学者自编的逻辑学教材也多用"论理学"，如韩述祖的《论理学》（1908年出版）、王延直的《普通应用论理学》（1912年出版）、张子和的《新论理学》（1914年初版，后多次再版）、王章焕的《论理学大全》（1930年出版）、何兆清的《论理学大纲》（1932年出版）等。

"逻辑"被译为"名学"首见于道光四年（1824）出版的《名学类通》②，而使"名学"之名迅速传播开来并产生较大影响的是严复（1854—1921），他翻译出版的《穆勒名学》（1905）和《名学浅说》（1908）被认为是西方逻辑学再次传入中国的标志。严复是以中文"逻辑"一词音译logic的首创者，却选择"名学"作为逻辑学科的译名。他认为"名理探""辩学"两种译名和逻辑学的深度广度不相符合，无法展示逻辑学的全貌，相较之下，在中文中只有"名学"和逻辑学最相近。在严复之后，胡适也采用了这个译名，把自己的博士学位论文中文版定名为《先秦名学史》。

---

① 《名理探》，傅汎际译义、李之藻达辞，生活·读书·新知三联书店，1959，第25页。
② 就笔者掌握的文献看，此说首见于汪奠基《中国逻辑思想史》（上海人民出版社，1979）。在该书第406、436页，汪奠基提及乐享溪堂于道光四年（1824）刊行过一本名叫《名学类通》的西方逻辑学译著，译者佚名，原著者不详。但是，近来有学者质疑逻辑学译著《名学类通》的存在，认为"这部《名学类通》更可能是一部有关历代大儒著述的分类文选，而非西方逻辑的译著"。参见晋荣东《e-考据与中国近代逻辑史疑难考辩》，《社会科学》2013年第4期。

"逻辑"另外一个重要的译名是由孙中山先生力倡的"理则学",因其特殊的历史地位和巨大影响(国民党执政时期,孙中山被尊称为"国父"),这一译名迄今在中国台湾地区仍有学者沿用。在论及自己选择该译名的理由时,孙中山指出:"凡稍涉乎逻辑者,莫不知此为诸学诸事之规则,为思想之门径也。人类由之而不知其道者众矣,而中国则至今未有其名,吾以为当译之为理则者也。"对于将"逻辑"一词译为论理学、辨学(辩)、名学等其他译名,孙中山也做了一一评鉴:"近人有以此学用于推理特多,故有翻为论理学者,有翻为辨学者,有翻为名学者,皆未得其至当也。……夫推论者乃逻辑之一部分,而辨者,只不过推论之一端,而其范围尤小,更不足以概括逻辑矣。……至于严又陵(严复,字又陵——引者注)氏所翻之名学,则更为辽东白豕也。穆勒氏亦不过以名理而演逻辑耳,而未尝名其书为名学也,其书之原名为《逻辑之系统》。严又陵氏翻之为名学者,无乃以穆勒氏之书,言名理之事独多,遂以名学而统逻辑乎?夫名学者,亦为逻辑之一端耳。凡以论理学、辨学、名学而译逻辑者,皆如华侨之称西班牙为吕宋也。"① 吕宋即菲律宾群岛之主岛,孙中山借"称西班牙为吕宋"比喻把逻辑译为论理学、辨(辩)学、名学,显然意在说明这些译名是以偏概全。

坚持以"逻辑"作为学科译名并宣传、推广开来的首要功臣,非章士钊莫属。章士钊为逻辑正名,历30多年孜孜以求、坚持不懈。早在1909年,章氏就在《国风报》上发表《论翻译名义》专文,明确提出自己的主张:"至Logic吾取音译而曰逻辑,实大声宏,颠扑不破。为仁智之所同见,江汉之所同归,乃崭焉无复置疑者也。"② 他同时有理有据地对其他译名逐一进行剖析、批驳,兹录如下。

1. 关于"名理探"

"明末李之藻译葡萄牙人傅汎际书半部号《名理探》。《名理探》者,

---

① 参见罗炳良主编《孙中山建国方略》,张小莉、申学锋评注,华夏出版社,2002,第33—34页。

② 章士钊:《逻辑指要》,重庆时代精神出版社,1943;上海书店影印《民国丛书》(第三编9),第432页。

亦如万有诠之类，谓籍是以探求名理耳，是三字亦不为学术之名。"① 章士钊认为"名理探"三字，仅仅是借以"探求名理"，根本不是学术之名，不可用。

2. 关于"论理学"

章氏认为论理学"最为劣译"。他说："论理二字，他弊且不论，即字面已不分明。论理者，将论其理，以论为动词？抑论之理，以论为名词乎？"② "如日人曰，逻辑论理也。论理学三字，明明为逻辑作诂，是吾人欲得术语……是使术语与定义相符，简而举之，不啻曰：论理学者，论理学也；名学者，名学也。号为与人新诂，而人之所得，仍周旋胶漆于术语字面之内，义亦何取乎定为？以逻辑法例绳之，是谓重赘之语。如从前说，则立陷前番作诂于无意识。"③ 在这段引文中，章氏认为"论理学"这一译名有两方面的问题：其一是字面意义不明确，"论"字作动词、名词解时有歧义；其二"论理学"明明是对"逻辑"的说明或定义，但"论理学"作为新术语，自身尚需定义，以需要定义之词来定义另一个新词，就陷入了循环论证。他指出："若泛言论理，则天下论理之学何独逻辑？不论理而成科之学，固未之前闻也。且论理云者，果论其理，以论为动词，如言理财学之类乎？抑论之理，以论为名词，如言心理学、物理学之类乎？故论理二字，义既泛浮，词复暧昧，无足道也。"④ 就是说，当把"论理"二字作广义理解时，天下"论理"之学很多，不独逻辑专有，以"论理"译 logic，词义显得过于宽泛；若把"论"解为动词或名词，"论理学"都易误解成其他学科，如理财学、心理学、物理学。所以，译 logic 为"论理学"最不恰当。

① 章士钊：《逻辑指要》，重庆时代精神出版社，1943；上海书店影印《民国丛书》（第三编 9），第 4—5 页。

② 章士钊：《逻辑指要》，重庆时代精神出版社，1943；上海书店影印《民国丛书》（第三编 9），第 432 页。

③ 章士钊：《逻辑指要》，重庆时代精神出版社，1943；上海书店影印《民国丛书》（第三编 9），第 426—427 页。

④ 章士钊：《逻辑指要》，重庆时代精神出版社，1943；上海书店影印《民国丛书》（第三编 9），第 1 页。

3. 关于"名学"

对于严复所译"名学",章氏也认为不妥。"侯官严氏译穆勒名学,谓名字所涵奥衍精博,与逻辑差相若,说近浮夸,未足置信。"① "严氏以名名此学,愚敢决其所含义解,足尽雅理士多德(亚里士多德)之逻辑,而未能语于倍根(培根)以后所开发也。"② 换言之,章士钊认为以"名学"译逻辑虽然可以涵盖亚里士多德逻辑,但是无法涵盖归纳逻辑方面的内容。以现代逻辑视野全面衡量章士钊断语,所谓名学"足尽"亚里士多德逻辑,也失之偏颇。二者分别基于不同的文化背景,其逻辑的内涵和外延当然不可能"足尽"。

4. 关于译为"辩学"的评价

章士钊在评价"辩学"时,说明了"辩""辨"之用,并通过考证《墨辩》的成书与流传情况,说明在中国先秦时即有专门研究"辩学"的《墨辩》存在。最迟至晋时,鲁胜《墨辩》已成辩学专著,所以,逻辑之理乃"吾国固有"。

通括名辩而无所淤滞,唯辩字耳。盖墨子所居名家领域,实于上下经及说表之,而墨经即号辩经,墨家名学谓之《墨辩》,鲁胜《墨辩》序谓:"自邓析至秦时,名家者世有篇籍,率颇难知,后学莫复传习。于今五百余年。遂已绝。《墨辩》有上下经,经各有说,凡四篇,与其书篇连第,故独存。"备是以谈,《墨辩》显有专书,早佚。其附于今墨子者,乃略说之别见者也。……是辩之云者,本为墨家言学之称,别有成书。今所传墨子,以其须包举墨学全部也,亦遂简括其所以为辩者。③

---

① 章士钊:《逻辑指要》,重庆时代精神出版社,1943;上海书店影印《民国丛书》(第三编 9),第 2 页。
② 章士钊:《逻辑指要》,重庆时代精神出版社,1943;上海书店影印《民国丛书》(第三编 9),第 426 页。
③ 章士钊:《逻辑指要》,重庆时代精神出版社,1943;上海书店影印《民国丛书》(第三编 9),第 3—4 页。

虽然章士钊言译为"辩学"相较于"论理学""名学"为好，但是认为"辩学"仍然无法概括西方逻辑学的全部内容，"然辩虽能范围吾国形名之家，究之吾形名之实质，与西方逻辑有殊"。① 究其原因，逻辑译名从"名理探"、辩学、名学到论理学、理则学，皆为意译，"以意译名弊害最显者，无论选字何等精当，所译固非原名，而原名之意诂是也"。② 也就是说，对译名进行意译，仅仅是对原名的一种诂解。所以，章士钊主张直接采用音译"逻辑"，可以避免意译带来的困扰。其意义正如他在《〈论译名〉答容君挺公》一文中所说："译 Logic 为逻辑，非谓雅里士多德、倍根、黑格尔、穆勒诸贤，以及将来无穷之斯学巨子所有定义悉于此二字收之。乃谓以斯字名斯学，诸所有定义，乃不至蹈夫谜惑、抵牾之弊也。"

概言之，逻辑中文译名的选择、争论的过程，反映了各译名倡导者对逻辑学的不同认识，实质上是倡导者逻辑观念的不同体现。学界最终较一致地选择用 logic 的音译"逻辑"来代表这门学科，说明在汉语原有的词汇中没有一个词语能够在内涵上和 logic 的内涵相对应。这从一个侧面反映了中西逻辑在文化背景上的差异。

三　逻辑观念在中国语境中的新审视

美国逻辑学家皮尔士（1838—1914）曾说："对逻辑所下的定义几乎接近一百个。"③ 从逻辑的类型来说，在历史上，自亚里士多德创建了词项逻辑以来，逻辑学经过 2000 多年的不断创新、发展、完善，迄今已成为一门涵盖许多分支的学科群。著名逻辑史家肖尔兹区分了六种逻辑类型。第一种是古典形式逻辑（源于亚里士多德）。第二种是扩展的形式逻辑（在亚里士多德形式逻辑系统基础上，增加了方法论、语义学和认识论原则）。第三种是非形式逻辑。第四种是归纳概率逻辑（向非经典方向

---

① 章士钊：《逻辑指要》，重庆时代精神出版社，1943；上海书店影印《民国丛书》（第三编 9），第 4 页。

② 章士钊：《逻辑指要》，重庆时代精神出版社，1943；上海书店影印《民国丛书》（第三编 9），第 426 页。

③ 〔美〕I. M. 科庇：《符号逻辑》，宋文坚译，北京大学出版社，1988，第 5 页。

发展趋势，包括了统计推理和决策逻辑等成熟的理论）。第五种是以黑格尔和康德为代表的思辨逻辑。黑格尔认为逻辑是关于自在自为的理念的科学；康德的逻辑内涵主要包括知性与理性的法则。第六种是形式逻辑的现代类型（起源于弗雷格、罗素），包括经典数理逻辑及其扩展，以及非经典逻辑系统。[1] 不同的逻辑类型对逻辑的定义各不相同。

目前国内逻辑学界较为公认的逻辑定义分别是：定义一，逻辑是研究推理有效性的科学；定义二，逻辑是研究思维的形式结构及其规律的科学。定义一被认为是对逻辑较狭义的定义；定义二被认为是对逻辑较宽泛的定义。

持第一种定义的学者以王路、李小五为代表。王路认为："逻辑是研究必然性推理的科学。所谓必然性是指：一个推理的正确性是由这个推理的形式的有效性决定的。所以逻辑素有'形式'逻辑之称。就是说，逻辑只与形式有关，与内容没有关系。"[2] 李小五认为一个具体的逻辑系统应该有四个标准：完备的形式语言（语言标准）、完备的语义理论（语义标准）、弱逻辑标准、强逻辑标准。[3] 他的逻辑定义是："逻辑就是对形式正确的推理关系进行可靠且完全刻画的形式推演系统。"[4] 强调推理形式的有效性和推理结果的必然性，是王路、李小五逻辑定义的共性。两位学者同时对宽泛的逻辑定义提出批评，认为把逻辑研究的对象确定为"思维形式"、"思维的一般形式和一般规律"或"思维的形式结构"等观点至少有以下弊病。（1）在研究对象方面产生逻辑和心理学的混淆。思维是一种心理活动，但是逻辑和心理学在研究思维时存在研究范围、研究方向、研究方法等方面的不同。（2）思维的类型很多，而逻辑仅仅研究其中的一种——逻辑思维，显然该定义对诸多思维类型来说定义过宽。思维形式或思维的一般形式等不能完全由逻辑来研究，逻辑也研究

---

① "六种逻辑类型"是鞠实儿对肖尔兹相关思想的总结。其中，第一、二种构成了西方传统逻辑的内容，而第五种思辨逻辑，学界常归于哲学，一般不认为是逻辑。参见鞠实儿《逻辑学的问题与未来》，《中国社会科学》2006年第9期。

② 参见王路《逻辑的观念》，商务印书馆，2000，第155页。

③ 李小五：《何谓现代归纳逻辑》，《哲学研究》1996年第9期。

④ 李小五：《什么是逻辑?》，《哲学研究》1997年第10期。

不了。（3）不易把握。对于思维形式、思维的一般形式、一般规律或形式结构，要么就是根本说不清楚，要么就是难于说清。

定义一把逻辑定义得过严过窄，除具有"必然地得出"特征的演绎逻辑外，其他各种逻辑类型，如归纳逻辑、辩证逻辑、语言逻辑、计算机人工智能逻辑等被拒斥在逻辑大门之外。这显然与当前国际逻辑学发展的前沿和趋势不符。从整个逻辑学发展史考察，狭义的演绎逻辑一元论，不利于逻辑学科的发展。培根正是通过对演绎逻辑观念的突破，才创建了归纳逻辑体系，从而奠定了西方现代实验科学的方法论基础。

大多数学者持第二种定义。定义一首先不能反映逻辑学发展的事实。毋庸讳言，从逻辑的发展史来看，逻辑科学的工具性决定了：一定的逻辑类型是否能成为主流，是和那个时期的社会发展状况尤其是科技水平分不开的。早在亚里士多德以前，苏格拉底就对归纳推理进行过研究，亚里士多德在其名著《形而上学》中曾明确指出："公正地说，有两样东西完全可以归功于苏格拉底，这就是归纳论证和一般定义，两者均涉及知识的基础。"[1] 亚里士多德是形式逻辑的创始人，他不仅研究了前提与结论之间具有必然性联系的演绎逻辑，而且强调了前提与结论之间具有概然性联系的归纳推理；他不仅研究了形式逻辑，而且研究了非形式逻辑，相关思想他在《工具论》中用大量篇幅进行了阐述。现代数理逻辑奠基人之一的罗素也认为培根归纳法、黑格尔的辩证逻辑方法和数理逻辑是逻辑领域的三次扩展。[2] 德国著名的逻辑史学家亨利希·肖尔兹在《简明逻辑史》中，将逻辑划分为"形式的逻辑"和"非形式的逻辑"两大类型。在当前的生物科技和信息时代，计算机人工智能技术飞速发展，绝非单一的演绎逻辑能够胜任工具作用的，而是需要更多的、全新的逻辑系统、逻辑类型提供工具支持。非形式逻辑的发展表明了现代演绎逻辑不是逻辑的全部，形式化也不是逻辑科学的唯一发展方向，只有采取开放的态度，允许不断尝试、不断创新，逻辑学才能适应社会进步、

---

① 北京大学哲学系外国哲学史研究室编译《西方哲学原著选读》，商务印书馆，1999，第58页。

② 洪谦：《西方资产阶级哲学论著选辑》，商务印书馆，1982，第221—226页。

科技发展。

对"逻辑（学）是什么"的问题，基于"逻辑的文化相对性"思想，中国哲学家给出了具有原创性、传承性的回答，并由此形成逻辑观念的一个重要类型——文化逻辑观。这一中国原创思想，肇始于张东荪，成熟于崔清田，完善于鞠实儿，有着明细的开创、传承、发展脉络。

张东荪（1886—1973），浙江钱塘人，毕业于日本东京帝国大学。张东荪特别重视逻辑和语言关系的研究，其思想涉及逻辑哲学和中国逻辑史方面的很多根本问题，"逻辑的文化相对性"，就是张东荪极具创造性的、前瞻性的观点，由此引发的不同争论，一直延续到今天。他认为：

> ……逻辑为文化中的范畴所左右，换言之，即文化、哲学与逻辑三者互相凝为一片……这一点主在破除向来的说法，把逻辑认为人类思想上普遍的规则……我以为不但中国人，即中国以外的其他民族，如果其文化与西方不同，自可另用一套思想程式。这种另外的一套依然不失为正确的与有效的。……现在我研究了以后，乃发现逻辑由文化的需要而逼出来的，跟着哲学思想走。这就是说逻辑不是普遍的与根本的。并且没有"唯一的逻辑"（logic as such），而只有各种不同的逻辑。这种主张或许对于中国的逻辑学者是一个挑战亦未可知。①

张东荪上述语言逻辑思想首见于论文《思想言语与文化》，"于1938.1.28 写于北平西郊燕东园"，② 完善于论文《不同的逻辑与文化并论中国理学》，于"民国三十八年七月二十七日（1940.7.27）"，③ 正值抗日战争期间，张东荪时任燕京大学教授。此后，由于历史的原因，张

---

① 张东荪：《不同的逻辑与文化并论中国理学》，载张汝伦选编《理性与良知——张东荪文选》，上海远东出版社，1995，第 387 页。
② 张东荪：《不同的逻辑与文化并论中国理学》，载张汝伦选编《理性与良知——张东荪文选》，上海远东出版社，1995，第 386 页。
③ 张东荪：《不同的逻辑与文化并论中国理学》，载张汝伦选编《理性与良知——张东荪文选》，上海远东出版社，1995，第 420 页。

东荪的这一原创性思想湮没于历史之中，直到 1995 年，张汝伦整理出版《理性与良知——张东荪文选》，张东荪这一原创性思想，才再次迎来了它的知音。

崔清田（1936— ），中国当代著名的逻辑史学家，南开大学教授、博士生导师，是中国逻辑史研究重镇——"南开学派"承上启下式的学者。他立足文献研究和逻辑分析，继承并发展了张东荪"逻辑的文化相对性"思想，提出"逻辑与文化""逻辑的共同性与特殊性"命题，倡导以"历史分析与文化诠释"为基础的逻辑史比较研究方法，明确了中国名学、辩学与欧洲传统逻辑的差异，提出以"推类"为主导的推理类型是墨家逻辑的重要特征。崔清田的研究成果，使得张东荪"逻辑的文化决定论"思想重新走入学者视野并引起持续的争论。

鞠实儿在论文《逻辑学的问题与未来》① 中，论证了"逻辑学概念是一个家族类似"；在论文《论逻辑的文化相对性——从民族志和历史学的观点看》② 中，通过论证"逻辑的文化相对性"，提出广义论证逻辑理论。他认为，逻辑学研究的目标是为说理提供可靠的工具。在特定的文化背景中，说理主体依据所在的文化语境，采用相应规则进行的语言博弈，其目的在于从前提出发促使参与的主体拒绝或接受某个结论。由于特定说理主体所隶属的文化特质不同，广义论证的机制和程序必然受制于相应文化群体所具有的信念、宗教、习俗、制度和法规等，所以，广义论证概念的外延包括各种不同文化背景的广义论证。换言之，不同的文化群体享有不同的广义论证模式与规则系统，即不同的广义论证逻辑系统，其语用标准可以用与形式逻辑的"有效"（validity）概念相对应的"生效"（effectivity）概念来刻画。

用逻辑观念审视张东荪、崔清田、鞠实儿的逻辑思想，可以发现三位学者在"逻辑与文化"关系上的认识是一脉相承的，从逻辑观念上看，是"大逻辑观"或"文化逻辑观"；从逻辑学的研究对象上看，是从推理

---

① 鞠实儿：《逻辑学的问题与未来》，《中国社会科学》2006 年第 6 期。
② 鞠实儿：《论逻辑的文化相对性——从民族志和历史学的观点看》，《中国社会科学》2010 年第 1 期。

有效性拓展到广义论证；从内涵上分析，可以说与西方当代非形式逻辑学家对逻辑学的定义高度吻合。由此可以给出逻辑学的第三个定义：逻辑学是研究论证的一般科学，其目的是规定把好论证与坏论证区别开来的方法与原则的科学。①

　　基于"逻辑的文化相对性"思想的广义论证逻辑理论，是逻辑观念在中国语境下意义演变的必然结果，为开展不同文化背景下的逻辑思想比较研究，提供了全新的逻辑观念和全新的研究方法，极大地拓展了逻辑学的研究领域，是对不同文化背景的逻辑模式进行比较研究的逻辑观和方法论基础。

---

　　① 　熊明辉：《非形式逻辑视野下的论证评价理论》，《自然辩证法研究》2006 年第 12 期。

第二章

中国逻辑研究回顾

中国逻辑研究的百多年历史，可以明显地分为两大阶段：19 世纪末到 20 世纪末，主要研究范式是以西方逻辑为参照系，探究中国传统文化中逻辑的存在与否，形式为何，主要解决中国逻辑是什么的问题。进入 21 世纪以来，伴随着逻辑观念大讨论、中国逻辑合法性大讨论，中国逻辑研究开启了新的研究范式，主要表现在文化逻辑观的确立、历史分析与文化诠释研究方法的应用、中西方必然推理比较研究的兴起、新研究领域的开拓、国际化进程的推进等，主要关注中西方比较逻辑，尤其是在比较逻辑学"三层次"理论体系①视域下中西方必然推理比较研究的成果。

第一节　新近中国逻辑研究的特点和趋势②

进入 21 世纪以来，中国逻辑研究续写了新的篇章，取得了重要进展，产生了一批标志性的成果。本节拟就近年来中国逻辑研究的特点、趋势做简要的回顾和探讨。

---

① 参见本书"第四章第三节"提出的"描述、评价、会通"三层次比较逻辑学理论体系。
② 本节主要部分以《新近中国逻辑史研究的特点和趋势》为题发表于《湖南科技大学学报》（社会科学版）2013 年第 2 期。

一　深化"逻辑与文化"理论探讨，确立"广义"逻辑观

中国古代逻辑研究是以西方逻辑为参照来进行的。在中西逻辑比较研究中，存在两种代表性的思想倾向。一种认为逻辑是"共同"的，只能按照西方逻辑的某种样式来裁剪和改铸中国古代逻辑。这种倾向实质上是以西方逻辑研究取代中国古代逻辑研究。另一种认为逻辑是"超验"的、"一元"的、"形式结构"的、"必然得出"的东西，于是，极力"挑"出名学、辩学与西方逻辑的种种"不同"，借此否认"名学""辩学"中有逻辑，进而得出中国自古无逻辑的结论。其思维方式是片面的"求异"。这两种思想倾向的出现，实质上都是受"狭隘"逻辑观支配的结果。

逻辑是文化有机体中深层而本质的东西，不同文化背景或文化传统所孕育的逻辑必然会反映其特定的历史文化背景或烙上其文化传统的印记。如果不能从理论上说明逻辑与文化的关系，那么，中国古代逻辑的"个性"或合法"身份"就无法得到确认，中国古代有无逻辑的争论就永远不会有结果。张东荪最早提出"逻辑是由文化的需要逼出来的"① 观点。欧洲逻辑史家安东·杜米特留（Anton Dumitru）说："我们已经论述了二千五百多年的逻辑史，可以看出在此期间人们以各种方式构想和阐述逻辑学。可以发现在不同时期之间有巨大差别……逻辑演变过程的各个阶段，都反映了一种特殊的历史背景。"② 刘培育指出："作为观念形态的逻辑思想，没有绝对独立的发展历史，它总是这样那样的受到一定时候的政治、经济、科学的影响和制约。"③ 孙中原强调："墨家逻辑不是从天上掉下来的，也不是先贤灵机一动的结果，而是春秋战国时期百家争鸣、辩论的必然产物，是百家争鸣伴生的名辩思潮的总结与升华。"④ 崔清田在反思以往中国古代逻辑史研究基础上，深入开展"逻辑与文化"

---

① 张东荪：《知识与文化》，商务印书馆，1946，第 59 页。

② 〔罗马尼亚〕安东·杜米特留：《逻辑史》（第四卷），算盘出版社，1977，第 259 页。

③ 刘培育：《中国逻辑史研究论略》，《南开学报》1981 年第 3 期。

④ 孙中原：《墨家逻辑产生与作用机理探析》，《信阳师范学院学报》（哲学社会科学版）2002 年第 1 期。

的理论探讨，深刻阐释了"不同的民族文化传统孕育了不同的逻辑""不同民族文化背景下的逻辑有共同性亦有个性"等观点。这些观点见于《逻辑与文化》①《逻辑的共同性与个性》② 等文章和《墨家逻辑与亚里士多德逻辑比较研究——兼论逻辑与文化》③ 一书中。鞠实儿将"逻辑与文化"研究向前推进，发表了《论逻辑的文化相对性——从民族志和历史学的观点看》④。该文指出，广义论证扩大了逻辑家族成员，使之包括现代文化之外其他文化的逻辑，对阿赞得人（Azande）的田野考察报告，以及中国古代逻辑和佛教逻辑的研究成果，从描述的角度为"逻辑相对于文化"这一命题提供了事实根据。他采用演绎论证作为元方法说明现代文化中的逻辑和其他文化的逻辑在现代文化中的译本具有文化相对性；借助民族志和历史学研究成果说明其他文化的逻辑本身也具有文化相对性；通过语言博弈和生活形式概念说明作为元方法的演绎论证同样具有文化相对性。上述研究方法和结论可拓展到人文学科、社会科学等其他学科领域。

广义逻辑观的确立，为中国古代逻辑研究提供了理论支持，摆脱了狭义逻辑观的束缚，拓宽了视野。

二 以历史分析与文化诠释为研究方法⑤

所谓文化诠释，就是把不同的逻辑传统（如墨家逻辑、亚里士多德逻辑）视为相应文化（如先秦文化、古希腊文化）的有机组成部分，并参照那一时期的哲学、伦理学、政治学、语言学以及科学技术等方面的思想和文化发展的基本特征，对不同逻辑传统给出有故和成理的说明。

由于文化总是一定历史时期的文化，所以，文化诠释不能离开历史

① 崔清田：《逻辑与文化》，《云南社会科学》2001 年第 5 期。
② 崔清田：《逻辑的共同性与个性》，载温公颐、崔清田主编《中国逻辑史教程》，南开大学出版社，2001，代绪论第 1—6 页。
③ 崔清田：《墨家逻辑与亚里士多德逻辑比较研究——兼论逻辑与文化》，人民出版社，2004，第 41—45 页。
④ 鞠实儿：《论逻辑的文化相对性——从民族志和历史学的观点看》，《中国社会科学》2010 年第 1 期。
⑤ 崔清田：《推类：中国逻辑的主导推理类型》，《中州学刊》2004 年第 3 期。

分析。

所谓历史分析，就是把不同逻辑传统置于它们各自得以产生和发展的具体历史环境之中，对这一历史时期的社会经济生活、政治生活、文化生活的焦点和提出的问题，以及这些因素对思想家提出并创建不同逻辑传统的影响，给予具体分析。

作为文化构成要素的逻辑，必定受制于文化的总体发展和文化的总体特征，因此，只有把一定的逻辑体系和传统及其创建者纳入孕育、生成并制约该逻辑体系和传统发展的历史、文化背景之中，才有可能正确把握不同逻辑体系和传统所具有的"某个时代、某个民族和某些个人的特点"，即不同逻辑体系和传统的特质或"个性"。唯有这样，才能做出合理、科学的比较，全面地认识不同逻辑体系和传统之间的共同点和差异点。历史分析与文化诠释方法的运用，是比较逻辑研究得以正确把握不同逻辑体系和传统的合理路径。

三　以"推类"研究为"纲"，系统梳理中国古代逻辑体系

逻辑学是以推理为研究核心的科学。根本上来说逻辑是关于推理的理论或学说。

"推类"最早见于《墨子·经下》："推类之难，说在（类）之大小。"温公颐、崔清田主持修订了《中国逻辑史教程》。该书认为《周易》是"推类"的源头，运用了"据辞推类""据象推类""象辞结合推类"的方法。① 它以"推类"为纲领，不仅重建了墨家逻辑，还充分吸收了汪奠基以来的中国逻辑史研究的成果特别是关于"推类"的研究成果，对于"推类"思想的演化进行了纵向梳理，如以《周易》为起点，依次出现了邓析的"依类辩故"，惠施的依类相推和善"譬"，孟子的"知类""充类"和荀子的"推类而不悖"，《吕氏春秋》和淮南子中的"推类"思想，以及陆机、葛洪的"连珠"，还有张载、朱熹的"推类"

---

① 上海社会科学院周山研究员最先提出"推类"方法发轫于《周易》的观点。详见温公颐、崔清田主编《中国逻辑史教程》（南开大学出版社，2001，第10—30页）第一章"《周易》的逻辑思想——古代'推类'的发轫"。

思想，等等。随后，崔清田就中国逻辑问题继续发表自己的观点。《推类：中国逻辑的主导推理类型》一文，首次明确提出"推类"是"中国逻辑的主导推理类型"的观点。该文还提出"以推类为主导推理类型是中国逻辑传统特殊性的重要体现""推类是以类同为依据的推理"等看法，还对推类方法产生的历史文化背景做了分析说明。①

吴克峰的博士学位论文《易学逻辑研究》，选取逻辑与文化交叉研究视角，以不同的民族文化必有不同的思维方式，又必有不同的逻辑作为基本出发点，以中国古代逻辑中固有的"推类"为主线，既注重从易学逻辑产生的历史与文化背景去揭示其逻辑的特殊性，又注重以易学逻辑的推理形式来揭示其逻辑的共同性；不仅对百年来中国逻辑学术史发展中有关推类及《易经》逻辑所取得的成就进行了简要的历史回顾、考察，而且重点深入地爬梳和研究了易学逻辑的基本内容，包括《易经》、《易传》、易学中的逻辑方法、主导推理类型、逻辑理论，特别是基于五运六气理论运用公理方法构造的易学逻辑系统，易学逻辑推类方法对先秦名辩学、伦理与政治思想、传统医学、古代天文学的影响等，从而比较全面、系统地勾勒和阐明了易学逻辑的发展脉络和体系。

刘明明的博士学位论文《中国古代推类逻辑的历史考察》以文化诠释法、比较法和史论结合法，依据古文献，比较了中西"类"观念的差异，分析论证了"推类"就是中国古代推理的"确切名称"；② 基于"类同理同"观念，通过中西比较，说明推类具有"必然地得出"的逻辑性质；明确了推类逻辑的内容体系，包括：（1）推类的方法，如辟、侔、援、推、比类运数法等；（2）"类""故""理"法则；（3）谬误论；（4）名、辞、说；（5）逻辑基本规律。该论文还梳理出推类逻辑的两个传统，即以墨家逻辑为代表的论辩传统和以易学逻辑为代表的预测、推知传统，将推类逻辑划分为知类、明故、达理三个发展阶段，相应地考察了其发展状况及中国古代政治、哲学、科学、语言文字等对它的影响，

---

① 崔清田：《推类：中国逻辑的主导推理类型》，《中州学刊》2004 年第 3 期。

② 孙中原的《传统推论范畴分析——推论性质与逻辑策略》（电子文稿）一文考证说明："标志中国传统推论整体性质的一级范畴，有'推'（广义）、'推类'、'类推'、'推理'和'推故'等。"

有力地说明中国古代有本民族文化特色的"推类逻辑",深化了中国古代逻辑的本体研究。

董志铁结合中国古代重"道"的文化背景,探讨名辩逻辑的主要推理模式——"推类"的机理等问题。他认为,"推类"(或"类推")在范围上不等于"譬"或类比推理。它作为中国古代思想家们最常用的论辩(论证或反驳)思维方式,可以分为"援类"推类与"引譬"推类两种类型。其结构通常由"言事"与"言道"两个部分组成,"言事"为"言道"服务。①"由言事过渡到言道即是推类。"他对"扶义而动,推理而行"(《淮南子·兵略训》)进行了疏解,说:"可以看出,此句指出了推类是依据某事物普遍适宜的道理,推广到其他事物的过程。""我认为,这八个字为我们指明了推类得以进行的理由、根据,从理论上回答了推类的根据及合理性。""言事与言道的核心是'喻'。其理论根据是:所言事与道之间共同存在的'义'。找到事与道之间共同的'义',便可'扶义而动,推理而行'。由'事'理过渡到'道'理。"②

四 深入开展"中国古代逻辑与文化"视域的专题研究

卢央在为《易学逻辑研究》所作序中指出:"逻辑是文化发展中的深层次内容,影响着人们的思维习惯,影响着文化内容中各个门类的发展。"③

中国古代逻辑与政治、伦理、经济、军事思想及医学、数学、农学、地理、天文、音律等文化系统中的各个门类之间是相互影响的。根据这种"相互影响",既可以从某一学科对推类逻辑的影响开展专题研究,又可以从推类逻辑对某一学科的影响展开专题研究,例如,王克喜《古代汉语与中国古代逻辑》、张斌峰《人文思维的逻辑——语用学与语用逻辑的维度》、葛荃《逻辑与政治思想——推类逻辑与中国传统政治思维》、

---

① 董志铁:《言道、言事与援类引譬》,《信阳师范学院学报》(哲学社会科学版)2003年第2期。

② 董志铁:《"扶义而动,推理而行"——引譬、援类再探讨》,《毕节学院学报》2009年第6期。

③ 卢央:《序》,载吴克峰《易学逻辑研究》,人民出版社,2005,序第1页。

刘邦凡《中国逻辑与中国传统数学》等。吴克峰《易学逻辑研究》"下篇"探讨了"易学与名辩学""易学推类与古代伦理、政治思想""易学推类与传统医学""易学推类对中国古代天文学思想的影响"等。任秀玲认为"中医药理论是具有辩证形名类推特性的逻辑体系",并发表了多篇论文。周山先生主编的《中国传统思维方法研究》和《中国传统类比推理系统研究》,重点关注了中国传统文化中蕴含的类比推理系统。前者探讨了中西文字不同与各自思维方法的关系问题;后者就《周易》、《黄帝内经》、四柱命理、六壬预测进行专题研究,从逻辑的视角揭示其中的类比推理机制。周山指出,西方人注重演绎,故而富于知识;中国人注重类比,故而富于智慧。究竟是文字发展的不同路径,规范了不同的思维方法,还是思维方法的差异,影响了文字发展的不同路径?西方人注重演绎方法,是否与运用字母文字有内在联系,不敢遽下定论;但中国人注重类比方法,与运用象意文字有内在联系,则基本可以肯定。此类专题研究,有助于我们更加深入地了解中国传统文化的特点,认识中西文化的差异和思维方式。

五 正在开辟中国古代逻辑应用研究

中国古代逻辑作为人类的一种思维工具,其应用价值须深入发掘。孙中原撰文《全球化与中国逻辑研究》指出,全球化趋势推动中国逻辑研究进入新阶段,以现代和西方逻辑、语言工具,对久被埋没的中国逻辑进行更高层次研究,从而弘扬精华,发挥对社会文化的积极作用。

张晓芒《中国古代论辩艺术》一书,论述了中国古代论辩艺术,包括邓析、孔子、老子、墨子、孟子、惠施、庄子、公孙龙、荀子、韩非、王充、朱熹等的论辩方法,主要内容是中国古代逻辑在论辩中的应用。

瞿麦生在《经济逻辑学与构建和谐社会》《关于经济逻辑学及其研究的基本构想》两文中对墨子的经济逻辑思想有所论述。他认为,墨辩逻辑是墨子及其弟子们科学地总结了当时领先世界的中国经济活动中代表先进生产力的手工业者阶层的经济思维特点、经济思维规律而形成的逻辑。它是关于"取"的"行动逻辑",是"中国最早的经济逻辑"。杨琪

《论儒家譬式推理的经济逻辑价值》一文分析认为，儒家譬式推理及其特点符合现代经济活动对博弈逻辑与生态和谐的需求。赵麦茹《孟子经济思想的生态阐释》一文分析指出，孟子经济思想中生态因子的"逻辑根基"是"内圣外王，推己及人，推人及物"。刘明明《墨子经济逻辑思想初探》一文，初步探讨了墨子的经济逻辑思想，重点考察了墨子"察类""明故"逻辑方法在"义利论""生财论""商品交换论"等中的运用，并向学界提出：应关注中国古代逻辑对中国古代经济思想的深刻影响。

中国古代逻辑的应用研究，可从经济、管理、政治、教育、医学、军事、论辩等诸多领域去开发。

六　"中国古代有无逻辑"之辩

自梁启超开启墨家论理学研究以来，逻辑学界一直存在"中国古代有无逻辑"的争论，尤其是自 20 世纪 80 年代末以来，这场争论出现了诸多新的观点，如认为中国古代逻辑是"自然语言逻辑""非形式逻辑""论辩逻辑""内涵逻辑""逻辑指号学""古汉语的语义学"等。争论主要聚焦在是否存在"名辩逻辑"的问题上。"有逻辑论"者，以孙中原、马佩和曾昭式、杨武金、张忠义等为代表，[1] 他们主要参照西方逻辑的特点或以广义逻辑观为依据，为墨辩逻辑辩护。"无逻辑论"者，以程仲棠、宋文坚二位先生和王路、曾祥云教授等为代表，[2] 他们主要以形式逻辑的"必然性"或"有效性"为依据，从狭义逻辑观出发，认为名辩逻辑或墨辩逻辑不是逻辑，属于论辩理论的范畴。

对于"中国古代有无逻辑"之辩，笔者及杨岗营等学者，另辟蹊径，以中国古代数学经典《九章算术》以及刘徽注为研究对象，通过实证研究，已经取得一系列阶段性成果，如《论推类——兼答王路先生》《中国

---

① 如孙中原《中国逻辑研究》（商务印书馆，2006）、曾昭式《墨家逻辑学研究何以可能》（《哲学动态》2005 年第 8 期）、张忠义《中国逻辑对"必然地得出"的研究》（人民日报出版社，2006）。

② 如王路《逻辑的观念》（商务印书馆，2000）、曾祥云《20 世纪中国逻辑史研究的反思——拒斥"名辩逻辑"》（《江海学刊》2000 年第 6 期）、程仲棠《"中国古代逻辑学"解构》（中国社会科学出版社，2009）。

古代数学中的逻辑机制与推理程序研究——以"测量术"为例》《中国逻辑必然推理探析——兼论"中国古代有无逻辑"》等，初步证明了中国古代数学中蕴含的必然推理机制和推理程序，为中国逻辑存在的合理性提供了直接证据。笔者申报的 2011 年度国家社科基金项目"中西方必然推理比较研究——以《九章算术》刘徽注为对象"获准立项，标志着中国古代科学技术文献中逻辑思想研究有了一个良好的开端。

除上述六个方面的内容，笔者尝试构建比较逻辑学学科，阐述其观念、方法和主要内容。笔者认为，此前国内外比较逻辑研究，大多局限于微观层面或具体的比较，未能真正从学科体系的层面来展开。在观念和方法上，逻辑史领域的学者在一定程度上仍然存在"比附"现象，即以西方逻辑为标准模式，去套析或诠释中国名辩、印度因明，使中、印逻辑成为西方逻辑的翻版。中、印、西逻辑应相互参照、平等对话，这是我们构建比较逻辑学学科的基本要求，目标是实现三者的会通。

值得一提的是，中国古代逻辑研究已开始走向世界。2003 年，斯洛文尼亚卢布尔雅那大学亚非学系主任罗娅娜（Jana Rosker）教授来到南开大学做访问学者。她和崔清田先生共同主编了英文论文集《中国逻辑和中国文化——中国传统逻辑研究》，并于 2005 年在斯洛文尼亚出版，面向欧洲国家发行。同年，卢布尔雅那大学亚非学系与南开大学哲学系共同申请了一项两国合作项目"中国传统逻辑和欧洲传统逻辑"。2010 年 11 月 24—26 日，"中国逻辑史"（The History of Logic in China）国际学术研讨会在荷兰阿姆斯特丹大学举行。此次会议由荷兰莱登大学亚洲研究所主办，阿姆斯特丹大学承办。会议发起人是阿姆斯特丹大学的范本特姆（John van Benthem）、中国清华大学的刘奋荣和新西兰奥克兰大学的谢立民（Jeremy Seligman）。来自中国、新加坡、新西兰、荷兰等国家和地区的学者共 130 余人参加了会议。会议对中国古代逻辑的基本内容、基本特征和研究方法进行了探讨。

综上所述，中国逻辑史研究在广度和深度上已实现了一定程度的超越，在具备这些重要成果和坚实基础的条件下，进一步推进中国逻辑史研究已成必然，前景广阔，但更需要包容之心和合理的逻辑观念，那种虚无主义的观点是不恰当的。作为中国优秀传统文化重要组成部分的中国逻辑思想，理应受到足够的重视。加大中国逻辑史研究的力度，对于增强中国逻辑研究的国际话语权，弘扬中华文化，增强中华文化在世界上的感召力和影响力有着重要意义。

第二节 中国逻辑研究的影响因素

一 子学研究对中国逻辑的影响

崔清田曾说："墨家逻辑，包含在《墨子》书中。然而，自汉时'推明孔氏，抑黜百家'之后，墨学就被强行中断，《墨子》书也沉寂于历史的长河之中。只是到了清代，随着乾、嘉年间汉学的兴盛，引发了对先秦子书的重新研究，《墨子》方得重见天日，墨学研究也得以复活。"①事实上正是如此，清代的子学研究对中国逻辑的再次发现，有重要的推动作用。

明清之际，一些学者因为生逢乱世，只得长期隐居，著述论学。特定的境况和特定的思想状态，影响着他们的学风和学术思想。他们一反儒家独尊的传统，将先秦诸子百家的典籍，一并加以整理和研究，于是，考据之学、训诂之风兴起。顾炎武、方以智、傅山和戴震等人形成清代考据学派。他们广求佐证，重辩源流，再审名实，重昌古今史学。至乾隆之世，考据之学达于极盛。

考据学的兴起和盛行，直接导致了近代诸子学的复兴。清中叶以后，时势已异，考据学由治经而逐渐及于诸子之学。汪中首倡，反对尊孔尊经。继汪中之后，毕沅、王念孙、张惠言、俞樾、王先谦和孙诒让诸人相继张扬诸子之学，使诸子学研究蔚然成风。由此，先秦名辩理论在沉寂一千多年之后，重新被人们重视和研究。《公孙龙子》《荀子》《墨子》等先秦名辩的重要著作得到整理、校勘，特别是先秦名辩理论的经典

---

① 崔清田：《墨家逻辑与亚里士多德逻辑比较研究——兼论逻辑与文化》，人民出版社，2004，第5页。

《墨经》重昭于世，再放光彩。通过毕沅、张惠言、孙诒让诸贤的用力校勘和整理研究，"传诵既少，注释亦稀""阙文错简，无可校正""古言古字，更不可晓"的《墨子》，才成为可读之书，其中的《墨经》部分眉目渐清、基本可解，从而使近、现代，乃至当代的墨学研究有了牢固的基础和平坦的道路，墨家逻辑思想的挖掘整理才有了可能。

总体而论，明清之际的子学研究为中国先秦名辩的复兴，为近代学者对中国古代名辩思想的深入研究和弘扬，为近代学者对中国逻辑的研究以及中国逻辑的再度发展与升华，起到了史料准备的作用，而且对后世学者也有启示作用。崔清田指出，清代子学"在一定程度上冲破了儒家对《墨子》淫辞邪说的定性，使墨子、《墨子》及墨学得以在儒学正统禁锢下获得解脱，并显现其应有之价值与地位"。①

二　因明传入对中国逻辑的影响

印度因明传入我国，远远早于西方逻辑，可追溯到公元 5 世纪的南北朝时期。但由于唐代以前传入我国的因明典籍并不多见，注疏亦稀，因而影响甚微。唐朝时，印度因明系统传入我国，其中唐玄奘、窥基等人对因明有深入的研究。由于因明传播局限于佛教宗派的狭隘圈子，故尽管像藏传因明代有传人、屡有建树，但终究没有对我国民族思维产生多大影响，对中国逻辑的影响也很少。

晚清社会，佛学颇为流行。沉寂已久的法相宗亦呈复兴迹象。在"尤好西方（指印度）之书"的近代哲学先驱龚自珍以及汪康年、夏曾佑、杨文会等人的推动下，佛学成为当时的学术时尚，因明研究亦得以复苏与弘扬。

近代因明的复苏与研究，为中国逻辑的研究注入了新的内容，添加了新的色彩，使得我国近代的比较逻辑研究一开始便独具特色，兼顾中国逻辑、印度因明和西方逻辑三大世界逻辑源流，丰富而系统。

---

① 崔清田：《墨家逻辑与亚里士多德逻辑比较研究——兼论逻辑与文化》，人民出版社，2004，第 6 页。

三　西方逻辑的传入对中国逻辑的影响

西方逻辑①在明末开始进入我国，李之藻译《名理探》可为代表。然而，这本西方逻辑著作几乎没有在中国知识界产生影响。从总体上看，西方逻辑是伴随"西学东渐"而来的。

毋庸置疑，"东渐"的西学中包括逻辑学。"严复则是这一时期向中国系统引入逻辑学的第一人。严复不仅结合中国实际问题极力宣扬逻辑学的重要性，还建立学术组织亲授逻辑知识，更翻译逻辑学名著以向国人系统介绍逻辑科学。"②

大概而论，西方逻辑的传入对中国逻辑产生了以下影响。

（1）伴随西方逻辑的系统传入与传播，"这就使国人更为全面地了解了西方传统逻辑学和亚里士多德逻辑，同时也使一些先进学人以逻辑反观中国传统学术成为可能"。③

严复说："夫西学之最为切实而执其例可以御蕃变者，名、数、质、力四者之学足已。"④"名"，即名学，也就是逻辑学。名学被列为切实的西学四科之首，是严复十分重视西方文化中科学精神与科学方法的结果。用严复引培根的话说，逻辑学是"一切法之法，一切学之学"。⑤

严复的看法先后得到一些政治家、思想家的认同。孙中山曾有言："凡稍涉逻辑者，莫不知此为诸学诸事之规则，为思想行为之门径也。"⑥梁启超也谈道："应知道论理学为一切学问之母，以后无论做何种学问，总不要抛弃了论理精神，那么，真的知识，自然日日增加了。"⑦　胡适对

---

① 指以"亚里士多德逻辑"为主体的西方传统逻辑，至于"亚里士多德逻辑"，则指以三段论学说为基本内容的亚里士多德的推理理论。
② 崔清田：《墨家逻辑与亚里士多德逻辑比较研究——兼论逻辑与文化》，人民出版社，2004，第4页。
③ 崔清田：《墨家逻辑与亚里士多德逻辑比较研究——兼论逻辑与文化》，人民出版社，2004，第5页。
④ 王栻主编《严复集》，中华书局，1986，第1320页。
⑤ 〔英〕约翰·穆勒：《穆勒名学》，严复译，商务印书馆，1981，第2页。
⑥ 《孙中山选集》，人民出版社，1981，第144页。
⑦ 梁启超：《墨子学案》，商务印书馆，1921，第134页。

于方法和逻辑也曾给予特别的注意。熊十力在评论胡适时是这样说的："在五四运动前后，适之先生提倡科学方法，此甚紧要。又陵先生虽首译名学，而其文字未能普遍。适之锐意宣扬，而后青年皆知注重逻辑。视清末民初，文章之习，显然大变。"① 这些情况表明，在19世纪末和20世纪前期，逻辑学是"东渐"的"西学"中地位相对较为突出，受到学人较多关注的学科之一。

（2）西方逻辑的传入推动了中国逻辑再度复兴。这一点主要表现在两个方面。

一方面，西方逻辑的传入在一定程度上使墨家辩学与《墨辩》研究摆脱了经学附庸的地位，走向全新的发展道路。

如前所述，近代以来，墨家逻辑常被作为墨家辩学的同义语，《墨辩》则是记述墨家逻辑的文本。因此，西方逻辑的传入以及与中国逻辑的比较研究，对墨家辩学及《墨辩》产生了极大的影响，使之走上了全新的发展道路。

在"西学东渐"过程中，诸子学不再附属于经学，而逐步转化为中西文化交流的一环，墨家辩学与《墨辩》研究中以西方传统逻辑为模板给出的解释与重构，体现并促进了上述的转化。这种方法为墨家辩学与《墨辩》研究注入了全新的观念，极大地开阔和启发了当时人们的眼界与思路。"于是乎昔人绝未注意之资料，映吾眼而忽滢，昔人认为不可理之系统，经吾手而忽整；乃至昔人不甚了解之语句，旋吾脑而忽畅。质言之，则吾侪所恃之利器，实'洋货'也。"② 这很生动地说明了这种方法带给当时学人的感受。

另一方面，西方逻辑的传入使《墨辩》研究更注重学术思想，特别是墨家辩学中所含逻辑思想的系统阐发和整理。

受汉学影响，不论是明清子学研究还是乾嘉时期的墨家辩学研究都侧重于《墨辩》的校注。到了19世纪后期，人们在以"西学"为武器研究《墨辩》时，发现许多前所未见的东西，这样，在校注《墨辩》文字

---

① 《胡适学术文集·中国哲学史（上册）》，中华书局，1991，第22页。
② 梁启超：《先秦政治思想史》，《饮冰室合集》（9），中华书局，1989，第13页。

的同时，对其中所含学术思想的挖掘与整理就成为需要并且可能的了。其间，以西方传统逻辑为参照对墨家辩学所含逻辑思想的整理与阐发，尤为令人瞩目。

例如，孙诒让靠"近译西书"之助，印证了《墨辩》含有"欧士亚里大得勒（亚里士多德——引者注）之演绎法，培根之归纳法"及其他科学内容的看法，并希望学术界"宣究其说，以饷学子"。[①] 胡适以西方哲学和逻辑学的观念分析后期墨家，认为"这是发展归纳和演绎方法的科学逻辑的唯一的中国思想学派"，[②] 其思想应予以发扬。基于上述学界人士的认识与提倡，《墨子之论理学》《墨子学案·墨家之论理学及其它科学》《〈墨子·小取篇〉新诂》《中国哲学史大纲（卷上）·别墨》《先秦名学史·墨翟及其学派的逻辑》等一批专门或主要研究和系统论述墨家逻辑思想的著作相继问世。

（3）西方逻辑的传入推动了人们对中国逻辑的重视与研究，使中国逻辑逐渐为世界所知，成为逻辑学的三大史源。

近代至今的中国逻辑之研究大概经历了奠基、扩展、滞缓、恢复和发展几个阶段，但不论是哪一个阶段，西方逻辑都产生了影响，可以说在一定程度上近代以来的中国逻辑之研究是以西方逻辑为标准或坐标的。

在奠基阶段，人们基本上以西方逻辑为比附，例如梁启超的《墨子之论理学》（1904）、《墨子学案》（1921）、《墨经校释》（1922）三书。在《墨子之论理学》中，梁启超从"释名""法式""应用""归纳法之论理学"四个方面，对墨子之论理学与"西人"之论理学做了多方对比与分析。他指出，"墨子全书，殆无一处不用论理学之法则。至专言其法则之所以成立者，则唯《经说上》《经说下》《大取》《小取》《非命》诸篇为特详。今引而释之，与泰西治此学者相印证焉"。"墨子所谓辩者，即论理学也。""墨子之论理学，其不能如今世欧美治此学者之完备，固无待言。虽然，即彼土之亚里士多德（论理学鼻祖也），其缺点亦多矣，

---

① 孙诒让：《与梁卓如论墨子书》，《墨学源流》，中华书局，1934，第 173 页。
② 《胡适学术文集·中国哲学史（下册）》，中华书局，1991，第158 页。

宁独墨子。故我国有墨子，其亦足以自豪也。"① 《墨子学案》进一步申说了"西语的逻辑，墨家叫做'辩'"，②"论理学家谓，'思维作用'有三种形式，一曰概念，二曰判断，三曰推论。《小取篇》所说，正与此相同。（一）概念 Concept＝以名取实，（二）判断 Judgment＝以辞抒意，（三）推论 Inference＝以说出故"。③ 至于论式，《墨子学案》取章炳麟之说，认为《墨子》论式"和因明三支极相关……西洋逻辑亦是三支"。④

在扩展阶段，人们对把中国逻辑与西方逻辑直接比附提出了疑问，主张在以西方逻辑为参照的基础上重新认识中国逻辑。例如，一些学者反对以亚里士多德逻辑或西方传统逻辑为模式，以诠释墨家辩学或中国逻辑。谭戒甫认为"彼（《墨辩》——引者注）与因明竟沆瀣一气，术式符同者几达十之七、八"。⑤ 因此他说："周秦诸子里面多有名家言，自来不少学者利用西方逻辑三段论法的形式，把来一模一样地支配，因说东方也有逻辑了。及仔细查考，只是摆着西方逻辑的架子，再把我们东方的文句拼凑上去做一个面子。这不是我们自己的东西，虽有些出于自然比附，但总没有独立性。"⑥

反对以亚里士多德逻辑或西方传统逻辑为模式去诠释中国逻辑的另一位学者是张东荪。他在《思想与文化》（1938）和《不同的逻辑与文化并论中国理学》（1939）中谈了自己的看法。他说："现在我研究了以后，乃发现逻辑是由文化的需要而逼迫出来的，跟着哲学走。这就是说逻辑不是普遍的与根本的。并没有'唯一的逻辑'（Logic as such），而有各种不同的逻辑。"⑦ 由此，他进一步指出，"亚氏名学乃是根据西方言语系统的构造而出来的"，⑧"所以中国人的思想是根本上不能套入于西方名

① 李匡武：《中国逻辑史资料选》（近代卷），甘肃人民出版社，1991，第303、304、310页。
② 周云之：《中国逻辑史资料选》（现代卷·下），甘肃人民出版社，1991，第5页。
③ 周云之：《中国逻辑史资料选》（现代卷·下），甘肃人民出版社，1991，第7页。
④ 周云之：《中国逻辑史资料选》（现代卷·下），甘肃人民出版社，1991，第10页。
⑤ 谭戒甫：《墨辩发微》，中华书局，1964，第5页。
⑥ 谭戒甫：《墨辩发微》，中华书局，1964，序第3页。
⑦ 张汝伦编《张东荪文选》，上海远东出版社，1995，第387页。
⑧ 张汝伦编《张东荪文选》，上海远东出版社，1995，第360页。

学的格式内。而中国人所用的名学只好说是另外一个系统"。①

在滞缓阶段，人们开始重视中国逻辑与西方逻辑的共性。例如章士钊就十分强调逻辑的共性。他说："寻逻辑之名，起于欧洲，而逻辑之理，存乎天壤。"② "逻辑起于欧洲，而理则吾国固有……先秦名学与欧洲逻辑，信如车之两轮，相辅而行。"③ 根据这种认识，他的《逻辑指要》的宗旨就是以西方逻辑为框架，中国"名理"，即所谓"以欧洲逻辑为经，本邦名理为纬，密密比排，蔚成一学"。④ 由于全书"首以墨辩杂治之"，⑤ 所以，两种逻辑的比较应是该书的主要内容。章士钊虽然强调欧洲逻辑与中国名理，尤其是墨辩的共性，但也谈到了两种逻辑的区别，如他认为，"欧洲逻辑外籀部份，自雅里士多德以至十七世纪，沉滞不进，内籀则雅里诸贤，未或道及。自倍根著《新具经》，此一部份，始渐开发，逻辑以有今日之仪容。若吾之周秦名理，以墨辩言，即是内外双举，从不执一而远其二"。⑥ 对于逻辑规律，他也认为中西有异："吾国《墨辩》，果得适用欧洲之思想律与否，乃为根本问题，应先讨论。适之未语及此，据假定某为矛盾律，或某为不容中律，未免早计。……吾之墨家，当然属于验宗，其精神应与斯律相反。"⑦

在恢复和发展阶段，西方逻辑成为全面诠释中国逻辑的参照。例如，沈有鼎先生的《墨经的逻辑学》申明，"本文的用意在于初步诂解《墨经》中有关逻辑学的那一部分文字……若是诂解的工夫不先作好，正确的全面估价是不可能的"，⑧ 甚至认为《墨经》"就在现时，也还是逻辑学的宝库"。⑨ 詹剑峰所著的《墨家的形式逻辑》认为墨子著《墨经》创

---

① 张汝伦编《张东荪文选》，上海远东出版社，1995，第365页。
② 章士钊：《逻辑指要》，生活·读书·新知三联书店，1961，自序。
③ 章士钊：《逻辑指要》，生活·读书·新知三联书店，1961，例言。
④ 章士钊：《逻辑指要》，生活·读书·新知三联书店，1961，自序。
⑤ 章士钊：《逻辑指要》，生活·读书·新知三联书店，1961，例言。
⑥ 章士钊：《逻辑指要》，生活·读书·新知三联书店，1961，自序。
⑦ 章士钊：《逻辑指要》，生活·读书·新知三联书店，1961，第275页。
⑧ 沈有鼎：《墨经的逻辑学》，中国社会科学出版社，1980，序。
⑨ 沈有鼎：《墨经的逻辑学》，中国社会科学出版社，1980，第2页。

立的辩学就是逻辑［即作者所述"辩学（逻辑）"①］，奠定了中国形式逻辑的基础。因此，该书以"现代逻辑学大纲的次第"叙述墨子的形式逻辑，即逻辑的对象与意义、思维规律、概念论、判断论、推理论、谬误论。汪奠基的《中国逻辑思想史》明确反对"根据普通逻辑的内容，按照所谓的概念、判断、推理、证明或反驳等等分章的形式逐加填、补"②的墨辩研究，也说明西方逻辑对中国逻辑研究存在负面影响。

第三节　中国传统"推类"推理的逻辑属性③

推类④，是中国古代对推理的称谓。推类的"必然地得出"问题之所以值得认真探讨，是因为：其一，我国逻辑界有一种观点认为，中国古代没有逻辑学，其主要论据是，逻辑学是研究"必然地得出"；⑤其二，有的学者用西方逻辑来套解，以致认为推类相当于西方的类比推理，是或然性的推理。对待这个问题，关键应把握好三点：（1）中国古代思想家们是如何认识推类的"必然性"问题的；（2）推类"必然地得出"的"机理"是什么；（3）应如何认识推理的"形式结构"与"必然地得出"之间的关系。

一　古代思想家们对推类"必然性"的认识

所谓"必然地得出"，就是由前提能必然地推出结论，也就是"前提（理由）"与"结论（论题）"之间存在"必然联系"。

"必然地得出"问题，是个学理问题。对于这个问题，关键一点就是要看古代思想家们是否有学理上的阐述。

---

① 詹剑峰：《墨家的形式逻辑》，湖北人民出版社，1956，第6页。

② 汪奠基：《中国逻辑思想史》，上海人民出版社，1979，第104页。

③ 本节以《关于推类的"必然地得出"问题》为题发表于《贵州民族大学学报》（哲学社会科学版）2017年第1期。

④ 推类有广义、狭义之分。广义的推类，指中国古代的推理；狭义的推类，指中国古代的类比推论。

⑤ 刘培育：《为什么说中国古代有逻辑？——读〈中国逻辑对"必然地得出"的研究〉》，《中国哲学史》2008年第2期。

《大取》云："三物必具，然后辞足以生。"这是说"推类"只要合乎"类""故""理"三个法则的严格要求，就能"必然地得出"结论，①因为"辞足以生"，即结论足够产生，是"必然地由此产生"或"必然地得出"的同义语。"辞"是指所确立的论题或推出的结论，"足"是"足够"，"生"就是"产生"，引申为"推出"的意思。可见，墨家提出了"必然地得出"的推理理论。其实，三段论也体现了"三物"逻辑要求。因为三段论建立在客观事物类与类的包含关系和全异关系的基础上，体现了"类"法则要求；它的大小前提和中项（它是使大项与小项之间发生必然联系的原因），体现了"故"法则要求；它的公理和有效规则，体现了"理"法则要求。

据孙中原考证，古代有许多学者直接肯定"推理"（推类）有必然性、可信度和认知作用。宋林岊《毛诗讲义》卷五说："推理之必然。"欧阳修《诗本义》卷七说："说有可据，而推理为得，从之可矣。"清方苞《望溪先生全集》卷六说："循数推理，而知其必然。"②

可知，中国古代思想家们对"推类"的"必然性"有所认识或揭示。

二　推类"必然地得出"的"机理"

所谓机理，是指为实现某一特定功能，一定的系统结构中各要素的内在工作方式以及诸要素在一定环境条件下相互联系、相互作用的运行规则和原理。③

我们把推理能够"必然地得出"所依据的原理（公理、假设等）、法则或规则也称作"机理"。为了更好地说明推类"必然地得出"的"机

---

① 笔者认为，"三物必具，然后辞足以生"，就是关于推类"必然地得出"的论述，并就这个看法请教孙中原先生。2010 年 9 月 10 日，孙先生回信说："中国古代推理推类，是综合性的、未分化的推论，不等于类比，可说是包含或主要是类比（或然性），但也包含演绎（演绎即分析，讲道理，如运用同一律、矛盾律归谬法成分，分析实质和内容等，都包含保证'必然性'推出意思，但没有给出如亚氏三段论那样的，保证'必然性'推出的具体形式、格式）。我同意说'三物必具，然后辞足以生'，就是关于推类'必然地得出'的论述。"

② 此段见孙中原《传统推论范畴分析——推论性质与逻辑策略》（电子文稿）。

③ 机理_百度百科。参见 https://baike.baidu.com/item/机理/3815469。

理"，我们先从三段论"必然地得出"的"机理"说起。

从前提与结论之间的关系来看，三段论"必然地得出"的"机理"，其实就是事物中的"必然的因果关系"。杨适指出，"实际上亚里士多德说得很清楚，三段论的实质就是事物中的必然的因果关系在思维形式上的表现"，"三段论形式是大辞、中辞、小辞必然关系的一种结构，其中中辞是关键，也就是事物关系中的那个必然原因所在"。"舍弃了一些具体内容的三段论式，正是集中表现了事物中客观必然联系的内容，表现了我们思维中讲'理由'和'证明'的必然性推理活动。前提与结论的划分和必然的推理联系，就是事物和它的原因之间的客观必然关系的表现。"①

三段论前提和结论之间必然的推理联系归根到底是由它的"公理"所确定的。三段论公理的客观基础就是类与类的包含关系和全异关系，是人类亿万次重复实践中总结出来的不证自明的性质。三段论公理是：一类事物的全部是什么或不是什么，那么，这类事物的部分也是什么或不是什么。换言之，M 类包含在 P 类中（M 类的全部是 P），则 M 类中的一部分即 S，也包含在 P 类中（S 是 P）；M 类与 P 类相排斥（M 类的全部不是 P），则 M 类中的一部分即 S，也和 P 类相排斥（S 不是 P）。② 从三段论"七条有效规则"来说，"这七条规则都是与三段论公理联系着的，都是三段论公理的具体化"。③ 如三段论公理只谈到了"全类事物""一部分""什么"三部分，因而规则 1 便要求三段论只能有三个项；三段论公理指出对"全类事物"加以肯定或否定，因而规则 2 便要求中项周延；三段论公理指出对全类肯定或否定"什么"，则对全类中的"某一部分"也只能肯定或否定"什么"，因而规则 3 便要求大项、小项不能扩大。

现在，我们来探讨推类"必然地得出"的"机理"问题。

"类"是推类的基础。"类同理同"（或"类同理通"），是中国古代

---

① 杨适：《古希腊哲学探本》，商务印书馆，2000，第 518 页。
② 关于三段论公理的解释，参见《普通逻辑》编写组《普通逻辑》（修订本），上海人民出版社，1986，第 146 页。
③ 《普通逻辑》编写组：《普通逻辑》（修订本），上海人民出版社，1986，第 152—153 页。

"类"观念中一项极为重要的内容，也是理解推类"必然地得出"的关键。"类不悖，虽久同理"①，包含了"类同理同"的意思。从"以类合之，天人一也"②，"天人之际，合而为一，同而通理"③ 等语，可概括出"天人同类"且"同而通理"，进而可概括出"类同理通"。"'类不可两也'是说同一类不可有两种事理。"④ 可见，"类同理同"可以表述为：一类事物中的每一个都具有同样的一个理，亦即如果 A 与 B 同类，则 A 与 B 必有一个共同的理 L。

"类同理同"是推类的基本依据，或者说，实际是古代中国人所"共许"的推类的公理。墨家提出"（辞）以类行""以理长"，强调了"推类"要遵循"类"与"理"一致性的逻辑法则。"推类"，实质上是同一个"理"的推通。董志铁指出："推类是将某个（某类）事物的道理，推广到其它相类事物的思维过程。""之所以由前者之真过渡到后者之真，正是所言'事'与'道'有共同之点或相通之处，这是逻辑推类确立的根本、核心、灵魂。如果缺失此点，即所言'事'与'道'之间没有共同之点或相通之处，即古人所谓'不同类'，那么，它就不是推类，至少不是一个正确的推类。"⑤

"类同理同"观念及推类方法，根本上是中国古代有机整体性思维的产物。整体性思维注重整体的关联性，把天、地、人和自然、社会、人生纳入关系网中，从整体上综合考察它们之间的有机联系。"天人合一"观，就是整体性思维的代表。大、小整体（系统）之间或者"同构"或者"同质"而具有同类的特征，因此，既可以由小整体推论大整体，又可以由大整体而推论小整体。总之，大、小系统的相互推类，是由其"同构"（类同）和"一理"（理同）所决定的。刘文英指出："凡整体都是系统。按照中国哲学的观点，天地是一系统，国家是一系统，家庭是

---

① 《荀子·非相》。

② 董仲舒：《春秋繁露·阴阳义》。

③ 董仲舒：《春秋繁露·深察名号》。

④ 张春波、张家龙：《中国哲学中的逻辑和语言》，《吉林大学社会科学学报》1990 年第 3 期。"类不可两也"，语出《荀子·解蔽》。

⑤ 董志铁：《"推类"的构成、本质与作用——三论"引譬、援类"》，《毕节学院学报》（哲学社会科学版）2010 年第 7 期。

一系统，人身也是一系统。而且根据'天人一体'、'万物一理'的原则，大系统包含小系统，大小系统都'一理'。因此，由大系统可以推出小系统，从小系统也可以推出大系统。"① 例如，"《吕氏春秋》在考察先秦推类思想基础上，以事物的结构为标准进行分类，认为只要是同构体，就可以类推。例如，在《十二纪》中，依据宇宙（大系统）与自然、社会（中系统）和人（小系统）都有共同的组成元素（五行），遵循相同的节律（四时）运动，按共同的规范（五方）排列，因此是同类，'类同相召，气同则合，声比则应'（《召类》），这些大小各异、形态各别的事物就都可以推类"。②

应注意到：推类的必然推通与亚氏三段论的必然推通，有着各自的文化特性，并由各自"类"的观念及其"机理"所决定。推类，无论是类比、归纳，还是演绎的推理形式，都要以"类同理同"为基本依据。

刘培育在分析荀子"以类度类"时指出：

"以类度类"就是以类相推。它主要包括两种不同的推理形式。

其一是演绎性的类比推理。已知同类事物中的某一特定对象具有某种性质，便可推知该类的另一对象也具有此种性质。因为同一类事物有共同的本质。……如果用公式表示，大体上是：

已知 A（特定对象）具有性质 W，

A、B 同类，

所以，B 也具有性质 W。

或者

已知 A、B 同类（具有共同的本质），

A 具有性质 W，

所以 B 也具有性质 W。

① 刘文英：《论中国传统哲学思维的逻辑特征》，《哲学研究》1988 年第 7 期。
② 温公颐、崔清田主编《中国逻辑史教程》，南开大学出版社，2001，第 149 页。

表面上看，这是一种从个别前提到个别结论的推理。但这种从个别到个别的推理是建立在知类的基础上的。所以我们称这种推理为演绎性的类比推理。运用这种推理时，"A、B是同类"或"同类者同理"等前提往往不出现，却又是人们共许的。

其二是一般的演绎推理。"以类度类"的前一个"类"字，指某类事物的一般性质，即"同理"；后一个"类"字指这一类的个别事物。"以类度类"就是用已知的一类事物的共同性质去推知该类中某一事物也具有该性质。这也就是荀子所说的"以道观尽"。①

可见，中国古代的推类，无论是演绎推论，还是类比推论，其"必然地得出"的"机理"是"类同理同"。

依据"类同理同"原理，推类中的归纳推论，由于其前提与结论之间贯穿着同一个"理"，因此可以"必然地得出"。例如，"欲观千岁，则数今日；欲知亿万，则审一二；欲知上世，则审周道；欲知周道，则审其人所贵君子。故曰：以近知远，以一知万，以微知明。此之谓也"。②周云之指出，"荀子所说的'以一知万'的归纳方法，从逻辑（传统逻辑或形式逻辑——引者注）上还仅仅是一种简单枚举法，因此结论只能是或然的。但荀子却十分强调'以一知万'的必然性"，"如果这种'以一知万'真具有必然性的话，那也是以已知同类必然具有同理为前提的"。③"以一知万"可表示为：

某个 S 有 h（"理"的表现）

其他所有的 N（"万"）与 S 同类

所以，其他所有的 N 都有 h

总之，要合理地回答中国古代的推类是如何"必然地得出"的问题，

---

① 刘培育主编《中国古代哲学精华》，甘肃人民出版社，1992，第298—299页。

② 《荀子·非相》。

③ 周云之：《名辩学论》，辽宁教育出版社，1996，第364—365页。

必须紧紧抓住"类同理同"这个根本依据（公理、假设）。有的学者说，推类中的类比推论和归纳推论是或然性推理，显然，这是用西方逻辑观——关于类比推理或归纳推理"前提与结论之间的联系"的逻辑观念——来审视的结果，即"据西释中"。

我们坚决反对生硬地搬用西方逻辑去套解中国古代推类的做法。因为一个明显的问题是：它不恰当地假设了西方逻辑的某种推理形式及其前提与结论之间的关系原理完全适用于解释中国古代的"推类"。例如，"人非草木，孰能无情？""人非圣贤，孰能无过？"这两条古训绝不应处理为"三段论"。如果套用三段论，则得到：

> 草木是无情的
> 人不是草木
> ─────────────
> 　所以，人不是无情的

> 圣贤是无过的
> 人不是圣贤
> ─────────────
> 　所以，人不是无过的

按照三段论有关规则，这两个三段论都违反了"大项不当周延"的逻辑错误。但是，这样的做法就是把本来不属于"科学证明"的中国古代说理方式错误地处理为"科学证明"。"由于说理的主体隶属于某个文化群体，而说理本身是一项社会活动，涉及一系列难以用形式语言描述的性质，例如，主体动机、文化特征、社会组织和社会环境等"，① 所以，不应把这两则古训所包含的社交说理方式与科学论证的说理方式混为一谈。正确的理解是：

> 草木是无情的

───────────────

① 鞠实儿：《论逻辑的文化相对性——从民族志和历史学的观点看》，《中国社会科学》2010 年第 1 期。

人与草木不是同类

所以，人不是无情的

圣贤是无过的

（普通）人与圣贤（品德高尚、才智超凡的人）不是同类

所以，人不是无过的

再请看一个"效式"推论的例子：

仁人之事者（A）是务求天下之利，除天下之害（B），

兼爱（C）是务求天下之利，除天下之害（B），

所以，兼爱（C）是仁人之事（"兼是"）（A）

　　这是一个正确的"效"式推论。沈有鼎认为，"'效'这一论证方式意味着演绎推理"。① 但它显然不属于亚里士多德三段论体系，否则，犯了中项两次都不周延的逻辑错误。或许有人认为只要把大前提的主词和谓词调换一下，就符合亚里士多德三段论体系了。但是，这不符合原文的语言表达形式和说理论证方式。陈梦麟指出："'效'式推论的大前提主谓项并不是如亚里士多德大前提的类属关系而是同一关系，即不是'A表述所有的B'或'A属于所有的B'（这是亚里士多德经常使用的表述方式），而是A和B的同一即A等于B，这两者是决不能混淆的。所以同一三段式推理，对于亚里士多德体系是无效的，而对于'效'式推论却是有效的、必然的。"②

　　诚然，许多具体的推类做不到"必然地得出"，但那是具体推理的事情。例如，"己所不欲，勿施于人"。这是以自己的心理感受去推论别人的心理感受，是根据"人我同类""人同此心，心同此理"来推论的。至

　　① 沈有鼎：《〈墨经〉关于"辩"的思想》，载《中国逻辑思想史论文选（1949—1979）》，生活·读书·新知三联书店，1981，第269页。
　　② 陈梦麟：《〈墨辩〉逻辑范畴三题议》，《哲学研究》1978年第11期。

于这种"理"是否正确，能否"必然地得出"结论，那是具体推理的事情，与推类"必然地得出"的逻辑理论无关。尽管古人有"类不可必推"的说法，但根本就不是针对"三物必具，然后辞足以生"（"必然地得出"）这一逻辑理论来发难的。正如讨论三段论"推不出"的谬误不等于讨论它的逻辑性质一样，"类不可必推"是针对推类的谬误来说的，属于推类的谬误研究范畴。从逻辑理论来说，推类只要做到了"类不悖"，真正把握了"理"，就能必然地得出结论。

当然，"类同理同"作为中国传统文化中的一种古老观念，不一定能被所有的人所接受，但是，它在推类中确实是作为根本依据（或公理）加以运用的。我们知道，建立在"公理"，包括"假设"（如经济学中的"完全竞争市场""经济人"假设等，这些假设不一定能为所有人接受）基础上的推理是演绎推理。这是没有疑问的。因此，我们讨论问题的方式具有一般性，并没有偏离演绎推理的"共性"。

三 "形式结构"与"必然地得出"的关系

有学者借推类没有形式结构，就否认其具有推理的"必然性"，从而否认其合法性。

现在来看两个例子：

（1）这是一支钢笔；这是蓝色的；因此，这是一支蓝色的钢笔。

（2）那条狗是父亲；那条狗是他的；因此，那条狗是他的父亲。

这两个例子，具有相同的形式结构：A 是 B，A 是 C；因此，A 是 B 的 C。它有点类似于"侔"式推论。显然，前者有效，而后者非有效。[①] 可见，"形式结构"并不意味着"必然地得出"。

其实，墨家也认识到"形式结构"对于推理的"必然地得出"没有绝对的意义。它指出，"比辞而俱行"的"侔"式推论，即在一个作前提

---

① 以上见〔英〕威廉·涅尔、玛莎·涅尔《逻辑学的发展》，张家龙、洪汉鼎译，商务印书馆，1985，第 17 页。此"结构形式"由笔者给出。

的"辞"的主项、谓项前面同时加上一个意义齐等的"名"(其"形式结构"是:"S 是 P,所以,N+S 是 N+P"),有的能必然地得出正确的结论,有的却不能。这是因为事物的情况复杂多样,如"是而不然""不是而然""一周而一不周""一是而一非"等。而要保证"侔"式推论正确可靠,必须"有所正而止"①。这就是说,"侔"式推论的"必然地得出",必须满足一定的事物条件关系。

我们知道,三段论的"形式结构"是从许多三段论实例中概括出来的,不是因为先有了"形式结构",才有了三段论"必然地得出"。事实上,并不是所有的演绎推理(如语义推理)都可以抽象出"形式结构"。由此可知,用"形式结构"作为衡量"必然得出"的标尺,那是很荒唐的做法。

笔者对认为逻辑学是"必然地得出"并以此否认中国古代有逻辑的观点进行了反驳,回应了"中国无逻辑论",从而捍卫了"中国有逻辑论"。以下得出几点结论。

第一,依据中国古代思想家对推类"必然性"的认识和对推类"必然地得出"的"机理"分析,说明了中国古代逻辑也含有"必然性"推理。尽管不同于西方逻辑中的"必然性"推理形式,但也是"有效的"推理和思维形式。

第二,讨论推类是否有"必然性"的问题,决不能撇开中国传统文化中的"类同理同"观念。这是推类的根本依据(逻辑原理),也是正确把握推类"必然性"的关键所在。有学者简单地用西方逻辑中关于类比推理或归纳推理的理论来"套释",就得出了"推类是一种或然性的推理"这种似是而非的结论。

第三,推类并没有像西方逻辑那样把"推理"区分出演绎、归纳、类比等不同形式并概括出"形式结构"。这反映了中国人有机整体思维的显著特点,说明了推类是中国传统文化的产物,从而表现为重对逻辑作"学理"的阐发,而轻对逻辑作"形式结构"的抽取。② 从西方逻辑来

① 《墨子·小取》。
② 参见刘明明《中国古代推类逻辑研究》,北京师范大学出版社,2012,第319页。

看，一个具体的推类（事例），可以表现为演绎推理、归纳推理或类比推理，但是，绝不可把它视为等同于西方逻辑的某种推理形式，而是要看它是否遵循了"类同理同"原理，如果遵循了，就是"必然地得出"，否则，就是"不可必推"。

第三章

中西方推理的文化差异

第一节　逻辑的文化相对性[①]

文化是人类为了有序生存和持续发展而创造出来的各种有形和无形的劳动成果，它是对人与自然、人与社会以及人与人之间关系的概括，具有系统性、稳定性和连续性等特征。我国传统文化绵延数千年，蕴含着丰富而熠熠生辉的思想菁华，至今仍在滋养着国人。然而，随着"西学东渐"，不断有学者"据西释中"，参照西方文化反思我国传统文化，就我国传统文化的某个方面提出批判或否定。逻辑学的"东渐"，也引起了类似的争议。从对"爱因斯坦惊奇"、"李约瑟之秘"及"钱学森之问"的研讨来看，我国传统文化中没有系统的逻辑理论，是一个令人遗憾的缺陷，既是造成中国没有产生近代科学的原因，也是影响当代创新型人才培养的一个重要因素。另外，至少近 20 年的逻辑教育没有得到应有的重视。因此，似乎可以说，我国文化传统在当代的传承与发展仍然处于逻辑理论缺失的窘境。是否接受这一结论，关乎逻辑如何参与当代文化体系的建构与完善，需要对文化、逻辑及其关系做出诠释，需要对我国传统文化当代发展的逻辑做出反思。

---

① 本节以《论中国传统文化的逻辑困窘与解蔽——兼论逻辑的文化相对性》为题，发表于《贵州民族大学学报》（哲学社会科学版）2015 年第 1 期。

一　文化的事实逻辑与价值逻辑

周礼全曾经提出，逻辑所研究的正确推理及其规律，是任何科学和任何正确认识必须遵守的，因而具有全人类性。在这个意义上，逻辑是一元的。然而，他又认为逻辑是多元的，作为知识体系的逻辑受时代、民族和个人的特点影响，具有多元性。① 据此，他提出了一个著名的论断：在世界上有三种逻辑传统——古希腊逻辑、印度因明和中国逻辑。

周礼全的上述论断有力回应了"我国古代无逻辑"的观点，也促使我们反思我国当代文化中蕴含的逻辑之合理性。认识周先生的论断，需要明确逻辑的内涵。逻辑学研究思维的形式结构及规律以及解决问题的简单方法，逻辑学研究的真谛，在于给出一种获得关于世界的真理抑或知识的方法——推理或论证。例如，根据"所有的哺乳动物都是胎生的"和"猫是哺乳动物"可以推知"猫是胎生的"这一结论。在此意义上，逻辑是一元的。

然而，只有在一个相对理想的文化语境下，才可能通过上述逻辑推演获得真理，而我们生活在一个由信仰、历史、习惯、权威、媒体信息等因素交织而成的世界，关于世界的知识或逻辑判断往往受到信念的影响。例如，在信仰基督教的国家中，下面的推理被信奉者视为正确推理：

A：上帝创造了整个世界。

B：人是世界的一部分。

所以，C：上帝创造了人。

从最根本上讲，影响人们做出逻辑判断的信念是一种价值选择。人们总是根据"应该如何"这样的信念做出行为选择。人们在生活中不断做出各种价值选择，在它的指导下行动。例如，我坐在公交车上，刚上车的老年人没有座位，如果我认可"尊重老人"的价值选择，这个选择将促使我主动为老年人让座。在特定社会共同体中，当一个价值选择能

---

① 《中国大百科全书·哲学 I》，中国大百科全书出版社，1995，第 535 页。

够造成善或者恶这样的后果时，这个价值选择就有了道德的意味，符合道德的选择形成一个系列，就是该社会的伦理。人类生活在文明社会的重要标志之一，就是人类能够根据具体的道德或伦理要求做出选择。这样看来，逻辑推理要探究的判断既包括关于事实的判断，如"水的分子式是 H_2O"，"地球上海洋面积是陆地面积的 2.5 倍"，也包括一些受到价值选择影响的判断，例如，我接受"应该在公共场合禁止吸烟"这个判断，因为比之个人吸烟的自由，我更看重公众享有健康生活的自由，我把后者作为自己所作判断的基本预设。

预设某种价值选择之合理性的判断称为价值判断。那么，根据是否接受价值判断为前提，逻辑推理有事实推理和价值推理之分，与之相应，存在关于世界的事实逻辑和价值逻辑。由此，根据价值逻辑的差异，我们可以认为逻辑是多元的。

那么，如何认识各个逻辑之间的关系，如何认识我国当代文化所遇到的逻辑窘境问题？

在不同的文化传统中，事实逻辑和价值逻辑的地位是不一样的。以亚氏形式逻辑为代表的西方逻辑产生于古希腊文化语境中，严格来讲，是一种事实逻辑。事实逻辑重视证明方法，把证明方法视为获得科学知识的方法，认为科学证明能够保证被肯定的论断的有效性。换言之，事实逻辑的目标在于找出科学知识和得出这些知识的依据，找出"所由论证、借以论证的根据"之间联系的"逻辑必然性"。[①] 事实逻辑是一种"知者"类型的文化，其中贯穿着爱智慧、尚思辨和探索真理的精神，其核心是求知，将人的本性理解为寻求有关世界整体及万物的知识，形成一种寻求理性解释而非以实际经验为依托的思维取向。

我国传统文化发端于先秦，是一种"仁者"型文化，它具有重视伦理与政治的总体特征，其主要内容在于社会伦理尺度与治理国家纲纪的建立和实践。[②] 在以政治伦理为导向的文化传统中，长期发挥作用的不是

①　〔德〕文德尔班：《哲学史教程》（上卷），罗达仁译，商务印书馆，1987，第 182—183 页。

②　冯友兰：《中国哲学简史》，北京大学出版社，1996，第 24 页。

事实逻辑，而是一种"唯圣、唯上、唯书"的价值逻辑。例如，在先秦，逻辑的任务在于"求当取胜"和"审乱世之际"。在传统文化中，墨家辩学可谓事实逻辑研究的华章。遗憾的是，辩学中绝，在文化的传承与发展过程中，人们普遍看重的是"圣"、"上"或者"书"的立场或态度，根据价值逻辑做出选择。

一种文化模式往往包括物质文化、制度文化、精神文化和信息文化等部类。其中，物质文化位于文化系统的表层，是人与自然交互作用产生的、可以感知的生产活动及其产物；居于文化内层的是制度文化和精神文化，制度文化是人与社会的交互作用的产物，包括风俗习惯、行为规范、政治制度等，精神文化是人与自我意识关联的产物，包括价值观、思维方式、伦理、民族性格等；信息文化则贯穿文化系统的表里，包括文字、语言、符号、标志等。在日常生活中，人们总是根据事实假定或者价值假定做出选择，但是，作为传统传承下来的文化是一个整体存在物，其中任意一个部类的变革，都可能对其他部类产生深刻影响。而且，语言是人类"存在的家"，"人在说话，话在说人"，[①] 语言是民族文化的精神家园，无论事实判断还是价值判断，终归都要借助语言这个载体，而语言是一个贯穿文化系统表里的文化符号。由此观之，在同一文化传统中，作为事实逻辑推理前提的对象不限于物质文化对象，作为价值逻辑推理的对象不限于制度文化或精神文化的对象；事实逻辑和价值逻辑的应用并行不悖，二者是一种"共生关系"，有应用旨趣之分，却不存在孰优孰劣之别。

如此一来，通过量化事实逻辑与价值逻辑的比重，似乎可以更为清楚地认识我国传统文化传承与发展中遇到的逻辑窘境问题，或者，可以通过"查漏补缺"式的努力给之以解答。但是，无论量化还是"查漏补缺"，都已经接受了以历史积淀把握文化这一视角，其实质是对文化和文化现象作静态的解读，已经背离了探讨传统文化当代发展策略的方向。在"西学东渐"的历史语境下，我们除了通过解读其静态存在重新认识

① 胡壮麟：《人·语言·存在：五问海德格尔语言观》，《外语教学与研究》2012年第6期。

传统文化，更重要的是，在此基础上探讨传统文化的发展趋向及途径。因此，我国传统文化传承与发展中遇到的逻辑问题，不是事实逻辑与价值逻辑应用份额之间"此消彼长"所能解决的问题，而是一个如何改革和完善二者之间"共生关系"的问题。我们认为，认识和解决这一问题，不可停留于对文化概念的描述性解释，应当关注人们对事实逻辑和价值逻辑的实际把握，接受动态的文化观。

荷兰哲学家皮尔森就提出这样一种文化观。按照这种文化观，文化是作为个体的人对周围力量施加影响的方式，是"人的活动"，它从不停止在历史或自然过程给定的东西上，而是坚持寻求增进、变化和改革；人不是单纯地问事物是什么样，而是问它应该怎样，以这种方式，文化能够通过确立超越实际状况的规范，突破自然或历史过程中所产生的确定条件。① 按照这种文化观，文化的传承与发展要求个人和集体不断采取主动行为，建立新的起点，突破自然的固有性；正是这种活动为人类社会的发展提供了动态因素。皮尔森的文化观道出了人类活动的能动性、目的性和超越自然的本质，这是我们接纳它的主要原因所在。

以动态文化观回看逻辑的应用，可以获得一些关于逻辑与文化之间关系的新认识。应用逻辑的目的，不仅在于刻画以各种符号或非符号形式保存下来的、关于过去的知识，而且是要关注人类认知世界的需要，指导人类认识文化的功能，形成一种理智的认识、创造和超越世界与自我的态度。在中外文化交汇的时代语境下，接受这种对逻辑应用功能的定位，就有理由保有对我国文化传统及其逻辑合理性的自信，有理由着眼于文化发展的需要反思逻辑应用的未来指向和超越问题。由此，我国传统文化传承与发展中遇到的逻辑问题，也就是如何认识逻辑的文化相对性的问题。

二　逻辑的文化相对性

简而言之，接受逻辑的文化相对性，即认为文化及其蕴含的价值取

---

① 〔荷〕C. A. 冯·皮尔森：《文化战略》，刘利圭等译，中国社会科学出版社，1992，第4—5页。

向决定逻辑判断和逻辑结论。① 在"西学东渐"的历史进程中，张东荪率先觉悟并系统地认识到逻辑的文化相对性问题。在他看来，逻辑是由文化的需要而逼迫出来的，没有普遍性和先在性，不存在"唯一的逻辑"，而只有各种不同的逻辑。张东荪明确提出"逻辑是跟着文化走的"，逻辑的联结为其背后的文化与概念所左右，而不是逻辑左右文化。总之，应当把逻辑当作文化的产物，用文化来解释逻辑。②

为了解释逻辑的文化相对性，张东荪将逻辑分为逻辑甲、逻辑乙、逻辑丙和逻辑丁，并对它们与文化的内在联系做出分析。在他看来，逻辑甲依赖于西方的言语构造，是一种语言逻辑；逻辑乙是数理逻辑，数理逻辑未必是所有民族文化都可以迫发出来的，也未必所有民族都需要数理逻辑；逻辑丙是一种形而上学抑或超越的逻辑，它由人的神秘经验迫发出来，只能用来补充语言逻辑在解释形而上学方面的不足；逻辑丁是用来解答政治伦理问题的辩证逻辑。在张东荪看来，中国古汉语的言语结构与产生逻辑甲的言语结构殊异，决定中国没有逻辑甲；中国古代思想中没有与逻辑乙相当的思想法则，决定中国没有逻辑乙。中国古代只有"丙"和"丁"两种逻辑类型。③ 张东荪上述区分及分析的贡献主要有两个方面：其一，以平等的比较文化观和以不同的思维范式研究逻辑，开辟了中国古代逻辑研究的新时代；其二，独创性地提出"不同的文化有不同的逻辑"，启示我们在文化传统的背景下坚信中国古代乃至当代都有合理的"逻辑"。④

按照张东荪的解释，逻辑由关于"普通论辩"的辩论术蜕化而来，重视修辞和条例，而先秦时期的辩论主要是形而上学的，逻辑丙和逻辑丁是应形而上学辩论而产生的。但是，先秦辩论术的巅峰成就是墨家辩学，如果说文化决定逻辑的产生和走向，接受文化的稳定性和连续性，则无法解释墨家辩学何以在先秦之后中绝，价值逻辑何以在我国文化传

① M. Stojković，"Logic and Culture," *Sociology*，*Psychology and History* 6（1999）：235-238.
② 张汝伦编选《理性与良知：张东荪文选》，上海远东出版社，1995，第 401 页。
③ 张汝伦编选《理性与良知：张东荪文选》，上海远东出版社，1995，第 389—442 页。
④ 张斌峰：《在逻辑与文化之间：张东荪的逻辑文化观》，《安徽史学》2005 年第 2 期。

统中长期发挥作用。

　　整体上看，张东荪是用一种"据西释中"方法判断我国传统文化与其逻辑之间的关系，给研究中国古代逻辑思想带来了一缕新风。但是，他对逻辑之文化相对性的解释是有待深化的。张东荪肯定了言语结构对逻辑类型的影响，在一定程度上讲，他肯定了语言诠释在逻辑产生中的作用，却没有关注其中参与文化活动的人的能动因素。或者说，他的分析建基于一种对文化的静态解释。从动态文化观来看，墨家辩学的中绝以及价值逻辑长期发挥作用，在很大程度上与"罢黜百家，独尊儒术"的文化取向有关。正是这一制度文化的变革，引起精神文化、物质文化、信息文化等层面的连锁反应，不仅剥夺了人们从事论辩的权利，也为之后的论辩提供了一个不容置疑的价值前提和评价标准——儒家的主张。以求同思维为主导的价值逻辑由此而产生，并成为长期主宰人们日常行为选择的主要逻辑。

　　按照张东荪的解释，文化与逻辑之间是一种单向度的决定关系，与之不同，崔清田认为文化与逻辑之间的关系是双向的。在崔清田看来，文化是一个有机整体，其各个部分和要素之间不是简单的堆砌、聚集的关系，而是一个具有性质关联的功能体；文化整体性决定了文化与逻辑之间的相互依赖关系，那就是，逻辑是文化的一个系统部类，只能在文化中寻求其产生和发展的依据；文化作为一个整体，缺少逻辑因素，也不可能成为一个完整的系统。进而，崔清田将文化与逻辑之间的相互依赖关系解释为"逻辑对文化的影响和文化对逻辑的制约"。尤其是，他将逻辑学视为对人类文化发展有重要影响的基础科学，认为它与众多重要的科学门类有密切联系，直接影响人类文化的发展。①

　　崔清田对中国传统文化与逻辑之间双向关系的探究和重视，体现在他多次提出根据"历史分析"与"文化诠释"的方法认识中国逻辑。在认真反思"据西释中"方法的贡献与不足之后，崔清田提出用"以内视

---

① 崔清田：《墨家逻辑与亚里士多德逻辑比较研究——兼论逻辑与文化》，人民出版社，2004，第 310—312 页。

外"的方法认识中国逻辑，并将它解释为"历史分析"与"文化诠释"。① 文化诠释就是把不同的逻辑传统视为相应文化的有机组成部分，参照那一时期的哲学、伦理学、政治学、语言学以及科学技术等方面思想和文化发展的基本特征，对不同逻辑传统给出"有故"和"成理"的说明。文化的历史性决定文化诠释离不开历史分析，历史分析就是把逻辑传统置于其产生和发展的历史语境中，具体分析时代问题及其对思想家提出并创建的逻辑传统的影响。

崔清田肯定逻辑对文化的影响，丰富了逻辑之文化相对性的内涵。张东荪强调言语结构对逻辑的影响，说明他重视语言表达世界的功能，持一种接近于维特根斯坦式"图像论"的立场。与之不同，在肯定文化对逻辑的决定作用的同时，崔清田还肯定逻辑对文化的影响，实质上，他既肯定了语言表达世界的功能，也肯定了语言解释世界的功能。这正是当代符号学（Semiotics）研究所肯定的基本思想。从当代符号学研究来看，语言是一种兼有指称和解释世界功能的文化符号，人们理解文化符号意义的过程因文化而异，正是这种差异造成不同文化语境中的个体对同一对象的认知差异。② 按照这个理路，人们只能在特定文化语境中把握关于对象的信息，信息是被文化符号解释过的，因此，文化语境决定作为推理前提的文化符号的意义，就是文化对逻辑的决定作用。反过来，文化符号是认知世界的载体，符号意义的差异可能影响个体认知或解释同一对象的过程和结果，使得不同个体对同一对象做出不同的文化解释。这就是逻辑对文化的影响。

崔清田重视分析逻辑应用对文化的影响，表现出超越对文化作静态解释的一面。尤其是，崔清田诉诸语言诠释解读逻辑维系语言与文化之间的双向关系，使得他的理论视界不限于先秦文化与墨家辩学，而是面向解读逻辑与文化的发展关系。这是崔清田关于逻辑的文化相对性思想中的一个亮点。

① 崔清田：《中国逻辑史研究世纪谈》，《社会科学战线》1996 年第 4 期。

② S. Rahimi，"Is Cultural Logic an Appropriate Concept? A Semiotic Perspective on the Study of Culture and Logic," Σημειωτκή-Sign Systems Studies 2（2002）：455-464.

明确提出"逻辑的文化相对性"这个概念，并给之以合理性论证的是鞠实儿。所谓逻辑的文化相对性，可以概括为"逻辑相对于文化，即不同的文化有不同的逻辑"。在《论逻辑的文化相对性——从民族志和历史学的观点看》一文中，鞠实儿构建了一个关于逻辑文化相对性的系统及论证。①

逻辑的文化相对性思想的提出，是基于一个全新的逻辑学概念。在鞠实儿看来，用概念解析的方法不可能回答"什么是逻辑学"，存在具有"家族类似"特征的多种逻辑类型，它们各有其合理性，但其研究对象都在于说理和证明，研究合理的论证，进而构造相应的论证系统，是逻辑学的基本任务。不过，鞠实儿有意突出"广义论证逻辑"在解释文化和逻辑之间关系方面的基础性。按照广义论证，在给定的文化中，主体依据语境采用规则进行语言博弈，其目的在于从前提出发促使参与主体拒绝或接受某个结论。其中，主体隶属于文化群体和相应的社会，语言包括自然语言、肢体语言、图像语言和其他符号。与广义论证相应的"广义论证逻辑"面向解释说理活动，它以语用的"生效"（effectivity）而非"有效"（validity）作为判定解释标准，具有形式逻辑所不能替代的解释地位。

请注意，鞠实儿是着眼于现代文化得出其逻辑的文化相对性思想，而且，与张东荪和崔清田对言语结构及语言诠释的重视类似，鞠实儿关注语言如何符合逻辑地解释我国当代文化的存在与发展，对两者关于逻辑与文化关系的思想做出了新的推进。这些工作让我们相信，在说理和证明文化需要的层面，逻辑具有文化相对性，缺失形式逻辑理论并不是我国传统文化发展中的一个致命弱处。那么，接受逻辑的文化相对性，应当如何认识我国当代文化发展的逻辑困境与出路？

三　中国当代文化发展的逻辑要求及反思

当代文化是我国传统文化发展的最新阶段，接受逻辑的文化相对性

---

① 鞠实儿：《论逻辑的文化相对性——从民族志和历史学的观点看》，《中国社会科学》2010 年第 1 期。

思想，则可以把当代文化发展的逻辑困境问题分为两个方面：一是我国当代文化发展的逻辑要求，二是如何以逻辑学的努力促进当代文化的发展。

上述两个方面所要求的主要是一种实践层面的考察，要求着眼于我国当代文化发展的实际重新解读文化与逻辑之间的关系。随着中外日益全面、深入的文化交流，一些关乎我国当代文化走向的突出问题凸显出来，其中包括国家发展转型期的"多元文化"现象问题，优秀民族文化的传承与发展问题，科学主义与人文主义的发展与彼此协调问题，主流文化与非主流文化划分、演变，等等。这些问题及相关研讨，是我国文化发展现实问题的理论背景。

从实践层面来看，我国当代文化发展有两大亟待解决的问题。首先，生产力的增长以及生产方式的转变，使得我国物质文化得到迅猛发展，出现相对稳定且与精神文明相协调的可持续发展状态，然而，随着社会发展转型的深入，人们原有的生存方式、时间观念及价值观念等也面临深刻的转型。如何提高民族文化素养，重建主流价值体系，辩证地认识随改革开放而来的异域文化，成为新时期文化发展的主要现实问题。① 其次，随着电脑和手机的普及以及 QQ、微博、微信等社交网络的开发与投入使用，新媒体时代到来，越来越多的人能够以前所未有的便利和自由关注或参与社会活动，新媒体信息传播在公众中培植出一种社会参与及奉献精神，但同时也出现了一些不利因素，影响我国的精神文化建设。而且，新媒体信息传播为司法行政制度的建设实施以及评价带来越来越值得关注的问题，深深地影响着制度文化的发展。例如，在新媒体语境下，保证审判过程透明成为新时期司法公正的重要内涵，一旦发生误判，其影响将在媒体信息传播中被放大，造成不利于和谐社会建设的严重后果。而且，不恰当新媒体信息的传播可能产生强大的舆论，既可能使法官做出不当判断，也可能使舆论"绑架"司法裁决。

从文化整体性的角度看，主要是物质文化和信息文化发生了变迁，导致我国制度文化和精神文化方面的问题。问题的实质在于，文化各部

---

① 叶澜：《世纪之交中国学校教育的文化使命》，《教育参考》1996 年第 5 期。

类发展失谐，削弱了文化的整体性。从作为文化事业主阵地的教育工作的改革来看，这一问题并没有得到足够的重视。在我国的高中及高等教育中，长期存在文理分科格局，即将教学课程分为文科和理科让学生做出选择后分别进行教育。这种培养模式可以培养专业人才，却不利于学生全面发展和综合素质的提升。[①] 表面上，文化发展问题的原因在于文化各个部类的发展不平衡，而从根本上讲，原因在于文化知识体系的建构不合理，尤其是，缺乏可以贯穿各个部类的基础性支撑，削弱了精神文化在整个文化体系建设中的引领地位。

从逻辑要求的角度看，文化整体性发展既需要能够解释各部类之间关联的逻辑，为各部类协调发展提供一个科学的评价标准，解释文化体系建构的合理性，也需要为部类文化的发展提供一种普遍的思维规则。前者旨在保证文化体系建构的合理性，是一种逻辑学学术意义上的要求，后者则是面向个体符合逻辑地参与文化活动，是一种逻辑应用要求。

但是，信息文化变迁是我国当代文化发展的最大特征，直接引发了制度文化和精神文化发展中的问题。在新媒体信息传播的语境下，无论信息的发布还是解读，都需要思考如何保证受众准确地识别信息要传达的意思，而新媒体恰恰给了公众发布信息的自由，使得误读成为可能。

信息文化变迁带来的问题显然是语言逻辑的问题，其解决需要一种类似于"广义论证逻辑"的指导，帮助人们从说理和证明的角度发布和理解信息。不过，实现这种逻辑应用的价值，需要从对宏观逻辑要求的分析，转向解读个体认知和表达信息的实际需要。我们认为，这是一个关于逻辑学规范性的问题。逻辑学的理论属性有描述性和规范性之分，前者旨在获得真命题，后者则解释真命题何以为真。回顾我国传统文化传承与发展的历史及其养成的求同思维习惯，无论价值逻辑还是事实逻辑，对整个社会文化发展长期发挥规约作用的应当是其规范性而不是其描述性。因为只有在明白某个判断（价值判断/事实判断）为真的情况下，个体才可能接受该判断，进而指导自己的文化实践。

如何以逻辑学的努力促进当代文化的发展，显然是一个逻辑教育问

---

① 朱永新：《文理分科：中国教育的毒瘤》，《教育科学研究》2004 年第 11 期。

题。这是一个在逻辑学界老生常谈却始终没有实质性解决的问题。从我国当代文化发展的逻辑要求来看，问题的解决需要内外两方面的努力。一方面，必须加强教育学、逻辑学、管理学及文化学等领域的交叉研究，深入阐释和呼吁逻辑教育的重要性，营造重视逻辑教育的文化氛围。另一方面，在做好学科建设的同时，逻辑学工作者必须面向我国当代文化的发展和学生的思维实际，竭力提升逻辑教学科研水平，不断取得逻辑应用方面的新成果，以扎实的推广工作助力全社会树立思维规则意识。唯其如是，逻辑方能在我国当代文化及法治社会建设中发挥应有功能。

第二节　中西方推理是各自文化的产物

逻辑是文化的产物，"是由文化的需要逼出来的"。[①] 鞠实儿指出："逻辑相对于文化，即不同的文化有不同的逻辑。"[②] 因为虽然从构造和评价论证的层面来说，形式逻辑不必考虑社会文化因素，但是，这绝不意味着那些表面看上去"纯"形式的规则本身可以不受社会文化因素的影响而独自形成和发展。"事实上，离开了西方文化独特的价值取向和思维方式，形式逻辑和非形式逻辑同样是不可能的。"[③]

中西方逻辑有其各自赖以生成的文化根据，并打上了各自鲜明的文化"烙印"。我们将从中西推理的文化根据来比较说明它们是各自文化的产物和所具有的文化特质。

一　亚里士多德三段论的文化根据

亚里士多德在逻辑上最重要的工作就是创建了三段论的学说。亚里士多德研究三段论的主旨就是证明或证明的推理。证明或证明的推理是

---

① 张东荪：《知识与文化》，商务印书馆，1946，第59页。

② 这是鞠实儿依据"逻辑文化相对性的事实依据"所得出的一个"描述性经验命题"。参见鞠实儿《论逻辑的文化相对性——从民族志和历史学的观点看》，《中国社会科学》2010年第1期。

③ 参见鞠实儿《论逻辑的文化相对性——从民族志和历史学的观点看》，《中国社会科学》2010年第1期。

亚里士多德推理理论的核心。所谓证明，是指能够产生"科学知识"的三段论。我们知道，科学知识是对事物本质的反映，是具有普遍性和必然性的东西，不能依靠感觉经验去获得，必须通过理性的推理和论证，论证可证明事物必然具有的"本质属性"。本质属性通过三段论，也就是通过证明的三段论揭示出来。

古希腊文化的核心是探究世界整体的本原和原因。三段论体现了古希腊的分析理性和科学求真精神。三段论追求结论的"必然地得出"，跟古希腊知识论（认识论）所持的信念——"知识就是必然性的东西"相一致。

《希腊哲学史》指出，亚里士多德创建逻辑学，"不只是干巴巴地提供一些公理、原则与公式，而是同他的本体论、知识论、科学方法论密切相关的，有丰富的内容和深刻的哲学意义"。[1]"这有赖于他善于吸取、综合前人已有的思想积累和有关研究成果，有赖于希腊智慧与知识的进化。"[2]

（一）古希腊的哲学

亚里士多德逻辑的诞生有深刻的哲学背景，同他前期的形而上学思想密切相关。

亚里士多德在《形而上学》中把专门研究"on"（他叫作 to on hei on，即"being as being"）的学问叫作"本体论"（ontology）。"on"不仅指独立于思维的实体事物，而且指可用系动词"是"判定的一切东西，包括数量、性质、关系等各种属性及精神意识性的东西。[3]他认为，各具体学科研究不同的特殊方面的"是"；而哲学探究单纯的、未分化的"作为是的是"，是研究本体和普遍的"是"的学科。《形而上学》第二卷（a）是讨论本原和原因的。在该卷第一章中，他明确提出哲学是以"求

① 汪子嵩、范明生、陈村富、姚介厚：《希腊哲学史》（第3卷，上册），人民出版社，2003，第117页。

② 汪子嵩、范明生、陈村富、姚介厚：《希腊哲学史》（第3卷，上册），人民出版社，2003，第119页。

③ 汪子嵩、范明生、陈村富、姚介厚：《希腊哲学史》（第3卷，上册），人民出版社，2003，第128页。

真"为目的的学问。"求真",就是寻找事物是如此的原因。比如,"火"是最热的,是其他所有东西是热的原因,只要是"火",它就总是热的;只有这永远是"热"的火才是所有"热"的该类东西是"热"的原因。"使其它真的东西成为真的原因就是最真的。那些构成'永远是的'的原因必然是永远真的","是和真是一致的"。① 亚里士多德所寻求的真的原因,是"永远是的",也就是"永远真的"。这种既是"永远是"又是"永远真的"东西,只能是:(1)逻辑的命题和推理论证的形式;(2)自然科学发现的公式、公理和规律。② 由此可见,亚里士多德关于"是"的学问为他的逻辑学产生提供了理论基石。

"证明的推理或证明,以普遍的真实的原理为依据,或以由第一性的真实原理所推导出来的原理为依据。其目的是为了获得一种必然性的真实知识。这种推理的前提必须是真实可靠无可怀疑的。它们是第一性的、直接的、比结论更为居先的、作为结论的原因的。"③ 由此可见,亚里士多德根据"是"的普遍自明的确定性,引申出逻辑的公理即正确思维的基本原理,这表明他建立逻辑学的基点与他的形而上学思想有内在联系。这是因为亚里士多德认为,"公理是最普遍的,是万物的本原",④ "显然存在一切作为'是'的东西之中",⑤ 探究"是"的公理即逻辑推理的本原,属于"作为是的是"的这门学问,是哲学家的任务。哲学家应考察"逻辑推理的本原",即作为推理初始前提的逻辑公理,"研究一切本体的哲学家也得研究综合论法(三段论法)"。⑥ 我们知道,同一律、矛盾律和排中律被看作形式逻辑的公理。实质上,"工具论"中全部逻辑理论都是以这三个公理为初始前提来建构公理化的推理系统的。逻辑公理本源于"是"的某种不证自

---

① Aristotle, *Metaphysics*, 993b19-31.

② 汪子嵩、范明生、陈村富、姚介厚:《希腊哲学史》(第 3 卷,上册),人民出版社,2003,第 75 页。

③ 马玉珂主编《西方逻辑史》,中国人民大学出版社,1985,第 46 页。

④ Aristotle, *Metaphysics*, 996b25-997a15.

⑤ Aristotle, *Metaphysics*, 1005a18-30.

⑥ 〔古希腊〕亚里士多德:《形而上学》,吴寿彭译,商务印书馆,1959,第 62 页。

明的普遍本性，逻辑公理与"是"的公理是一致的。① 同一律是关于"是"的最普遍的规定，所是的东西在同一时间、同一方面、同一关系中保持自身的确定性或同一性。它要求一个语词所表示的概念及其意义在使用中保持自身同一，即其指称及意义应具有确定性。它的哲学根据就是一个语词指称某一确定的所是的东西并表示某种确定的意义。它也是思维的基本规律。在推理中，考察同一名字如何出现在同一方面、同一关系、同一方式和同一时间中，才能确定推理的正确性。《形而上学》第四卷把矛盾律和排中律作为"作为是的是"的学问的公理来讨论，认为它们既是事物的根本规律，又是思维的根本规律；既是本体论的根本规律，又是逻辑的根本规律和推理的规律；而且首先是前者。"是"的最确实的一种普遍本性就是"在同一时间，在同一方面，同一事物不能既具有又不具有某属性。为了防止诡辩者的责难，还可以进一步加上其他限制。……这就是一切原理中最确实的原理"。② 这是矛盾律的哲学根据，或者这样陈述的矛盾律，是关于存在与事物的规律。与此相应，逻辑公理的基本意义是"同一个人不可能在同一时间相信同一事物既是又不是"。③ "对于同一事物，两个互相矛盾的命题不可能同时都是真的，两个互相对立的命题也是如此。"④ 这种关于"是"与逻辑的最基本的规定，是一切推理和证明所依据的最根本的公理，⑤ "它本性上就是其他一切公理的本源"。⑥

总之，古希腊哲学为逻辑学的产生提供了理论依据。"他的逻辑理论有其哲学根据和哲学分析，蕴涵着丰富的逻辑哲学思想，同他的形而上学、知识论思想紧密关联。……他的逻辑与哲学思想，有本质主义的基

---

① 汪子嵩、范明生、陈村富、姚介厚：《希腊哲学史》（第 3 卷，上册），人民出版社，2003，第 199 页。
② Aristotle, *Metaphysics*, 1005b20.
③ Aristotle, *Metaphysics*, 1005b30. 此种解释见汪子嵩、范明生、陈村富、姚介厚《希腊哲学史》（第 3 卷，上册），人民出版社，2003，第 199 页。
④ Aristotle, *Metaphysics*, 1063b15—18.
⑤ 见汪子嵩、范明生、陈村富、姚介厚《希腊哲学史》（第 3 卷，上册），人民出版社，2003，第 199—200 页。
⑥ Aristotle, *Metaphysics*, 1005b34.

本特色，确认逻辑与哲学的基本宗旨是求知，追求普遍的本质与原因。"①
亚里士多德的逻辑学说中蕴涵了丰富、深刻的哲学思想，三段论中就有
许多哲学分析。

（二）古希腊的论辩术与修辞学

论辩是人类逻辑学产生的最初动力。"在古希腊，逻辑最初作为一门
工具科学被研究，首先是论辩的需要所推动的。"② 当时希腊分成许多城
邦国家，城邦间及城邦内部势力派别间的争斗或联合需要有演说和论辩
才能的政治家。这就出现了专门"教人以智慧和美德的教师"，统称智
者。其中一些人教人演说，发展了演说术；一些人教人论辩，发展了论
辩术；还有一些人教人玩弄语言歧义和其他诡辩手法。证明的艺术是从
智者那里培育出来的。③ 智者提出和考察了论辩术。论辩术是人们称呼逻
辑学的第一个专门术语。在古希腊时期，修辞学成为显学，涌现了许多
修辞学家和修辞学教师，比如柏拉图等。古希腊的修辞学研究以演讲术
和论辩术为主，以说服的方法为主。论辩术和修辞学空前发展，从正反
两个方面为亚里士多德逻辑学的产生积累了丰富的思想材料。

亚里士多德创立逻辑学，原来是为了反对当时的智者和政治野心家
的诡辩。他在《辨谬篇》中对各种诡辩的剖析、驳斥，可以说明这点。
"他所驳斥的是那些阻碍科学认识，破坏健全思维的诡辩和谬误。因此他
就不惜花费巨大的精力去探索哪些推理论证形式是有效的，哪些推理论
证形式是无效的，从而为人类的科学思维提供了认识真理和表达思想的
有效的工具和武器。"④

（三）古希腊的数学与科学

古希腊文化的核心是求知，即探求事物所以然——求取原因的知识。
它的主要内容是对世界及事物的本原、本质和原因的探究。这种爱智慧、

---

① 汪子嵩、范明生、陈村富、姚介厚：《希腊哲学史》（第3卷，上册），人民出版社，
2003，第149页。

② 宋文坚：《西方形式逻辑史》，中国社会科学出版社，1991，第13页。

③ 参见宋文坚《西方形式逻辑史》，中国社会科学出版社，1991，第14页。

④ 马玉珂主编《西方逻辑史》，中国人民大学出版社，1985，第50页。

尚思辨、求真知的思维特质，表现在科学研究中就是注重对事物原因、原理的探究，追求"证明的知识"（科学知识是证明的知识，证明的方法是获得知识并使之系统化的主要手段），并要求提供形成精确知识体系的逻辑工具。尤其是，古希腊数学——理论几何学，为科学证明树立了典范。

在希腊古典哲学时期，多门学科的知识已趋向系统化。它们本身既蕴蓄了逻辑思想，又需要那种能形成精确知识体系的逻辑工具。而亚里士多德创建逻辑学的目的，正是为构建系统的科学理论提供有效的方法和有力的工具。他认为："科学知识是探究事实及其原因的真理。科学知识系统化，不是观察事实的数据集合，至关重要的是分析具有普遍性和必然性的原因，原因就是推理的中词（中项），这样才能构成证明的知识体系。"①

古希腊的数学因演绎推理与证明的自觉运用及构建公理化的演绎系统而获得发展。亚里士多德重视对数学的研究，并从中汲取逻辑思想。他认为，逻辑学与几何学相似且更为切近，因为两者都首先要"借助于公理"，体现了证明学科的特点。他在《形而上学》中提出，哲学家应建立一门学科（逻辑学），来研究"数学中称为公理的真理"，"探索演绎（即三段论）的原则"。② 格思里赞同莱布尼茨、罗斯、欧文、巴恩斯等的看法，认为"亚里士多德熔冶了当时的数学知识，从而在其逻辑著作中探讨了'证明科学的方法与逻辑结构'"。③

当时，天文学也从对天体现象的观察研究进入对天体系统的整体化研究。例如，柏拉图最早提出天球层模型假说，哲人们运用物理学、几何学观点对它进行了严密的逻辑论证。

物理学既是自然哲学，又深入了对物质结构的物理现象的探讨。亚

① 汪子嵩、范明生、陈村富、姚介厚：《希腊哲学史》（第 3 卷，上册），人民出版社，2003，第 123 页。

② Aristotle, *Metaphysics*, 1005a20-b5.

③ 参见格里斯《希腊哲学史》第 6 卷，第 45—48 页，附注"亚里士多德和数学"。转引自汪子嵩、范明生、陈村富、姚介厚《希腊哲学史》（第 3 卷，上册），人民出版社，2003，第 121 页。

里士多德探究了物体运动、变化的原因，区分了自然运动和非自然运动，论述了重力、速度、静止、惯性等范畴。他通过前无古人的逻辑论证，使希腊的物理思想得到深化和系统化。

在生物学方面，亚里士多德贡献卓著，被誉为"动物学之父"。他对动物的研究，首先是掌握各动物的种及其特殊性，了解它们的差异和共性，再探讨其原因。他分类了540种动物，解剖了50种动物，通过搜集、整理大量的经验事实资料，运用分析、综合、归纳、演绎等逻辑方法，经过严格论证，形成了最早的动物学理论。

可见，当时各门科学的发展为逻辑学的诞生准备了大量的思想资料，科学知识的系统化趋向呼唤着逻辑学的诞生，尤其是，古希腊哲人关于科学知识的观念和探求真理、整合科学理论的方法，深刻地影响了亚里士多德关于逻辑学的观念及对三段论的构建。亚里士多德是在概括古希腊科学方法成果基础上创立逻辑学的。

二 中国古代推类的文化根据

"推类"与"推理"，其内涵是一致互通的。孙中原指出："'推理'概念，亦为中华先哲所原创。"① 在"天人合一"的文化语境中，"推"与"类"字、"理"字经常联系在一起。显然，如果自然物的"理"或伦理道德的"理"适用于某个事物，就可以用"推类"或"推理"的方法使它适用于其他同类事物。"推理"一词，早在公元前2世纪道家著作《淮南子·兵略训》中就已出现。"推类""推理"，与《墨子·大取》中的"以理长，以类行"相对应，值得从逻辑哲学层面深思。

中国古代文化的价值取向、思维方式，对中国古代逻辑的推理类型具有决定性意义。最根本的因素，首先是中国古代的哲学；其次是科学技术与数学。

（一）中国古代的哲学

中国古代哲学跟古希腊哲学纯粹以求真为目的不同，虽也爱智，却

---

① 孙中原：《传统推论范畴分析——推论性质与逻辑策略》（电子文稿）。

未尝以"求知"为专门要务。亚里士多德认为，把哲学称作求真的知识是正确的，因为思辨（理论）的知识是以求真为目的，而实践知识是以行动为目的。虽然实践知识如伦理学、政治学等也考虑是什么，但不从永恒方面去思考，不追求永恒的真，而只考虑和当前有关的事情。理论知识要判断真和假，实践知识则要判断善与恶。求真，就是寻求本原、本质，或事物之所以如此。科学证明的关键是发现事物的原因，在逻辑上就是寻找推理的中词。

中国古代哲学本质上是"知行合一"，以"求道"为根本目的，核心内容是"求善""求治"的伦理、政治思想，并强调这种思想只能通过实践"效果"来验证，而对于逻辑的证明功能和逻辑对话语的裁决功能则持怀疑甚或否定的态度。"中国哲人研究宇宙人生问题，常从生活实践出发，以反省自己的身心实践为入手处；最后又归于实践，将理论在实践上加以验证。"① "中国哲人认为，真理即是至善，求真乃即求善。""道兼赅真善：道是宇宙之基本大法，而亦是人生之至善准则。求道是求真，同时亦是求善。真善是不可分的。"② 求道，"重了悟而不重论证"，"中国思想家认为经验上的贯通与实践上的契合，就是真的证明。能解释生活经验，并在实践上使人得到一种受用，便已足够；而不必作文字上细微的推敲。可以说中国哲学只重生活上的实证，或内心之神秘的冥证，而不注重逻辑的论证。体验久久，忽有所悟，以前许多疑难涣然消释，日常的经验乃得到贯通，如此即是有所得。中国思想家的习惯，即直截将此所悟所得写出，而不更仔细证明之。"③ 即使是墨家这样的逻辑派，也是把对思想的检验和理论的证明"托付"给了实践或事实，而不是逻辑。汪奠基指出："中国古代逻辑学者极其重视类的相对关系，他们一般都认为推知不及经验可靠，推类的知识不及实践的知识可靠。"④ 儒家荀子对逻辑的证明功能亦持怀疑态度。他认为，即使在论证上"持之有故、言之成理"，能自圆其说——具有严密的逻辑性，但是，其结论也不一定

① 张岱年：《中国哲学大纲》，中国社会科学出版社，1982，序论第 5 页。
② 张岱年：《中国哲学大纲》，中国社会科学出版社，1982，序论第 7 页。
③ 张岱年：《中国哲学大纲》，中国社会科学出版社，1982，序论第 7 页。
④ 汪奠基：《中国逻辑思想史》，上海人民出版社，1979，第 47 页。

正确、可靠。因为"其持之有故，其言之成理，足以欺惑愚众"。① 可知，中国古代哲学不寻求西方那样的以"求知"为根本任务的、用于"科学证明"的逻辑。

中国古代哲学以有机整体思维方式为特色，物质和精神、主体和客体不分，浑然一体。"天人合一"则是这种整体思维的根本特点。儒道两家都主张"天人合一"，认为人和自然是一气相通、一理相通的。儒家倾向于把自然人化，道家倾向于把人自然化。《易传》的"三才之道"和老子的"四大"（道大、天大、地大、人大），都是整体思维的表现。董仲舒以阴阳五行为框架，建立了更加系统完备的世界模式，提出了"天人感应"论，对后来的理学产生了重要影响。理学家构建宇宙模式，提出"天人一理""天人一气"的"天地万物一体说"。但是，这种天人合一、万物一体的整体思维，并不是以探究自然为目的，而是以实现真、善、美合一的整体境界为目的。② 这种有机整体思维对中国古代逻辑的重要影响主要有四个方面。

第一，确立了"类"的整体观。

西方分类注重的是"类"的本质属性和大、小类之间的包含关系。考察本质属性，就形成了本质定义的逻辑方法；考察"类"的包含关系，就形成了"词项逻辑"——三段论。

然而，中国古代哲学把万事万物都纳入一个"类"的整体中。《周易》为中国传统文化奠定了基本的思维模式。它用阴爻、阳爻把大千世界中的万事万物综合归纳为两大类别；用八种卦把世界万物归为八个大类；用六十四卦把世界上纷繁复杂的事物情况归并为六十四个小类，构建了一个"类"的整体模式，确立了"类"的整体观。后起的"五行说"，汉代推崇的河图、洛书和扬雄的"玄图"，北宋邵雍的"先天图"和周敦颐的"太极图"，都是通过对世界万事万物归类而得到一个"类"的整体模式。

---

① 《荀子·非十二子》。

② 以上参见蒙培元《中国传统思维方式的基本特征》一文，载张岱年、成中英等《中国思维偏向》，中国社会科学出版社，1991，第19—22页。

关于"类"的整体观，其基本观点是：万事万物都是"以类聚"的，都是普遍联系、相互会通的。基于此种观念，中国古人注重考察类之间的关系，包括同异关系、相互作用关系或对立统一关系，而不是把注意力集中在类的本质特性和类的包含关系上。

第二，确立了"理同"的"类同"观。

古希腊哲学讲主客二分，着眼于"求真"，探求一个事物真正"是"的东西，认为"要知道事物的根本的'是'，就必须知道它的本质。正是本质决定了一物的特征和它的'是'的方式。它是事物中最持久的东西，是知识的对象"。① 所以，它所谓"同类"，是指"本质特性"相同的事物。关于"本质特性"，亚里士多德解释说："本质特性被设定为与其它所有事物相关且又使一事物区别于其它所有事物的东西；例如，能够获得知识的那种有死的动物就是人的本质特性。"②

中国哲人认为，一物须有一理（规律），万物各有其理；但各物的"理"并不是相互独立、互不相干的。根本上万物只有一理，天下只有一理。"道"就是最根本的理，是无所不在的，相容统包一切，包含了一切物之理和一切人事之理，以及自然之理和道德应当之理。换言之，"道是万理的统会，万理的根据。理即是规律。万物各循其理，理又根据于此根本的大理，也就是万物皆遵循此根本大理"。③ 万物都在道中存在，此根本大理涵盖了万物之化。④ 因此，认识世界、认识事物就应把握住"道"和事物的"理"。我们知道，"天人相通，是中国哲学尤其是宋明哲学中的一个根本的观念"。⑤ 诚然，了解此观念，对理解中国人"理

---

① 汪子嵩、范明生、陈村富、姚介厚：《希腊哲学史》（第 3 卷，下册），人民出版社，2003，第 149 页。

② 苗力田主编《亚里士多德全集》（Ⅰ），中国人民大学出版社，1990，第 357 页（101b34-35）。

③ 张岱年：《中国哲学大纲》，中国社会科学出版社，1982，序论第 20 页。此说法来自《韩非子·解老》："道者，万物之所然也，万理之所稽也。理者，成物之文也；道者，万物之所以成也。故曰：'道，理之者也。'物有理不可以相薄。物有理不可以相薄，故理之为物之制。万物各异理。万物各异理而道尽稽万物之理。"

④ 《韩非子·解老》篇云，（道）"得之以死，得之以生，得之以败，得之以成"。意即万物的生灭变化都是遵循此根本的理。

⑤ 张岱年：《中国哲学大纲》，中国社会科学出版社，1982，序论第 7 页。

同"的"类同"思想至关重要。"天人合一"的整体观，实则包含了"理同"的"类同"（"类同理同"）思想。张岱年指出："中国哲学之天人关系论中所谓天人合一，有二意义：一天人相通；二天人相类。""天人相通的学说，认为天之根本性德，即含于人之心性之中；天道与人道，实一以贯之。宇宙本根，乃人伦道德之根源；人伦道德，乃宇宙本根之流行发现。本根有道德的意义，而道德亦有宇宙的意义。人之所以异于禽兽，即在人之心性与天相通。"① 简言之，"道"，在天为天道；在人为人道。"天人相通"，乃天道与人道的相同，亦即"天人一理"。可见，天与人"同类"，不是科学分类中"本质特性"相同的同一种类，而是以"理同"作为归类依据的"类同"。荀子"类不悖，虽久同理"的思想，充分肯定"类同"的事物具有相同的"理"。天人推类，乃是"类同理同"的推通。

第三，确立了"推类"思维及推理类型——以模式型推理为典型。

推类，是一种思维形式，也是一种推理类型，是中国古代哲学有机整体思维的产物。它发轫于《周易》。中国传统哲学思维以"模式型推理"为一大逻辑特征，② 因而，模式型推理就成为中国古代一种典型的推类方法。

《易·系辞上》曰："《易》有太极，是生两仪，两仪生四象，四象生八卦。"太极，是天地未分之前的混沌状态，是至高至极、绝对唯一的本始。由"太极"而生"两仪"，即阴阳。"两仪"相互搭配组成"四象"（太阳、太阴、少阴、少阳），由"四象"进一步按阴、阳消长的规律，生成"八卦"。在"八卦"的基础上，"八卦"两两相重叠，又推演生成"六十四卦"。阴爻、阳爻，表示万事万物全部归并为此两类，具有抽象符号意义，相当于逻辑"变项"。《周易》就是通过阴爻、阳爻的组合变化，构成八卦和六十四卦的，并把万事万物的性质、运动变化趋势等都淋漓尽致地表现出来。由于"方以类聚，物以群分"，"易与天地准，故能弥纶天地之道"，所以，只要某类事物合乎某一条件，就可代入某一

---

① 张岱年：《中国哲学大纲》，中国社会科学出版社，1982，序论第 173 页。
② 参见刘文英《论中国传统哲学思维的逻辑特征》，《哲学研究》1988 年第 7 期。

卦或某一爻。《周易》六十四卦、三百八十四爻，其中，每一卦、每一爻均可代入自然、社会和人生的相应事物，从而加以"引而申之，触类而长之"。例如，"同人"九五爻，"同人先号咷而后笑，大师克相遇"。此爻辞是说某一支军队先受挫而最终获胜。当人们占卜时，只要所占问之事能恰当地归类到这个卦爻上（将所占问之事代入这个变项），那么，就可推断此事一定是先凶后吉。

在预测、推知思维活动中，人们利用《周易》构造的"类"的整体模型，采用这三种基本推类方法：一是根据卦象的象征意义；二是根据相关卦辞爻辞的内容；三是将爻象、卦象的象征意义和相应卦辞爻辞的内容结合起来，从对所询事物的吉凶祸福情况做出推断，分别是"据象推类"、"据辞推类"和"象辞结合推类"。① 这三种推类方法具有一个共同点，即提供了一个比照"模式"或"法式"——比照《周易》所提供的"象"或"辞"或"象辞"来进行推论，故可称为"模式型推理"。它应属于墨子所说的"效"式推论。② "效"式推论，就是提供一个"法式"（模式），依据"类同理同"的原则进行推论。墨子云："一法者之相与也，尽类。"③ 就是说，凡是"法"即"理"相同的，都是同类。"法，具有标准、模式、根据之意，也有共同本质、一般规律之意。"④ 在推类时，依据"象"或"辞"或"象辞"来推理，实际就是依据"类同理同"的原理，将所询事情与"象"（相当于"类"概念）所蕴含的一类事物之"理"或"辞"所揭示的一类事物之"理"，进行比照参验或归类分析，由此及彼地推理，以确定所询事情的吉凶祸福。

自《周易》以后，中国哲人就一直致力于构造各种"世界模式"，以供人们推论自然、社会、人生的一切现象。像"五行"模式，是一种总模式或大模式，可以运用它来进行系统性的整体推类。例如，根据五行

---

① 温公颐、崔清田主编《中国逻辑史教程》，南开大学出版社，2001，第 21 页。

② 《墨子·小取》："效者，为之法也，所效者，所以为之法也。故中效，则是也；不中效，则非也。此效也。"

③ 《墨子·经下》云："一法者之相与也，尽类，若方之相合也，说在方。"《墨子·经说下》云："方尽类，俱有法而异，或木或石，不害其方之相合也。尽类犹方也，物俱然。"

④ 周云之：《名辩学论》，辽宁教育出版社，1996，第 329 页。

模式，《黄帝内经》以五脏配五行（肝—木、心—火、脾—土、肺—金、肾—水），对五脏各自的功能、症候、病变及其相互关系，均比照五行各自的特性及其相生相克的关系来推论。

模式型推理，就是比照某个"标准"或"法式"，依据"类同理同"的原则进行推论。不过，"模式"是具体多样的。例如，道家以"道"为模式，来推论一切自然、社会、人生现象；儒家以"礼"为模式，来推论人们行为的"有道"或"无道"；① 墨子以"天"为模式，要求天子、诸侯治理国家必须以"天意"（实际是墨子所主张的"兼爱互利"原则）为法则，来类推行事。② 程朱理学以"理"为模式，来进行"推类"。"修身—齐家—治国—平天下"，也是模式型推理，且是由小模式类推大模式。儒家认为，家国一体。在其政治思想中，圣人与王是同类的人，伦理道德法则与政治法则是一致的。"修身（修己）"自然能"治人"，"治人"必先"修身"。"修身""齐家"的道德伦理法则与"治国""平天下"的政治法则是一致的（"理同"）。所以，由"内圣"可以类推"外王"。③ 又如，在中国古代文化经典中，诉诸传统中的权威和榜样（如圣人、君子等）的论证方式，即以他们作为效法的"榜样"（这是推类思维），也是模式型推理。

模式型推理具有明显的演绎性质，有两个特点：一是要提供一个比照"法式"；二是要依据"类同理同"的原理。不过，在具体运用中，由于其推理的程序没有可操作的规范形式，多用模拟过渡，所以，有时难免牵强附会。

在各种推类方法中，类比推论是中国人日常思维中最常用的。从"类"的整体观来看，其依据是"类同理同"原理。但是，中国人的类比

---

① 孔子曰："天下有道，则礼乐征伐自天子出；天下无道，则礼乐征伐自诸侯出。自诸侯出，盖十世希不失矣。自大夫出，五世希不失矣。陪臣执国命，三世希不失矣。天下有道，则政不在大夫。天下有道，则庶人不议。"（《论语·季氏》）

② 《墨子·法仪》。

③ 比如，《尚书·尧典第一》载，尧在位70年。他在选拔舜继任帝位时，就是根据舜的"齐家"来类推其"治国"的。尧认为，舜的父亲善恶不分，后母说话不诚实，弟弟象（舜弟，字象）傲慢不友善，而舜却能以至孝之心和谐家人，使他们以善自治，不至于奸恶，因此，善于"齐家"的舜完全能胜任治理国家的要职。

推论与西方语境中的类比推理是有文化差异的。美国学者郝大维、安乐哲指出："类比式的论证在中国大部分经典中占据支配的地位。然而，我们必须小心，避免作出这样的判断：在中国的思辨和反思中看到的类比的运用，与西方语境中常见的类比的运用是相同的。在西方传统中，类比思维多半要假定，有一个首要的类似者，在重要的经典中发挥作用，它使推导明显的或不明显的真理主张成为可能。这就是说，作出论断所依靠的类比假定了以下这样一些标准的存在：如存在（Being）、上帝、自然法则、逻辑的必然性、同一律（或矛盾律）、原理或者是以特殊的、有系统的理论或逻辑论断为基础的那些原理。"① "〔中国人〕所使用的那种类比论证必须理解为'关联思维'〔correlative thinking〕的一种模式。"②

第四，推类是关联性思维的一种模式。

中国古代的推类，是关联性思维的一种模式。"关联性思维"，也称作"关联思维"，是中国传统哲学整体思维的一种表现形式。最早是在 19世纪末西方传教士著作中以"类推"（category）和"类推感应"（categories correspondence）的说法出现，并且为西方人所普遍接受。③

关联性思维的表现形式更倾向于联想、比喻和类推等。因为关联性思维，是根据某种事物的特性（或特征）或事物之间的"关系"，来进行联想或象征、类比、比喻等由此及彼的思维活动，具有认知功能。中国古代的文字符号和阴阳八卦、阴阳五行等，既是关联性思维的产物，又是关联性思维的工具。例如，象形字，具有"象形类比"功能。常见的"月"字，就仿真了月亮的形貌特征。人们见到这个字，就能联想到"月亮"。指事、会意、形声字，具有"象意类比"功能。以甲骨文"武"字为例，它由象形字"止"（象形"足"）和"戈"组成，是个会意字，即："人"负"戈"而走，象征"威武"。又如，"六爻一组的六十四卦，

---

① 〔美〕郝大维、安乐哲：《汉哲学思维的文化探源》，施忠连译，江苏人民出版社，1999，第 139 页。

② 〔美〕郝大维、安乐哲：《汉哲学思维的文化探源》，施忠连译，江苏人民出版社，1999，第 142 页。

③ Haun Saussy, *Correlative Cosmology and Its Histories*, Stochholm：Tungbao, 2000, p. 15.

可以看作是上、下两个经卦的重迭（叠）；这些两经卦重迭（叠）的卦体所反映的对象，不再是某一种事物实体，而是事物之间的某种联系，或事物情况所包含的某种规律、意义"。① 八经卦各自代表一类事物，由两经卦组成的每一复卦，比象意文字有更多的引申义，而这些引申义（"事理"——引者注），便是人们进行举一反三、触类旁通的推类"依据"。②

关联性思维的最基本表现形式就是阴阳对偶。古代宇宙观，"一阴一阳之谓道"，阴阳交合，万物的萌生，世间的一切变化，莫不是源于阴阳相推。它们既相反又相通，既相分又相合，并以相互依存和转化的方式而成为同一性整体。《睽·象传》曰："天地睽（背离）而其事同也，男女睽而其志通也，万物睽而其事类也。"《老子》中的"万物负阴而抱阳，冲气以为和"，都是说明这一道理的。对于中国古代哲学在自然现象与人事之间建立起紧密的意义关联这一问题，英国学者葛瑞汉做了深入探讨。他认为，中国宇宙论在社会人事与自然之间建立起某种对应与对称的关联，是个庞大的关联性体系。"它始于与阴阳相关联的对立链，分解为与'五行'相关的'四'与'五'（四季，四方，五色，五声，五觉，五味……），往下系与《周易》的八卦和六十四卦相关的依次划分，提供了诸如天文学、医学、音乐、占卜以及后世的方术（alchemy）和风水（geomancy）等原始科学的有机化观念。"③ 这种关联性思维的背后有一个基本预设，即人与自然的本质是相同或相通的，二者有着共同的认识论原理。因此，人们通过对自然现象的寓意进行解读，希望达到对社会、人事的认知。④

在中国古代，"阴阳之道"的观念，是普遍接受的，并以此作为推类的一个"公理"。"一阴一阳之谓道"，⑤ 即阴阳相互交替作用就叫作道。这个"道"，即规律，"分而言之，则天道、地道、人道为三；合而言之，

---

① 温公颐、崔清田主编《中国逻辑史教程》，南开大学出版社，2001，第19页。

② 温公颐、崔清田主编《中国逻辑史教程》，南开大学出版社，2001，第19—20页。

③ 〔英〕葛瑞汉：《论道者：中国古代哲学论辩》，张海晏译，中国社会科学出版社，2003，第364—365页。

④ 参见〔英〕葛瑞汉《阴阳与关联思维的本质》，该文收录在艾兰等主编《中国古代思维模式与阴阳五行说探源》，江苏古籍出版社，1998。

⑤ 《周易·系辞上》。

惟一阴一阳而已"。① 天与人、自然与社会、气象与政治等推类，是基于自然界和社会、人生的一切物事都共有一个"道"或一个根本的"大理"这个观念，以寻求天人合一、和谐秩序为最高目的。由于"道"论确立了天与人、自然与社会之间共同的知识结构，因此关联性思维或推类思维就有了根本依据。既然万事万物，大至天地，小至微粒，都有一个作为本根的"道"（"理"）贯通，则既可以由整体推论部分，又可以从部分推论整体；既可以由一般推论个别，又可以由个别推论一般；还可以由个别推论个别，或由特殊推论特殊。无论是演绎推论，还是归纳推论和类比推论，根本上都是"道"的推演或"理"的推通。

（二）中国古代的谈说论辩

先秦时期的谈说论辩与古希腊的论辩在社会政治生活中的话语权根本不同。中国先秦时期的谈说论辩只是政治伦理的教化工具，而没有变成裁决真理与谬误的权威，因为合乎理性的论辩不为政治伦理所包容，好辩被看作对社会的危害；而古希腊的谈说论辩是裁决政治的工具和国家一切权力的关键，政治和逻各斯密切联系在一起，善辩受到人们的尊崇。让-皮埃尔·韦尔南说，在希腊思想史上，城邦的出现（前8～前7世纪）是一件具有决定性的事件。"城邦制度意味着话语具有压倒其他一切权力手段的特殊优势。话语成为重要的政治工具，国家一切权力的关键，指挥和统治他人的方式。希腊人后来把话语的威力变成为一个神：说服力之神'皮托'（Peitho）。这种话语的威力让人联想到某些宗教仪式中使用的警句格言的效能，或者联想到国王威严地宣读'法令'时所发出的'法言'的作用，但实际上这里的话语完全是另一回事，它不再是宗教仪式中的警句格言，而是针锋相对的讨论、争论、辩论。它要求说话者像面对法官一样面对群众，最后由听众以举手表决的方式在论辩双方提出的论点之间作出选择；这是一种真正由人作出的选择，它对双方话语的说服力作出评估，确认演说中一方对另一方的胜利。""所有那些原来由国王解决的属于最高领导权范围的涉及全体人利益的问题，现在

---

① 张岱年：《中国哲学大纲》，中国社会科学出版社，1982，序论第28页。

都应提交给论辩的艺术，通过论战来解决。所有这些问题必须能用演说的形式表述，符合证明和证伪的模式。这样，政治和逻各斯就有了密切的相互联系。政治艺术主要就是操纵语言的艺术，而逻各斯最初也是通过它的政治功能认识了自己，认识了自己的规则和效用。"①

逻辑是"求真"的工具，严格意义的真假问题依赖于论证结论的"必然性"概念，以及诸如三段论这样的必然性可以显现在其中的形式；就"形式"的逻辑观而言，先秦思想家们的确没有把"真假"这个逻辑的本质问题和逻辑的形式放在思考的范围之内。"尽管墨家有能力发展那种用以检验描述性表达的可行性程序，但是他们看不出按照逻辑的必然性的标准形成的话语的诸关系。"② 墨家对确立逻辑形式不感兴趣，因为形式的推理是科学证明的工具，用于寻求必然真理，而构造精确的推理形式对于谈说、论辩不会有多少助益，墨家需要的是用于谈说、论辩的"取当求胜"的"推类说服术"（诚然，"取当"并不排斥"真"，而是涵盖"真"）。墨家辩学包括了名、辞、说的研究；不过，"名"不等于单一含义的概念，"辞"不等于主谓命题，"说"不是"形式"的推理。

先秦诸子百家围绕各自的"道"，运用各种推类的方法进行宣讲和展开是己非人的论争。为了察名实、别同异、明是非、决嫌疑，就要知"类"、明"故"和循"理"，从逻辑上探讨如何合理地论辩的问题。这就催生了论辩传统的推类逻辑。墨家不仅自觉地运用推类的方法来为论辩的"取当求胜"服务，还从理论上完成了对推类逻辑的总结，从而使"论辩传统的推类逻辑"得以诞生。

(三) 中国古代的数学和科学技术

中国古代的数学和科学技术的思维取向，也决定了中国古代不可能发展出西方那种以公理化为特色的"证明"逻辑。

在中国古代，以自然为对象的科学技术研究，重实际应用（功用），

---

① 〔法〕让-皮埃尔·韦尔南：《希腊思想的起源》，秦海鹰译，生活·读书·新知三联书店，1996，第37—38页。

② 〔美〕郝大维、安乐哲：《汉哲学思维的文化探源》，施忠连译，江苏人民出版社，1999，第136页。

即注重技术的发明和工具或器物的制作使用，而轻视对事物原因、原理的知识探究，并寻求构建系统理论的逻辑方法。与此相反，古希腊以自然为对象的科学研究，不以实用为目的，而是为了求知或求真——探究事实及其原因。古希腊的物理学，既是自然哲学，又展开了对物质结构的物理现象的探讨。亚里士多德在各个学科领域的成就，都是集前人和今人知识之大成，反复分析比较，自觉运用缜密的理性思维和有效的逻辑推理，造就新的系统化的学科知识。① 他在《动物志》中说，必须首先掌握各动物的种及其特殊性，研讨它们的差异和共性，然后进而讨论其原因，运用这种细致研究自然的方法，"我们研究的主题和证明的前提都会变得相当明晰"。② 当时知识系统化的进程呼唤着古希腊逻辑的诞生，并且为它的诞生准备了大量科学中的逻辑思维的资料。③ 三段论这种"证明"逻辑的产生，与几何学密切相关。威廉·涅尔、马莎·涅尔说："证明的概念之所以引起人们注意，大概是因为它首先与几何学联系在一起。"④ 初等几何学作为一门演绎科学，通常具有这些性质：第一，某些命题必须是不证自明的（即公理）；第二，所有其他命题必须从这些不证自明的命题中推出；第三，除了那些最初的命题外，推导绝不能对几何的断言有任何的依赖，亦即推导必须是"形式的"或者对于几何学讨论的特殊对象是独立的。几何学是第一个用这种方式来表述的知识体系，自古希腊以来它就被认为是演绎系统结构的典范。⑤ 反观中国古代数学，中国古代数学家似乎缺乏纯理论的兴趣，以致一直缺乏古希腊那种以"证明"为特色的理论几何学。李约瑟认为，中国古代数学"最大的缺点

①　参见汪子嵩、范明生、陈村富、姚介厚《希腊哲学史》（第 3 卷，上册），人民出版社，2003，第 123 页。

②　亚里士多德：《动物志》（491a5-14），转引自汪子嵩、范明生、陈村富、姚介厚《希腊哲学史》（第 3 卷，上册），人民出版社，2003，第 123 页。

③　汪子嵩、范明生、陈村富、姚介厚：《希腊哲学史》（第 3 卷，上册），人民出版社，2003，第 123 页。

④　〔英〕威廉·涅尔、马莎·涅尔：《逻辑学的发展》，张家龙、洪汉鼎译，商务印书馆，1995，第 5 页。

⑤　以上参见〔英〕威廉·涅尔、马莎·涅尔《逻辑学的发展》，张家龙、洪汉鼎译，商务印书馆，1995，第 6 页。

是缺少严格求证的思想",① "在中国从未发展过理论几何,即与数量无关、而纯粹依靠公理和公设作为讨论的基础来进行证明的几何学"。② 先秦诸子中,找不到一位真正专门深入研究数学理论的人。后期墨家只是解释了几个简单的几何名词,如《墨子》中有 "端"(被解释为几何中的 "点")、"尺"(被解释为几何中的 "线")、"区"(被解释为几何中的 "面") 等名词,只是偏向于对事实做出说明,是 "文字几何" 或经验几何,都不是从构建系统的数学理论出发来精确定义,丝毫看不出建立公理系统的意向。总体上说,中国古代的数学,只是为了解决一些实际的专门问题,是应用数学,基本上是解决实际问题的解法集成。比如,《九章算术》所涉及的多为生产、生活中的实际问题。它注重算法和答案,而不重视证明原理的说明。每一章解决一类问题,每一类问题采用一种方法。其中,方田(土地测量)、商功(工程审计)、勾股(直角三角形) 等都涉及几何方面的问题,但它不讨论点、线、面、体之间的逻辑关系和证明的理由及证明的过程,只讲如何计算。让人只懂得计算而不懂得原理,只知其然而不知其所以然。可见,中国古代数学的非 "形式"、非公理 "证明" 的特点根本上制约了中国古代逻辑走上公理化、形式化的发展道路。其实,中国古代的数学中只是缺乏纯粹以公理为基础的 "证明" 方法,并非缺乏演绎方法。例如,中国古人很早就发明了十进制记数法,并运用这种十进制的小数表示方根,还能够借助一种独特的演绎技术——筹策演算形式(筹算方法)把类似于 $\sqrt{2}$ 这样的不尽根无穷无尽地开方下去。那个曾经影响古代希腊数学和哲学发展方向的无理数,对于古代中国人来说并不感到惊奇,然而,它根本没有影响中国古代数学的发展方向。筹算方法的运用,导致在中国古代,数学无论多么复杂,其计算过程都不会留下痕迹。譬如,《九章算术》中有一道题: "今有上禾三秉,中和二秉,下禾一秉,实三十九斗;上禾二秉,中禾三秉,下禾一秉,实三十四斗;上禾一秉,中禾二秉,下禾三秉,实二十六斗。向上、中、下禾实一秉各几何?答曰:上禾一秉九斗四分斗之一;

---

① 李约瑟:《中国科学技术史(第三卷):数学》,科学出版社,1978,第338页。
② 李约瑟:《中国科学技术史(第三卷):数学》,科学出版社,1978,第212页。

中禾一秉四斗四分斗之一；下禾一秉二斗四分斗之三。"这个题目，用现代数学求解就是设立三元联立方程组。而中国古代数学家却不是如此解答。他们先根据题目要求，用算筹列出"方程式"，然后用算筹运算规则进行加、减、乘、除，以求出正确答案。这种算法不可能留下任何中间步骤，也不需要任何表示这种运算过程的符号，甚至连等号也不需要。这就谈不上建立数学符号系统了，从而不可能使中国古代数学走上公理化、形式化的道路。① 应注意到，中国古代数学中包含"推类"的逻辑思想。例如，据《周髀算经》载，陈子谈论演算方法时提出，对于"数"要"通类"，"夫道术言约而用者博，智类之明；问一事而以万事达者，谓之知道"，要"同事相观，同术相学"，"以类合类"。这都是"推类"的逻辑思想，而"以类合类""问一事而以万事达者"则明显是演绎的推类方法，是以"一"推知"万"的演绎，而不是西方那种公理化的"证明"方法。

第三节　中西方必然推理比较研究何以可能②

必然推理是广泛应用于自然科学领域的一种逻辑工具。在数学中，命题的证明、应用题的解答等，都必须依靠必然推理作为分析工具。考察数学发展史可以发现，西方必然推理机制是由欧几里得在《几何原本》中创造的数学公理化演绎推理体系；而中国逻辑必然推理思想，源于周易"揲法"，完善于《九章算术》刘徽注的"科技推类"推理。

众所周知，在数学中，符合实际的问题和合理的假说，在得证之后，其已知的前提条件和得出的结论之间，一定是经由演绎推理的"必然地得出"关系。数学是无国界的、无阶级性的、全人类普遍适用的基础学科，所以，中国数学、西方数学对同一实际问题的正确解决，无论方法如何千差万别，其前提与结论之间的关系都无异议地应该是必然推理

---

① 参见钱宝琮主编《中国数学史》，科学出版社，1981。
② 本节曾以《中西方必然推理比较研究》为题，发表于《贵州民族大学学报》（哲学社会科学版）2017年第6期。

（演绎推理）。所以，中西方必然推理比较研究，从中国古代数学典籍入手，当为不二途径。

一　观念与方法

比较逻辑研究是一种跨文化、跨民族与跨语言的逻辑研究。我们对比较逻辑学研究进行了"三层次"定义。①

第一层次是描述的比较逻辑学，即逻辑的实然状态，它是实然的逻辑史，换言之，就是必然性推理在中西方各自文化系统和历史背景之中的实际存在形态，是按照逻辑学的方法、诠释学的方法、历史学的方法，挖掘、整理、再现出的逻辑的历史（logic in history）。

描述的比较逻辑学是整个学科理论研究的前提与基础，根据其研究性质，它客观存在循序渐进的三阶段工作和三种工作方法。（1）按照历史学的方法，对原典进行史料考证与挖掘整理，确定原典意义。这项工作相当于傅伟勋创造性诠释学②的"实谓""意谓"阶段，解决的问题是再现历史中逻辑史实的存在状态，即"有什么"。（2）利用逻辑学的"定义理论"，对整理出的文献资料进行逻辑甄别，整理出古人的逻辑思想。这项工作相当于傅伟勋创造性诠释学的"蕴谓"阶段，解决的问题是历史中的逻辑思想应当是哪一类别、哪一层次的逻辑思想，即"是什么"。（3）利用诠释学的方法，对甄别出的逻辑史实和逻辑思想，通过创造性诠释，还原出思想家说过的、推理出思想家欲说的、创造出思想家

---

① 张学立、张四化：《试论比较逻辑成为独立学科的合理性》，《中州学刊》2007 年第 4 期。

② 旅美华裔学者傅伟勋（1933—1996）提出，创造性诠释学（Creative Hermeneutics）的五境界说。（1）实谓，即原典实际怎么说。通过校勘考证，确定原典文字。（2）意谓。确定原典意义。通过训诂，分析原典文字语义、逻辑、脉络、层面。（3）蕴谓。发掘原典所蕴含的深层义理。（4）当谓。为原思想家说出所当说，把原典所可能包含而尚未明说的意义明说出，补充完整，尽量说全，体现研究者的理想和期待。（5）创谓。创新性地解决古人所未完成的课题，从批判的继承者，转化为创造发展者，彻底救活原有的思想，消解其内在的难题和矛盾，创造性地完成其思维课题，从事古今中外不同传统的对话和交流，培养创新的力量，系统地、创新性地发挥和发展古人的思想萌芽，实现对古人的超越 ［参见王赞源《创造性的诠释学家——傅伟勋教授访问录》，（台湾）《哲学与文化》1997 年第 12 期，第 1194—1204 页］。孙中原教授认为傅伟勋创造性诠释学的五境界说，同希尔伯特和塔尔斯基理论与语言分层论的观点一致，是中国逻辑研究进展的导向。笔者认同。

当说的逻辑思想或逻辑理论。这相当于傅伟勋创造性诠释学的"当谓""创谓"。在进行描述的比较逻辑学研究中，应当遵循"实事求是"原则。

第二层次是评价的比较逻辑学，即在描述的比较逻辑学研究基础之上，通过中西方逻辑在古代、近代与现代存在形态之间的纵横比对、同异比较，对中西方必然性推理的逻辑机制与推理程序进行整合、比较、评价，展示中西方逻辑推理各自的特点。

评价的比较逻辑学是比较逻辑学理论体系承前启后的重要组成部分，一方面，它以描述的比较逻辑学的研究成果为评价、比较的对象，亦即建基于各个不同文化传统和历史环境之中的不同逻辑类型、推理机制，以这些实然的逻辑为对象逻辑，以各种现代逻辑和与逻辑学密切相关的学科方法为分析工具，多视域、全方位梳理、剖析各支逻辑传统。结合"中西方必然推理机制"这一特定的研究对象，评价的比较逻辑学也存在三个阶段的工作和对应的研究方法。（1）应用逻辑学的方法，对中西方必然推理机制进行实证研究，置于各自的文化之中，从结果（中西方在古代各自取得的灿烂文明成果）入手，分析逻辑在取得这些文明成果过程之中的作用：是简单的逻辑应用，还是形成了理论体系；是决定性作用，还是辅助性作用。（2）运用比较研究的方法，对上述实证研究的结果进行分析，看看中西方必然性推理系统各自之间有何差异、有何类同。（3）运用人类文化学、创造性诠释学的方法，对中西方必然性推理系统的比较结果进行文化诠释，即厘清中西方逻辑的发展层次、推理类型以及对各自文化传统形成的影响。

第三层次是会通的比较逻辑学，它以三支逻辑源流之间的平等对话与三者内在关系的透视会通为基本研究对象，不再仅仅局限在对所认识事物的描述或评价，而是对各支逻辑传统全方位、跨文化的重构，该层次的比较研究也将不再仅仅是各支逻辑传统之间的比较研究，而是熔逻辑学、人类文化学、历史学、哲学诠释学等于一炉，在点、线、面各层次之间进行会通研究，以促进不同文化、不同思维方式之间的对话与交流。

"比较逻辑科学研究应当把重点放在逻辑的跨文化、跨民族之上。换言之，理应成为一门独立学科的比较逻辑学不是一种方法论意义上的研究方向，也决然不同于采用比较方法的其他逻辑研究，比较逻辑并不仅仅因为它运用了比较方法才成为一门独立的学科，更为决定性的原因在于，它具有自己特定的研究领域、价值取向与理论立场。"① 如何实现对中西方必然性推理机制的会通，使之展示现代性和特有的价值取向，将是比较逻辑学理论体系大厦的重要基石。无会通的比较研究只能局限于同异比较，只有实现逻辑的跨文化、跨民族、全方位会通，比较研究才有实质的意义和价值。

会通的比较逻辑学因其特殊的目标诉求和价值诉求，所用方法将是综合性的。根据当代逻辑学发展趋势，逻辑学和科技的结合，使得计算机科学、人工智能、心智科学、认知科学、心理学、哲学等交叉融合，产生"认知逻辑"并获得重大发展；在和人文学科交叉融合方向上，对不同民族独特思维方式和语言习惯的挖掘、研究，使得逻辑学突破原有观念，从研究推理形式的"有效性"，开始展现逻辑对文化的依赖性，或者说逻辑的文化相对性，逻辑重新回归到"logos"的本源意义——论辩、说理，开始强调说理的"生效性"。② 这就使得推理的或然性和必然性在应用层面模糊起来。科技的发展，社会的进步，客观上要求我们创新逻辑观念、更新逻辑思维方法，去主动适应日新月异的社会发展对新的逻辑工具的需求。

二　中西方必然推理比较研究之途径

逻辑作为一种工具，它是在不断的被应用中创造自己的价值。中西方不同的社会发展模式、不同的文化传统，决定了逻辑应用和逻辑理论

---

① 张学立、张四化：《试论比较逻辑成为独立学科的合理性》，《中州学刊》2007 年第 4 期。

② 鞠实儿指出："这些规则与它们所属特殊文化系统和社会环境的各组成部分交织在一起，并受制于这些组成部分。这种特殊的制约关系使得这些规则在不同的文化系统和社会背景中具有并不完全相同的性质和功能。离开了相应的文化系统和社会背景，它们就不能得到恰当的理解。那些表面上的共同之处并不先验地预示着某种共同的合理性标准。正相反，只有根据在不同的文化中所起的实际作用才能评估它们的合理性。因此，逻辑是依赖于文化的，不同的文明具有不同的逻辑。"详见鞠实儿《论逻辑的文化相对性——从民族志和历史学的观点看》，《中国社会科学》2010 年第 1 期。

形成进路上的差异，决定了逻辑作为工具被需要的方式的差异，这是形成不同逻辑机制、不同主导推理类型的主要原因。

为了更加直观地分析中西方必然推理机制的异同，我们选取在中西方彼此数学文化中最具有代表性、最具有可比性的两部著作——《几何原本》《九章刘注》，作为比较研究的对象。《九章算术》缺少"问"和"答"之间的证明，只能说是一部应用题集；而《九章刘注》是刘徽就《九章算术》每一组"问"和"答"进行的证明，这个证明的方法、程序，已被笔者论证为中国逻辑必然推理思想——"科技推类"推理的代表，① 按照我们对比较逻辑学研究"三层次"的划分，进行过实证的比较研究。

（一）研究对象的可比性分析

1. 《几何原本》及其逻辑特征概述

古希腊数学家欧几里得所著的《几何原本》是欧洲数学的基础，约成书于公元前 300 年，全书共分 13 卷。书中包含了 5 条"公理"、5 条"公设"、23 个定义和 467 个命题。欧几里得在总结前人优秀思想的基础上，创造性地把人们公认的一些事实演变成公理和定义，以演绎逻辑的方法，用这些公理和定义来研究各种几何图形的性质，从而建立了一套从公理、定义出发，论证命题得到定理的几何学论证方法，形成了一个严密的西方数学公理化逻辑体系，成为用公理化方法建立起来的数学演绎体系的最早典范。

《几何原本》的逻辑特征可以概述为：

公理、定义（不证自明的）→公理化演绎推理（论证、证明）→定理（推论）

---

① "科技推类"推理是笔者在逻辑史学界首先提出并初步实证证明了的、存在于中国古代数学中的必然推理机制，所采研究对象就是《九章算术》"测量术"中的应用题。见杨岗营《逻辑观念演变研究——中国文化的视角》，南开大学，2009，第 145—157 页；另见杨岗营《中国古代数学中的逻辑机制与推理程序研究——以"测量术"为例》，《前沿》2010 年第 14 期。

这一套严密的数学公理化逻辑推理（论证、证明）体系，被西方奉为必须遵守的严密思维的范例，成为建立任何知识体系的逻辑基础。

2.《九章刘注》及其逻辑特征概述

《九章算术》应该是由国家组织力量编纂的一部具有官方性质的数学教科书。刘徽在《九章算术注·序》中考证："周公制礼有九数，九数之流，则《九章》是矣。……汉北平侯张苍、大司农中丞耿寿昌皆以善算命世。苍等因旧文之遗残，各称删补。故校其目则与古或异，而所论多近语也。"他认为《九章算术》源于周公时代的"九数"，而刘徽据以作注的《九章算术》蓝本就是西汉时的张苍、耿寿昌在先秦遗文的基础上删补而成的。《九章算术》是我国古代最重要的一部经典数学著作，在中国数学史上占有极为重要的地位。现传本《九章算术》共收集了246个应用问题及其解法，分别隶属于方田、粟米、衰分、少广、商功、均输、盈不足、方程、勾股九章。《九章算术》的一大缺憾是解法比较原始，缺乏必要的证明。《九章刘注》共10卷，是刘徽对《九章算术》246个应用问题所做的补充证明。这些证明显示了他在逻辑思想方面诸多的创造性贡献。

刘徽在证明过程中既提倡推理又主张直观，是我国最早明确主张用逻辑推理的方式来论证数学命题的人，他说："事类相推，各有攸归，故枝条虽分而同本干者，知发其一端而已。又所析理以辞，解体用图，庶亦约而能周，通而不黩，览者思过半矣。……触类而长之，则虽幽遐诡伏，靡所不入。"（刘徽《九章算术注·序》），其中蕴含了刘徽逻辑思想的精髓。

概言之，《九章刘注》的逻辑思想集中在两个方面。

其一，推类思想——"事类相推……触类而长之"；

其二，推理与直观分析相结合——"析理以辞，解体用图"。

作为中西方数学名著，《几何原本》《九章刘注》在数学证明中，采用了截然不同的推理方法，虽路径殊异，但是在证明的效果上却有异曲同工之妙。下面按照比较逻辑学"三层次"论，对中西方必然推理机制进行比较研究。

（二）中西方必然性推理比较研究三层次机制——描述、评价、会通

1. 描述的必然性推理

（1）《几何原本》中描述的必然性推理。

《几何原本》历史中逻辑史实的存在状态，可以归纳为：

推理基础：5 条"公理"、5 条"公设"、23 个定义；

推理对象：467 个命题。

推理结果：推理对象可以由推理基础经过公理化演绎推理体系，必然地得出。

（2）《九章刘注》中描述的必然性推理。

《九章刘注》中逻辑史实的存在状态，可以归纳为：

推理基础：若干定义（比较重要的如正数、负数、率、方程），若干原理（比较重要的如遍乘、通约、齐同三种基本运算原理，勾股原理，出入相补、以盈补虚原理，"割圆术"的极限方法等）

推理对象：246 个应用题。

推理结果：推理对象可以由推理基础经过多种推理方法（"科技推类"推理），必然地得出。

具体实证比较研究案例，可以参见杨岗营以《九章算术》"测量术""开方术"为研究对象，分别采用西方公理化演绎推理和中国逻辑"科技推类"推理所进行的证明。①

2. 评价的必然性推理

按照上文所述，可以对中西方必然推理机制评价如下。

在针对具体问题（467 个命题，或 246 个应用题）的证明过程中，中西方必然推理机制是否起到了决定性的作用，这是判断逻辑效果的唯一标准。

① 参见杨岗营《中国古代数学中的逻辑机制与推理程序研究——以"测量术"为例》，《前沿》2010 年第 14 期；杨岗营、张学立《中国逻辑必然推理探析——兼论"中国古代是否有逻辑"》，《学术交流》2011 年第 11 期。

数学是纯粹的自然科学，没有所谓阶级、民族、文化属性，对于一个特定的数学问题（或命题），无论应用何种证明方法，只要保证能够在"问"（前提）和"答"（结论）之间构建起必然地得出关系，这一证明方法即可称为有效，基于此种推理方法在"问"（前提）和"答"（结论）之间构建的推理模式，即为必然推理。所以，用数学题作为评价中西方必然推理机制异同的研究对象，可以保障结果的安定性。客观评价建基于两大截然不同文化体系的逻辑推理模式，既要考虑逻辑的内涵特征，又要考虑逻辑之于文化的相对性，这就是崔清田先生在评价不同文化的逻辑特征时，强调的历史分析与文化诠释方法：只有尊重历史，才可以公正评价逻辑的属时性特征；也只有通过文化诠释，才能揭示不同文化背景下逻辑之于该文化的特殊性。

毋庸置疑，欧几里得创造的数学公理化演绎逻辑体系，从5条"公理"、5条"公设"、23个定义出发，可以对467个命题进行完善的证明。这种逻辑体系，从公理、定义出发，论证命题得到定理的几何学论证方法，具有完整的理论结构和推理程序，完全性和可靠性兼备。

如果依西方公理化演绎推理逻辑体系标准，套析中国传统数学推理机制，显然行不通。以评价《九章刘注》逻辑思想为例，作为基于中国文化传统的中国逻辑，没有形成西方公理化演绎逻辑以求真为导向的应用进路，而是在中国文化宏观的、整体的思维偏向之下，形成了以"够用"为标准，以"实用"为诉求的"科技推类"推理模式，这种推类推理，根据使用范围不同，在特定情况之下，会表现出兼具演绎推理、归纳推理、类比推理的逻辑特征。用诸数学应用题，这种"科技推类"推理机制，就表现为演绎必然性，其逻辑特征就是中国逻辑必然推理。

可见，两种文化背景下的中西方必然推理机制，具有不同的推理机制和程序，然其推理效用相同。

3. 会通的必然性推理

不同的逻辑（推理）模式，是否具有推理结果的安定性，是考量比较逻辑学第三层次——会通的比较逻辑学是否具备"殊途同归"性质的唯一标准。如上所述，对于同一数学应用题（命题），分别应用西方数学公理化演绎逻辑推理机制、中国逻辑"科技推类"推理机制，在前提和结论之间构建的推理关系都是必然地得出，那么，毫无疑问，两种逻辑机制具备"殊途同归"性质——推理模式、机制不同，但是推理效果完全相同。

考察数学的学科性质，在问、答之间往往有多种必然推理路径（证明方法），而这些不同的推理路径，都被实践证实是有效的、可靠的，所以，单纯从推理效果来看，这些不同的推理机制并无高下、优劣之分，最大的不同在于：不同文化背景下具有不同的逻辑推理模式。

综上所述，中西方必然推理机制（乃至于中西方逻辑思想），是基于不同文化背景的逻辑推理形式。在数学领域，西方逻辑必然推理机制表现为公理化演绎推理机制；中国逻辑必然推理机制则表现为"科技推类"推理机制。二者在解决实际问题时，具有异曲同工、"殊途同归"的逻辑性质。

从数学史角度对中西方必然推理机制进行比较研究，可以更好地诠释逻辑的"共同性"（推理、论证、证明）与"特殊性"（推理模式、程序）。"共同性"与"特殊性"兼备，是逻辑作为一个概念的基本特征。

第四章

比较逻辑研究的理论建构

第一节　中西比较逻辑义理探究[①]

比较逻辑研究发展到今天，已有百余年的历史。在这个漫长的过程中，它走过了一条艰难而曲折的道路，在西方逻辑一直占主流的过去和现在，如何通过对比较逻辑的研究使三大逻辑观"会通"[②]发展，这是比较逻辑研究的方向和重点。众所周知，当一门学科被学界用文字界定之后，它的定义、内涵、特征、背景等，也随之成为学人注目的问题。由于比较逻辑学是一门新兴的边缘学科，所以在讨论其内涵与特征之前，必须对与比较逻辑学这一术语相关的几个概念进行一下阐释和区分，以便从外围、从侧面审视比较逻辑学本体。与比较逻辑学相关的概念主要有"三大逻辑体系"、"比较"、"比较方法"以及三大逻辑观在各自领域

---

① 本节大部分内容以《不同文化背景下比较逻辑学理论体系的建构》为题发表于《晋中学院学报》2012 年第 2 期。

② 这里的"会通"指的是"融通""贯通"，是三大逻辑体系主体知识结构内部的"打通"与融合。在我们看来，会通是比较逻辑学研究的最高层次，比较逻辑学可以分三个层次来定位，其一是描述，其二是评价，其三即最后一个阶段是会通。进行会通的比较逻辑学研究要求研究主体拥有一种纯正的比较视域，研究者须在已经完成与把握描述的比较逻辑学与评价的比较逻辑学的基础上，对已纳入自身知识结构的三大逻辑体系及其相关知识进行充分消化、融会，并在此过程中，对其重组使其体系化。这就是比较逻辑研究所要求的目标或最高层次。

内关于逻辑学特有的定义和内涵等。在下文中，我们着重从比较逻辑学的前景、内涵特征以及意义方面进行分析。比较逻辑学的学科内涵决定比较逻辑只有找准本体研究范畴，才可能有自己独立的研究对象，也才会表现出独特的性质和特征，才能获得本体的质的稳定性，才能在众多学科边缘发展。

一　逻辑的文化特性

人类社会由于不同历史文化产生了不同的逻辑思想和理论。文化孕育了逻辑，逻辑是一种文化。"逻辑与文化的关系既表现为逻辑对文化的影响，又表现为文化对逻辑的制约。这要求我们对文化的研究与建设应给予逻辑的关怀，对逻辑的研究与分析应注意文化的诠释。"① 在客观世界与人类社会发展的漫长过程中，不同民族由于特异的社会文化背景，产生了诸多不同的逻辑，它们之间存在特性，又存在共性，这就是所谓逻辑的特殊性与逻辑的共同性。逻辑的共同性与特殊性根源于文化的相对性。② 许多中外学者在逻辑史研究与逻辑的比较研究中，早已注意到了不同文化背景下逻辑的共同性与特殊性。沈有鼎在《墨经的逻辑学》一书的结论中分析了对具有人类共同性的思维规律和形式在中国的具体表现方式的特殊性。③ 这也是文化相对性的体现，基于此他谈道：

> 人类思维的逻辑规律和逻辑形式是没有民族性也没有阶级性的。但作为思维的直接现实的有声语言则虽没有阶级性，但却有民族性。中国语言的特性就制约着人类共同具有的思维规律和形式在中国语言中所取得的表现方式的特质，这又不可避免地影响到逻辑学在中国的发展，使其在表达方面具有一定的民族形式。④

① 崔清田：《逻辑与文化》，《云南社会科学》2001 年第 5 期。
② 鞠实儿在《论逻辑的文化相对性——从民族志和历史学的观点看》（《中国社会科学》2010 年第 1 期）一文中，从实例阿赞得人的逻辑观入手提供了逻辑的文化相对性的依据。从鞠教授提到的这一点我们可以透视：文化的相对性在某种程度上决定了逻辑的共同性和特殊性。
③ 温公颐、崔清田主编《中国逻辑史教程》，南开大学出版社，2001，代绪论。
④ 沈有鼎：《墨经的逻辑学》，中国社会科学出版社，1980，第 90 页。

逻辑所具有的共同性与特殊性是在一定的社会与历史背景下形成的，三大逻辑体系的出现是如此，不同地域、不同民族所代表的不同的生活习惯以及建立在其上的不同的文化背景也促使了逻辑特殊性的出现。这也就说明了不同的文明孕育着不同的逻辑。① 也正因此，逻辑共同性与特殊性的存在也成了普遍的问题，金岳霖在《冯友兰〈中国哲学史〉审查报告》中，② 也对这一问题提出了一些看法。

　　先秦诸子的思想"如果有一空架子的论理，我们可以接下去问这种论理是否与欧洲的空架子论理相似……如果先秦诸子有论理，这一论理是普遍呢？还是特殊呢？这是写中国哲学史的一个先决条件"。③

尽管在上述这些论证中所提内容不尽相同，但是在逻辑共同性与特殊性方面却都有所展示，我们也是在充分认识和了解了逻辑的共同性与特殊性之后，加以比较研究。在此基础上，"张东荪断然肯定逻辑是受文化的需要并由文化塑造出其类型的，而否定所谓西方逻辑所具有的超文化、超民族的普遍性。他用文化来解释逻辑，把逻辑的先在性、最高性、普遍性都取消了。因此，他认为没有唯一的逻辑，而只有各种不同的逻辑"，④ 这是逻辑特殊性的根源所在。另外，基于平等的比较文化观和不同的思维范式来进行比较逻辑研究，也必须把文化对逻辑的制约因素考虑其中，对此崔清田指出："逻辑作为一门科学，既有共同性的一面，也有特殊性的一面。失去了共同性的一面，逻辑就不能成为一门科学。同

---

① 鞠实儿于《中国社会科学》2006年第6期发表的《逻辑学的问题与未来》一文中，针对"不同的文明之间是否存在不同的逻辑"做了详细的考证。其中谈到，对边远地区居民思维习惯的研究揭示：我们所接受的思维规律只具有局部而非普遍的权威。某些边远地区居民具有与我们不同的逻辑。另外，最显而易见的是三大逻辑观的出现，墨家逻辑、印度逻辑和西方逻辑在不同的文明背景下所具有的目标、主导推理类型和推理成分均有不同。最后，鞠教授认为不同的文明可以具有不同的逻辑。对这一观点，笔者认可并支持。

② 温公颐、崔清田主编《中国逻辑史教程》，南开大学出版社，2001，代绪论。

③ 《金岳霖文集》（第1卷），甘肃人民出版社，1995，第627页。

④ 张斌峰：《在逻辑与文化之间：张东荪的逻辑文化观》，《安徽史学》2001年第2期。

样，看不到特殊性的一面，我们就会很难理解和说明世界上'三个不同的逻辑传统'的现实存在。逻辑所以有特殊性的一面，或者说逻辑所以有不同的传统的重要原因，是文化的制约。"① 在不同文化背景的影响和制约下，我们可以看到逻辑的共同性与特殊性。

（一）逻辑的共同性

这里所提到的逻辑的共同性既指逻辑学的共同的一面，也包括逻辑学研究的实际推理的共同的一面。随着逻辑学研究范围的扩展，这种共同性会逐渐扩大。

我们提到的逻辑的共同性主要体现在两个方面。

其一，不同文明背景下人们运用的推理在组成、特征、基本类型、基本准则等方面有共同之处，这些共同方面也构成了不同逻辑理论或思想的共同基本内容。②

比如在共同组成和共同准则方面。在共同组成上，任何推理都是由命题组成，命题则是由词项组成，同时建立在此基础上的理论就成了逻辑共同的内容。例如，亚里士多德的三段论包含了实然命题及其有关词项的理论，以及三段论推理的理论。与之相类似的是，中国古代《墨辩》中也有关于"名""辞""说"的讨论。在共同准则上，同一律、排中律和矛盾律无论在哪个民族、哪个地域或者哪个文明背景下，都是普遍遵守的。

其二，逻辑研究过程中所总结的正确的推理形式和规律，无论地域、民族、国家甚至阶级如何不同，人们都可以将之作为获得科学知识和进行正确交际与沟通所必需的工具，在此方面它具有普遍的意义。③

（二）逻辑的特殊性

进行比较逻辑研究首要的前提是存在不同，逻辑的特殊性是相对于共同性而言的，它指的是不同文明背景下，人们运用的推理及其所蕴含的逻辑理论或思想，各有不同。这主要体现在以下两个方面。

---

① 崔清田：《逻辑与文化》，《云南社会科学》2001 年第 5 期。
② 温公颐、崔清田主编《中国逻辑史教程》，南开大学出版社，2001，代绪论。
③ 温公颐、崔清田主编《中国逻辑史教程》，南开大学出版社，2001，代绪论。

其一，不同文明背景下社会实践的内容、层次不同，从而决定了居于主要地位的推理类型存在差异。

在对希腊、中国、印度三大古老文明进行比较时，人们发现由于其所代表的文明方式迥异，故人们的思维方式就会出现不同。在古代中国，文化富有人文精神，这尤其体现在伦理和政治生活中，这样，人们对于自然的探索与神学宗教体系的建立就会较弱。在这种文明背景下，人们的推理论说方式就会服务于伦理政治的需求。

其二，逻辑水平和演化的历程存在差异。

文明是不断进步的，不同社会和文化背景下的逻辑水平是存在层次的。中国古逻辑和古希腊逻辑在不同的文明背景下所达到的水平相差很大，前者之所以没有达到一个相对较高的水平，借用张岱年的解释，是因为"重视整体思维，因而缺乏对于事物的分析研究。由于推崇直觉，因为特别忽视缜密论证的重要。中国传统之中，没有创造出欧几里得几何学那样的完整体系，也没有创造出亚里士多德的形式逻辑的严密体系"。①

在演化历程上，中国古逻辑较之西方逻辑的发展存在较大的不同，中国古逻辑的发展不像西方逻辑发展得那样顺利。前者经历了一条曲折的道路，中国古逻辑在先秦就已出现并达到了一定的水平，至汉代，罢黜百家的政策使得墨家辩学走向衰微，到晋时，几近绝亡，这不能不说是中国传统文化的一大缺憾。

对逻辑共同性与特殊性的认识和把握，有助于正确进行比较逻辑研究，我们尝试构建的比较逻辑学学科体系正是从共同性中寻求不同，于特殊性中把握共性，以求在不同文明背景下会通融合。

二　比较逻辑学界定

在对比较逻辑学研究的前景进行认识之前，我们先从方法上确定比较逻辑学的探索工具，从而，界定比较逻辑学的内涵。

---

① 张岱年：《文化与哲学》，教育科学出版社，1988，第 208 页。

（一）比较

比较是认识事物的重要的逻辑方法之一，它不同于"比附"①。一个事物是不能孤立起来认识的，只有在比较中，人们才能发现事物的众多属性；只有在比较中，才能在众多的属性中找出本质的属性和非本质的属性，才能确定属于同类事物的本质属性是什么，从而用概念的形式固定下来。比如，"人"这一概念的内涵，就是我们反复对比了"人"和"其他动物"的异同点之后，才揭示出"能制造劳动工具和有思维能力"这一本质属性。世界上的事物都有相同点和不同点，但不是说随便把两个事物拿来比较就可以获得正确而有意义的结果。根据通俗的解释，"比较"应注意以下两点。

（1）两个事物之间确实有真实的、直接的联系，才可以进行比较，否则，是不能进行比较的，即事物之间要有可比性。

（2）要以有实践意义的本质属性来进行比较，即事物之间要有比较的实际内容。比较的目的是认识事物，因此，在比较时，要着眼于本质属性和按照实践的要求来进行，而不能根据事物的某些偶然的或次要的属性来进行比较，这样的比较是没有意义的。

（二）比较方法

人类的认知常识表明，有比较才有鉴别，有鉴别才能取长补短，事物就是在这个基础上发展的。可见比较方法能够开阔视野，提高分辨能力，使逻辑研究增加参照系，异同分明，剔掘出艺术美的真谛。

季羡林指出："我们都有这样的经验：如果我们只了解观察一种事物，我们的视野就受到限制，思路就容易僵化，只有把或多或少有某些类似之处或某些联系的事物摆在一起，加以观察，加以对比，我们才能

---

① 比附，我们理解为把一种逻辑视为另一种逻辑的类似物或等同物，置中、外社会以及文化背景的巨大差异于不顾，也很少注意，甚至无视不同逻辑传统的特殊性，而是一味求同。一味求同，就会使人们以一种文化下的逻辑传统为标准，搜寻其他文化中的相似物并建构符合这唯一标准的逻辑。其结果是使逻辑的比较研究走向了一种逻辑的复制或再版，而不是对不同历史时期和不同文化背景下的不同逻辑传统的深刻认识与剖析。这就抹杀了逻辑的特殊性。

发现各个事物的优缺点，对我们自己比较熟悉的事物才能做出正确评价。"①

客观事物是相互联系、相互区别的。它们之间既有共同点，又有不同点。这种存在于事物中的异同点，就是人们进行比较的客观基础。由此可见，比较是进行各种研究自觉或不自觉运用的一种方法，其定义如下："比较法（method of comparison）是把两个或两类事物相比较，从而确定它们的相同点和不同点的逻辑方法。"②

（三）比较逻辑学

比较逻辑学是建基于各种逻辑科学之上的一门独立的逻辑学综合性理论学科，主要有"比较的理论"与"具体的比较"等不同的研究层面。它以三大逻辑体系之间的平等对话与贯通融合为主要研究诉求，突出比较意识、比较思维与比较方法的自觉运用，并从人类历史背景与文化传统的角度进行解释，以促进不同文化、不同思维方式之间的对话与沟通。③

比较逻辑学有其自身的特性，如可比性、开放性、宏观性、理论性、边缘性、跨界性、包容性等，这些特性无不表明它是一门独立的学科，一门具有强大生命力的学科。在 21 世纪，各门学科都存在老化与更新的矛盾，都有再生的喜悦与湮没的苦恼，而待机勃发的比较逻辑学正以其特性崛起学林，突兀人前，为逻辑学的发展增添了学术激活力。

（四）比较逻辑学的前景

中国先秦逻辑和古印度逻辑在历史的发展过程中都出现过断层，这也是它们未进入世界逻辑发展主流的主要原因之一。而肇始于古希腊逻辑的西方逻辑有相对完整的历史，成为世界逻辑的主流，现代逻辑就是在此基础上发展而来的。

随着科学技术对社会发展的作用的日益增强，在科学之林中，逻辑

---

① 季羡林：《比较文学与民间文学》，北京大学出版社，1991。

② 逻辑学词典编辑委员会编《逻辑学词典》，吉林人民出版社，1987，第55页。

③ 整理自张学立、张四化《试论比较逻辑成为独立学科的合理性》，《中州学刊》2007 年第 4 期。

科学的重要地位更加凸显出来。"联合国教科文组织编制的学科分类，将逻辑学列为七大基础科学的第二位；英国大百科全书则把逻辑学列为五大学科的首位。"① 逻辑学已经或正在成为一个庞大的逻辑学科体系并日益显示其特有的地位。

21 世纪是一个开放的、思想文化多元化的新世纪。比较逻辑学研究正是适应这个时代，通过对三大逻辑传统异同的比较研究，力求"融会贯通"世界三大逻辑体系，突出三大逻辑传统自身的价值，使会通的比较逻辑学适应思想文化多元化的新时代，研究和彰显不同历史文化背景下不同逻辑体系各自的内涵和光彩。因此，这既是逻辑学科建设的需要，也是当今时代不同文化比较、交流、相互借鉴的要求，比较逻辑学是一个有宽广领域和灿烂前景的新学科。

三　比较逻辑学的特性

比较逻辑学研究之所以可以朝向学科方向发展，究其根本是由其本质决定的，对比较逻辑学的研究也应从其内涵性特征出发，我们可以发现它具有以下特征。

（一）可比性——立论之本、汲水之源

可比性是比较逻辑最本质的特点。没有可比性，比较逻辑这一学科理论的构建就成了无源之水、无本之木，失去了存在的基础。

比较作为一种逻辑思维方法和一种研究方法具有普遍性。著名文学理论家王朝闻说："任何事物与他物都处于对立统一的关系之中，美学或艺术的存在也不例外。但是它们作为认识的对象，只有经过主体的比较研究，才有可能掌握这个和那个的联系与差别。"② 比较方法与名称并不是比较逻辑的专利，还有比较史学、比较哲学、比较法学、比较文学、比较教育学、比较语言学、比较政治学等。但是比较逻辑学的"比较"同一般学术研究中的比较不尽相同。因为用比较方法研究逻辑，对三大逻辑渊源，对本民族、本国的古今逻辑学家，以及对相关著作、观点、

---

① 逻辑学词典编辑委员会编《逻辑学词典》，吉林人民出版社，1987，第 700 页。
② 《中西美学艺术比较研究》，湖北人民出版社，1986，第 1 页。

现象进行辨别异同、区分高下或者融会贯通的比较分析，在构建比较逻辑学科体系之前，乃至在其以后的形成、发展过程中，都是普遍存在的事实，如亚里士多德逻辑与中国名辩的比较研究、亚里士多德的三段论与墨家的三物论的比较研究、三大逻辑渊源的比较研究，又如类比思维与推类的比较研究，等等。比较逻辑学中的可比性绝不等同于牵强附会的类比和表面化、简单化的比附，而是自觉地从比较逻辑学的定义出发，有意识地运用比较逻辑学独特的比较法，对有内在联系或被限制在一定范围内的逻辑类型进行理论分析，并得出明确结论与价值评估。这样可比性才有了更为广泛而深刻的含义，才成为比较逻辑学这一学科建构的最显著、最与众不同的特性。

（二）开放性——兼收并蓄、融贯中西

开放性是比较逻辑研究的另一个特征。这是由比较逻辑是跨越一定界限的逻辑研究的定义所决定的。它要求冲破传统的，以民族、国家为界限的，封闭性的狭窄逻辑观念，建立具有特色而又融会贯通的开放性的博大精深的世界逻辑观念，从而使人们认识逻辑的本质。

从比较逻辑的高度看，传统的逻辑观念使人们习惯于用切割断代或盲目比附的方式看待逻辑现象之间的有机联系。这种方式往往以三大逻辑渊源的地域为界限，将三大逻辑体系隔离开来，或盲目比附，再按时间顺序进行分段研究，使三大逻辑体系受到了不同程度的肢解。这样进行逻辑研究的结果，只能停滞在对逻辑学家的评价，或对一种逻辑观点的单一认识上，而比较逻辑研究则要求将三大逻辑观念或各支流垂直线性方面进行平行的、客观的、会通的比较研究，从而进一步印证三者之间的异同、关系和影响。它可以跨越时空界限，打破观念限制，不计价值大小，一句话，只要将研究对象确定在一定的范围内，使其具有某种可比性，就可以不受限制地进行比较研究，使本来隔离开来的或盲目进行比附的三大逻辑观念，形成一个可供多方面研究的网络和有机整体，从而显示这一新兴学科优越的开放意识和特征。

从时间上看，古希腊逻辑学家亚里士多德可以和中国春秋时代的墨子进行比较。从空间上看，东方印度的因明三相可以和西方传统的三段论进行比较。从价值观分析，中国墨辩、印度因明、西方逻辑都有其长短优劣，也可进行比较。

通过上述实例，不难发现比较逻辑研究视野开阔，可以纵横三大逻辑发源地。比较逻辑研究使思维得到解放，从线性思维、平面思维发展到全方位的空间立体思维。比较逻辑研究对传统逻辑研究疆界的突破，使逻辑学可以和逻辑学以外的其他社会学科，甚至自然学科领域内的知识产生有机的联系，这种开放性不能不使人耳目一新、豁然开朗。

（三）宏观性——古今集成、中外通观

比较逻辑研究的另一个特征是宏观性。以三大逻辑体系之间的平等对话与贯通融合为主要研究诉求，突出比较意识、比较思维与比较方法的自觉运用，并从人类历史背景与文化传统的角度进行解释，以促进不同文化、不同思维方式之间的对话与沟通，促进全人类的和谐共处的比较逻辑学的这一要求和境界，使三大逻辑研究具有了世界意义。

当民族逻辑、地域逻辑成为全人类的共同财富，并产生更为普遍的影响时，比较逻辑学研究就不能只着眼于单一的学者及其观点上，而是要着眼于学者、观点、探索者、世界的角度上。在如此广博的逻辑学研究的基础上，比较逻辑学要探索人类逻辑学的共同规律，显示宏观上对逻辑学现象的把握。而比较逻辑学与其他学科的研究，给人一种"更上一层楼"后的目不暇接与"登泰山而小天下"的感觉。因为比较逻辑学是以逻辑学本身为研究的基础，在此基础上构建的理论、框架所形成的大厦，然后再以高屋建瓴之势，居高临下地俯视传统的逻辑研究，其视界之宽广，胸怀之博大，以及"通古今之变"，学"东""中""西"逻辑的整体观，都是一般的逻辑研究所望尘不及的。

（四）理论性——师出有名、根据彰显

理论性是比较逻辑学研究的另一个内含特性。正是由于比较逻辑学不仅是一种研究逻辑学的方法，而且是一门独立的学科，所以才把学科的理论建设提到一个关系到学科存亡的高度。

比较逻辑学不能只是为逻辑学研究提供一种比较的方法，仅仅为了发现一些逻辑学现象的同与异，或者只是为了说明逻辑学现象之间的传承、渊源、影响、媒介等简单事实。比较逻辑学必须冲破这些概念形成的一种浅层研究模式，升华为深层的理论探索。那种认为比较只不过是比较逻辑学的出发点，最后又成其归宿的简单认识，是与比较逻辑学的性质格格不入的。要想划清比较逻辑学与逻辑学的界限，对以往比较逻辑学的研究方法进行筛选性总结，就必须从理论高度上审视比较逻辑学研究。另外，比较逻辑学的理论性还包含着另一层意思，即对上述所提到的对不同民族逻辑或地域逻辑理论的比较研究，如比较逻辑思想、比较逻辑史等。通过对不同逻辑体系内的逻辑学理论的相互阐发，可以加深对逻辑学本质，尤其是对逻辑学总体的理论认识。这样从现象到本质、从量变到质变、从实践到理论，寻求总体文学理论上具有共同规律性的精华，比较逻辑学才可能真正成为一门"显学"，一门真正严肃的科学。

（五）边缘性——立异得当、凸显奇葩

边缘性对于比较逻辑学这门学科而言，主要有三个层面的意义。

首先，逻辑学研究正向前发展，比较逻辑学是一门新兴的学科。学科历史悠久的逻辑学、美学等早已在学术界占有一席之地，而比较逻辑学则是从众多传统学科缝隙中顽强长出来的一支逻辑学奇葩，它以后来者的身份跻身于学术界，必然形成一种边缘性的学术特点。目前进行比较逻辑学研究的学者来自各个学术领域，他们都希望在一个新的研究层面上丰富自己的逻辑学研究，这就更加强化了比较逻辑学研究边缘性的特点。

其次，在边缘交叉学科蓬勃发展的今天，比较逻辑学之所以在学术界显得格外活跃，是因为它的研究范围的边缘呈模糊状态，具有某种不稳定性。比较逻辑学的理论在不断刷新，实践在不断深化，其从定义到研究范围都处于动态之中。不设限，它不能成为一门严肃的学科；设限，则显然阻碍了学科的变化发展。因此，对于那些习惯于用传统学科的观点来审视比较逻辑学研究的学者而言，它缺乏明确的学科理论和学科界限。比较逻辑学研究的这种状态，也使其呈现边缘性的特点。

最后，当前的逻辑学研究以西方逻辑为中心，但在崛起的印度逻辑和中国逻辑挑战之下，表现出多元化倾向。人们充分认识到地域性差别的逻辑是多元共生、长期共存的，就会处于一种平等的无中心状态、一种交流与杂糅状态，处于一种不稳定与动态之中。既然没有以谁为中心的问题，那么逻辑学研究就都处于边缘。而以三大逻辑及其本身为研究起点的比较逻辑就会在地域逻辑的交汇处，即边缘处发现许多新的研究课题。从这个意义上来说，比较逻辑学的边缘性，反而迎来了比较逻辑学研究的新生。

（六）跨界性——各取所长、融会贯通

比较逻辑学由于定义不断被刷新，跨语言、跨文化、跨学科的研究倾向日渐明朗，因此形成了"跨界性"的特点，使比较逻辑研究进一步高踞地域逻辑之上，游刃于诸相关学科之间。这一特点对比较逻辑学而言，也有不少深层意义。

首先，比较逻辑学是一种跨越学科界限以及地域的逻辑学研究。它的研究基础建立在三大逻辑观之上，因此它为掌握多种语言的学者提供了一个研究不同逻辑观的机会和环境。不同地域、不同民族、不同人物所构成的逻辑观，不论其成绩大小、多少，在多元化的逻辑王国里自有它的地位和意义。对这些不同的逻辑观的研究，可以探寻共同的逻辑规律，共同的逻辑观念。

其次，比较逻辑学也是一种跨越文化界限的逻辑学研究。这不仅指异质文化之间，而且更重要的是体现出中国墨辩逻辑、印度因明、希腊逻辑之间的比较研究，当然还包括其他隐藏而未被发现或认可的逻辑观的研究，等等。比较逻辑研究不会也不应该将某种逻辑观念、方式、标准定为一尊，而需要营造出一种能对不同逻辑体系进行宏观研究的境界，使不同的逻辑观能够融会贯通。

最后，比较逻辑学还是跨学科的逻辑学研究。目前，逻辑学研究正在向数学、计算机科学、语言学、哲学、心理学、符号学等学科渗透，它渴望能从诸学科的新观念、新思想和新研究方法中汲取新鲜的营养和鲜活的动力。比较逻辑学研究，恰恰有相当一部分内容是在学科交叉研究中得到了补充和更新。在以逻辑学为中心的成辐射状研究中，逻辑学在本体边缘地区形成了学科交叉的交感区域。因此，今后的比较逻辑学研究，可能会针对其中的某些问题，集中各学科的知识，有针对性地加以探讨。

（七）包容性——有容乃大、求同存异

比较逻辑学发展到今天，既然形成了边缘性和跨界性，那么包容性也就应运而生了。

其实，比较逻辑学包容性的特点，随着跨学科研究方法的出现即已存在，只是尚未说明而已，随着这种趋势的增强，它反映了现代代科学研究力图打破以往各学科画地为牢的局面。人类认识客观世界总是经历一个先综合、再分析，进一步综合、再进一步分析的螺旋式上升的过程。

远古时期的人类思想，带有直观性和神秘性的特点，他们将现实世界和神秘世界混同起来，这时期的知识是杂糅一体的。经过长期实践，逐步萌发了人类科学思维。与之相伴随的是，农业、畜牧业、天文、地理等知识开始分离出来。随着社会发展，知识分工也越来越细。人类的这种进步，有时也会人为地制约、破坏认知事物本来就有的、有机统一的整体性。当这种知识分类细微到一定的程度，各种知识的临界就已很接近，相互之间的界限也越模糊。美国科学史家乔治·萨顿曾将世间的知识描绘成金字塔的三个侧面，人类在低层面活动时，就是在金字塔的一条底边上，与另外两个侧面相距很远。随着活动层面的升高，邻近的两个侧面也更加接近，在邻近顶端时三个侧面就难以区分了。自然科学、社会科学的各个学科现今也难以再隔离分开了。当今的逻辑学由于各种媒介体的作用，已与数学、计算机科学、心理学、哲学、语言学等学科产生了许多深层的联系，比较逻辑学已将学术触角深入其中。这种包容性在目前的比较逻辑学研究中表现得分外突出，它使比较逻辑学研究几乎与所有学科联姻，给人以耳目一新之感。

当然，比较逻辑学的这种包容性不是以牺牲其本体为前提的，而是以容纳广宇的学术胸怀，将与逻辑学相关的学科尽揽其中，以便发现在科技进步到如此程度、科学知识深广到如此程度的今天，逻辑学是如何接受相关学科知识的渗透，而又如何向这些学科进行渗透的。比较逻辑学的包容性使学人感到，世界走向综合的大趋势已不以人的意志为转移。

第二节 比较逻辑研究的现状和意义①

比较逻辑研究尝试构建比较逻辑学学科理论体系。在我国逻辑学研究中，比较逻辑学并未以一门学科的方式被提出，由于对比较逻辑的研究与逻辑史须臾不离，所以对比较逻辑学作为一门学科的定位，学界有很多否定的意见。对此，曾祥云认为："任何一门学科都因有其特殊的研究对象和研究任务而显独立性。"② 事实上，"比较逻辑'不直接考察命题、推理的有效性问题'，'也就不能成为一门独立的逻辑学分支学科。'比较逻辑研究'只是逻辑史范畴内的一种研究方法'，是'逻辑史的比较研究'，因此作为学科'在客观上是不存在的'"。③ 国外也有类似的观点，"美国学者沃特森也认为：仅仅运用比较的方法来研究其他学科已经研究的内容，不能构成一个独立的学科"。④ 上述怀疑有一定的合理性："既然 21 世纪的所有逻辑研究与国际性的学术视野须臾不离，一切逻辑研究的内容似乎都蕴含着比较的方法，那么'比较逻辑学科的独立性'便不复存在。"⑤

笔者以为，这是一种对比较逻辑最普遍的误解。何谓比较逻辑学？它存在的可能性与必要性是什么？在此基础上它的研究现状怎样？发展趋势又如何？

一 比较逻辑研究的可能性和必要性

比较逻辑学是一项跨时间、跨空间、跨民族的逻辑研究，并且研究

---

① 本节大部分内容以《汇通的比较逻辑学探究——比较逻辑学学科理论体系建构高层次阶段性研究略解》为题发表于《南昌航空大学学报》（社会科学版）2013 年第 1 期。

② 转引自张四化、葛宇宁《再论比较逻辑学的学科框架》，《柳州师专学报》2007 年第 2 期。

③ 转引自张四化、葛宇宁《再论比较逻辑学的学科框架》，《柳州师专学报》2007 年第 2 期。

④ A. Waston, *Legal Transplant: An Approach to Comparative Law*, Atlanta, GA: The University of Georgia Press, 1993, p. 2.

⑤ 张四化、葛宇宁：《再论比较逻辑学的学科框架》，《柳州师专学报》2007 年第 2 期。

逻辑学与其他学科之间的关系，其中涵盖了社会科学、自然科学等。简单来说，比较逻辑学是一项横向与纵向相互结合与会通的逻辑研究。

要建构比较逻辑学学科体系，首先要弄清楚什么是比较逻辑学。2007 年 7 月，在《中州学刊》第 4 期发表的一篇论文中，张学立认为比较逻辑学是建基于各种逻辑科学之上的一门独立的逻辑学综合性理论学科，主要有"比较的理论"与"具体的比较"等不同的研究层面。它以三大逻辑体系之间的平等对话与贯通融合为主要研究诉求，突出比较意识、比较思维与比较方法的自觉运用，并从人类历史背景与文化传统的角度进行解释，以促进不同文化、不同思维方式之间的对话与沟通。① 当然对于比较逻辑的定义需要更深层次的挖掘，但这一解释基本蕴含了空间、时间和感染力方面的因素，比较逻辑学研究立足于三大逻辑体系，而又不局限于三大逻辑体系的横向比较与纵向比较，在感染力的体现方面它更注重的是三者的会通，当然，比较逻辑研究不必在每一页甚或每一章里都作比较，但总的目的、重点和处理都必须是比较性的。目的、重点和处理的验证既需要客观的判断，也需要主观的判断。因此，在这些标准之外就不可能也不应该再制定或限定额外的规则，比较逻辑的研究重在会通而非凸显个体，额外的规则或限定只能使其受到约束。

在历史的、客观的标准之上，我们可以充分发挥主观能动性，有目的、有重点地对三大逻辑体系进行横、纵方面的比较，但是规则或方法并不仅仅是三者之间异同的区分，进行比较逻辑研究需要在一个平行的位置上平等地定位三大逻辑体系，这种特定的比较视野也是比较逻辑学学科建构的可能且必然要件。

（一）比较逻辑学与逻辑史和而不同

前面已经有所论及，有的学者认为"比较逻辑研究'只是逻辑史范畴内的一种研究方法'，是'逻辑史的比较研究'等观点。其实这些看法是逻辑史界对于一门并不属于（或不仅仅属于）自己学科研究范畴的学

---

① 张学立、张四化：《试论比较逻辑成为独立学科的合理性》，《中州学刊》2007 年第 4 期。

科最普遍的误解"。① 笔者以为，"比较逻辑"与逻辑史方法论意义上的研究方向存在一定差异，它应当具有学科意义上的独立价值。

首先，二者在研究的目的与任务上有一定的差异。"逻辑史研究的是人类思想发展史上所产生的所有逻辑思想，它的研究目的简单表述就是'回到原初'，研究的是'史实'，是求'实'，以对三支逻辑源流分别进行史料考证与挖掘整理为主要研究诉求。"② 比如，在因明一源中，以日本古典佛教量论因明的研究为例。

史学领域的考究：日本因明研究始于注释窥基的《因明大疏》，随后出现元兴寺僧孝仁著《因明入正理论疏记》，据传这本书是对窥基的《因明入正理论疏》的再注释。后来，元兴寺又有平备的《疏记》，以及和其相同题名的神叡的著作，又经尊应、胜虞、护命、守印等的继承和发展，逐渐形成元兴寺因明研究的传统。兴福寺的因明研究也有很大的影响，它与元兴寺的因明研究相对应，这一派是由善珠奠定的。在奈良时代，入唐留学僧玄昉将窥基的弟子慧沼所著的因明方面的著作带回日本研究，这样，为后来以兴福寺为中心展开因明研究奠定了重要基础。玄昉以后，是对后世影响深远的、对因明研究做出巨大贡献的因明注释者善珠，他所著《因明论疏明灯抄》十二卷从线索上虽然也是对窥基《因明大疏》的注释，但大量引用和评价了窥基以外的注疏者们的言论和思想，所以被看成此前各家因明思想的集大成之作。

比较领域的分析：史学领域确定的两大派系，分别是以元兴寺为代表的南寺系和以兴福寺为代表的北寺系，它们对于因明研究的重点有很大不同：南寺系以著作为研究重点，如主要以窥基《因明大疏》加注的方式而进行研究；北寺系的研究是以秘传的方式进行，因此没有什么正式的著作。

以上对日本古典佛教量论因明研究的分析表明：逻辑史的研究是求"实"；而比较逻辑学研究的是"关系"，是求"和"。"比较逻辑学以三支逻辑源流的平等对话与三者内在关系的透视会通为核心价值取向，它

① 张四化：《比较逻辑学理论初构》，硕士学位论文，贵州大学，2008。
② 张四化：《比较逻辑学理论初构》，硕士学位论文，贵州大学，2008。

的研究目的简单表述就是'贯通融合'。"① 由此可见，二者的研究目的
与任务从根本上来讲是不同的。

其次，我们来看一下比较逻辑学三个层次的学科框架。学者以为，
比较逻辑学研究可以初步分为三个不同的层次：描述的比较逻辑学、评
价的比较逻辑学与会通的比较逻辑学。② 对这三个不同层次的研究，具体
阐释如下。"描述的比较逻辑学，即是对三种根本殊异的历史背景与文化
传统所支撑的三大逻辑体系本身进行研究，这是比较逻辑学研究得以进
行的基础。"③ 我们将从史学的角度分析描述的比较逻辑学作为第一个层
次的功用。"评价的比较逻辑学，即是对三大逻辑体系及其发展趋势进行
纵横比对、同异比较，它是建基于描述的比较逻辑学之上的第二层次元
研究。"④ 在本书随后部分，我们将从不同的层面分析评价的比较逻辑学
所体现出来的意义。会通的比较逻辑学是指建基于描述的比较逻辑学与
评价的比较逻辑学之上的，以历史与现实中三种逻辑的平等对话与三者
内在关系的融合会通为基本研究对象的第三层次的元逻辑研究，是比较
逻辑研究的最高层次。⑤ 在本书最后部分，我们将从理论意义方面介绍会
通的比较逻辑学的影响。

从一定意义上说，我们所定义的比较逻辑学第一个层次——描述的
比较逻辑学，实际上是逻辑史，也就是说逻辑史是比较逻辑学研究的第
一个层次。从比较逻辑学学科框架的三个层次可以理解，比较逻辑学不
是逻辑史的一个分支（研究方向），相反，逻辑史研究应该说是比较逻辑
学三个研究层次之一的描述的比较逻辑学。⑥

① 张四化：《比较逻辑学理论初构》，硕士学位论文，贵州大学，2008。
② 张学立、张四化：《试论比较逻辑成为独立学科的合理性》，《中州学刊》2007 年第
4 期。
③ 张学立、张四化：《试论比较逻辑成为独立学科的合理性》，《中州学刊》2007 年第
4 期。
④ 张学立、张四化：《试论比较逻辑成为独立学科的合理性》，《中州学刊》2007 年第
4 期。
⑤ 张学立、张四化：《试论比较逻辑成为独立学科的合理性》，《中州学刊》2007 年第
4 期。
⑥ 张学立、张四化：《试论比较逻辑成为独立学科的合理性》，《中州学刊》2007 年第 4
期。当然，这种对逻辑史的界定未必完全准确，有待与大家进一步商榷。

以日本近、现代主要的因明学者为例进行说明。

关于古代日本的因明研究，因为在古代，日本一直没有获得直接接触西方或印度的机会，所以，其对《因明大疏》的注释，中间经过研讨九句因和四种相违因，最后归结到 33 种过类上。虽然古代日本的佛教僧侣从未中断过对因明的研习，而且不断有研究成果问世，但就研究的范围而言，其始终未能超出中国因明的框架。到明治时代，随着西方文化大量涌入日本，这种局面才有了根本性的改变，日本学者对印度佛教的了解逐渐深入，于是在明治以后，日本在因明研究上取得了令人瞩目的成就。

日本当代的因明研究，主要学者有南条文雄（1849—1927），赖其支持，《因明大疏》重新回到中国，这极大地促进了汉传因明在汉地近代的复兴。南条文雄的主要著作包括《南条目录》、《英译十二宗纲要》、《阿弥陀经》（与缪勒合作英译梵文）、《无量寿经》，以及《梵文法华经》（与凯伦合作校订）等；日本近代佛教史研究的奠基者村上专精（1851—1929）著有《佛教论理学》、《日汉佛教年契》、《真宗全史》、《因明全书》和《日本佛教史纲》等；佛教学者宇井伯寿（1882—1953）著有《印度哲学史》《禅宗史研究》《中国佛教史》等，宇井伯寿在《印度哲学史》第二卷中对陈那以前因明进行了介绍，第五卷则侧重于对陈那、商羯罗主因明学说的研究。专供因明比较研究，用现代逻辑解释因明的末木刚博，主要著作有《逻辑概论》、《逻辑学的历史》、《维特根斯坦逻辑哲学论研究》、《因明的谬论误》、《现代逻辑》、《符号逻辑》以及《东方合理思想》等。还有因明专家、因明史专家武邑尚邦（1914—2005），主要著作有《因明学的起源与发展》《佛教逻辑学之研究——知识确实性真诠》等。

以上对日本近、现代主要的因明学者的简单描述，既是对比较逻辑学第一个层次——描述的比较逻辑学的抽象说明，也是对史学的考究，它印证了逻辑史就是描述的比较逻辑学，从而说明了比较逻辑学的宏观性和开放性。

（二）比较逻辑于比较中凸显"会通"

首先，比较逻辑学研究缺少不了比较的方法，比较是确定事物同异关系的思维方式,《现代汉语词典》将"比较"解释为:"就两种或两种以上同类的事物辨别异同或高下。"① 比较的主要类型是"同中求异"与"异中求同",② 但比较的方法仅仅是比较逻辑学研究中的诸多方法之一,并且通过比较的方法我们可以凸显进行比较逻辑研究的目的——会通。

其次,比较逻辑研究不是简单的类比、比附,如果仅仅停留在对于三大逻辑体系的表面现象的比对,而没有将自己的研究视域渗入与会通到中国、西方、印度文化现象的深处,去探究三大逻辑体系之间的内在性、会通性、深度性与体系性,③ 甚至没有在纵向上凸显一系的同、异以及融合,"那么这种逻辑的比较(类比)因过于简单与机械,既没有成立的学术价值,也不能在学理上界定比较逻辑成为一门学科的视野、界限与意义"。④

最后,逻辑研究在日趋国际化的今天应该更加突出的是它的国际性的学术视野,在对不同地域、不同文化、不同民族的逻辑进行研究时,我们应该以三支逻辑源流互为参照系,这样就意味着比较逻辑科学研究"理应成为一门独立学科的比较逻辑学不是一种方法论意义上的研究方向,也决然不同于采用比较方法的其他逻辑研究,比较逻辑并不仅仅因为它运用了比较方法才成为一门独立的学科,更为决定性的原因在于,它具有自己特定的研究领域、价值取向与理论立场"。⑤

(三) 比较逻辑研究的理论基础

比较逻辑研究是一种跨文化、跨民族与跨语言的逻辑研究,它的研究方法不仅是简单的形式上的异同类比,更主要的是还包含了多种不同的逻辑研究方法,从而更加突出三大逻辑体系各自的特征以及三者之间的相互联系。

---

① 《现代汉语词典》,商务印书馆,1987,第 57 页。
② 杨武金:《墨经逻辑研究》,中国社会科学出版社,2004,第 148 页。
③ 张学立、张四化:《试论比较逻辑成为独立学科的合理性》,《中州学刊》2007 年第 4 期。
④ 张学立、张四化:《试论比较逻辑成为独立学科的合理性》,《中州学刊》2007 年第 4 期。
⑤ 张学立、张四化:《试论比较逻辑成为独立学科的合理性》,《中州学刊》2007 年第 4 期。

"比较逻辑的'比较'属于理论基础意义上的比较视域，而不仅仅是方法论。各种不同的比较逻辑研究方法必须立足于比较逻辑的基础，即在'比较视域上'展开。比较视域是比较逻辑研究者拥有的一种重要的学术能力与学术眼光。"① 这种学术视域可以有效地透视三大逻辑体系之间的关系以及其与相关学科之间的关系，"这种透视是跨越三大逻辑体系所依托的民族文化的内在会通，也是跨越逻辑与其他相关学科知识的内在会通，而不是人们日常言语中误解为一种徘徊于表层的类比方法"。② 对此，刘培育在这种方法下予以定义："以西方逻辑为标准模式，对中国古代逻辑或削足适履，或画蛇添足，或无类比附，使中国逻辑成为西方逻辑的翻版，抹煞了中国逻辑及中国逻辑史的特点，歪曲了中国古代逻辑的面貌。"③ 笔者以为这种在比较逻辑研究过程中经常使用的类比方法，确实是对研究不同逻辑的一种阻碍，尤其是那种削足适履的研究方法，它使得某种逻辑失去了本身所具有的个性。

　　（四）进行比较逻辑研究的必要性

　　第一，近现代学者如梁启超、胡适、章士钊等，在进行比较逻辑研究时，普遍将"主要的学术兴趣放在微观比较上，以三支逻辑源流之间或同一种逻辑各部门之间某一具体逻辑问题的异同比较为主要研究重心"，④ 鲜有学者对比较逻辑自身的基本理论进行必要性的探究。

　　第二，近现代的部分学者在一定程度上存在"比附"的现象，以西方逻辑为标准，去套析或诠解中国名辩、印度因明，使中印逻辑成为西方逻辑的翻版，抹杀了中印逻辑的特点，歪曲了中印古代逻辑的面貌。

　　第三，20世纪的比较逻辑研究，较为普遍的问题是未将三支逻辑源流纳入同一参考系进行考察，更未将三支逻辑源流纳入一门独立学科体系进行研究，因此，这种逻辑的比较研究没有理论指导，在某种程度上

① 张学立、张四化：《试论比较逻辑成为独立学科的合理性》，《中州学刊》2007年第4期。

② 张学立、张四化：《试论比较逻辑成为独立学科的合理性》，《中州学刊》2007年第4期。

③ 刘培育：《中国逻辑史研究论略》，《南开学报》1981年第3期。

④ 张四化：《比较逻辑理论初构》，硕士学位论文，贵州大学，2008。

存在一定的盲目性与随意性。

第四，比较逻辑研究过程中的这些纰漏有助于加深对构建比较逻辑学科理论体系的初步认识，比较逻辑研究分为本体论和方法论两部分，对于本体论的研究有助于对三大逻辑体系之间，三大逻辑体系内部要素之间，同一逻辑体系不同的观点、人物等具有可比性的成分进行研究分析。在进行本体论研究的同时，研究的方法始终贯彻其中，这在整体上对比较逻辑学这一学科的构建起到了奠基的作用。

（五）比较逻辑成为一独立学科的必然性

在全球化趋势的推动下，学科越分越细，人类逻辑思维方式也随之有了很大变化，学科细化正在逐步形成，"跨文化和跨学科研究成为当前一个十分重要的学科热点"。[①] 逻辑学的研究已经突破了西方逻辑一支强大的局面。不同逻辑对不同文化和历史影响的研究，要求我们必须加强多学科的综合研究。我们"构建'比较逻辑学'的初衷就是为了超越自己民族的视域，把眼光投向整体而非本民族历史背景与文化传统所提供的那些东西"。[②]

对逻辑进行比较研究，必须摆脱纯粹比附的方法，将逻辑研究纳入一个平等的环境下，这就需要我们"确立三大逻辑体系之间互动互惠的意识，改变一味追求共识、同一性或一味追求相异、特殊性的思维模式，调整传统的逻辑价值体系，重新确定逻辑的文化身份"。[③]

比较的方法是众多学科进行比较研究时所采用的最普遍的一种方法，逻辑学在运用比较研究的过程中对比较的方法的运用也是最为重要的一项，但是，我们不能据此断定这种对于逻辑比较方法的研究就等同于比较逻辑学，笔者以为，比较逻辑学在当下逻辑研究日趋国际化的背景下更为重要。"比较逻辑学应当是建基于各种逻辑学科之上的一门综合性理论学科。它以三大逻辑体系为基础，突出比较意识、比较思维与比较方

---

① 乐黛云：《跨文化之桥》，北京大学出版社，2002，第 1 页。
② 张学立、张四化：《试论比较逻辑成为独立学科的合理性》，《中州学刊》2007 年第 4 期。
③ 张学立、张四化：《试论比较逻辑成为独立学科的合理性》，《中州学刊》2007 年第 4 期。

法的自觉运用，有自己特有的学科特性与学科视域、学科范畴。"① 比较逻辑研究是国人面向世界、面向未来，积极探索变革思维方式，有效吸收西方文化中有用成分的重要途径。21世纪的比较逻辑研究，要成为人类精神相互对话和沟通的语境与操作平台。②

二 比较逻辑研究的现状和基本问题

20世纪作为历史的一页已经掀过，21世纪的今天充满了进取和创新，文化的交流促使着逻辑学的会通和融合，文化所具有的世界性质使得逻辑学本身也处于动态变化之中。今天，不同逻辑之间的相互对话、交融已成为比较逻辑研究的一个趋势，这为构建比较逻辑学学科理论体系提供了一个很好的平台。

在比较逻辑研究方面，无论国外还是国内都取得了一定的成绩，这对于构建比较逻辑学学科体系意义重大，这些研究成果也表明比较逻辑学学科构建有理可依、有据可查。

（一）国外比较逻辑研究的情况

从现有资料来看，比较逻辑研究始于20世纪，最有代表性的人物及其主要研究成果如下。

1. 日本的大西祝博士

日本的大西祝博士较早对比较逻辑进行了研究，其代表作是《论理学》，该书在1906年由胡茂如译成中文，传入中国。该书主要是对因明的三支做法与逻辑三段论法的同异做了比较。

2. 荷兰的法台考

荷兰的法台考（B. Faddegon）也对比较逻辑进行了研究，其代表作是《胜论体系：借助最早的版本说明》（*The Vaicesika-System: Described with the Help of the Oldest Texts*）一书，主要研究了因明中的命题多用假言

---

① 张学立、张四化：《试论比较逻辑成为独立学科的合理性》，《中州学刊》2007年第4期。

② 张学立、张四化：《试论比较逻辑成为独立学科的合理性》，《中州学刊》2007年第4期。

命题形式表述的特点，提出"只根据亚里士多德逻辑来解释印度逻辑是不恰当的"。①

3. 苏联的谢尔巴茨基

苏联的谢尔巴茨基（Th. Stcherbatsky）对比较逻辑研究的贡献也很大，其代表作为《佛教逻辑》（*Buddhist Logic*），主要比较了印度因明与亚里士多德逻辑。

4. 印度达塔

在比较逻辑研究方面，达塔（D. M. Datta）开始用符号逻辑来解释因明，其代表作是《宗教中的象征主义》（*Symbolism in Religion*）。另外，美国哈佛大学的因格尔斯（D. H. H. Ingalls）在其代表作《新正理派逻辑研究资料》（*Materials for the Study of Navya Nyaya Logic*）和《印度哲学与西方哲学之比较》（*The Comparison of Indian and Western Philosophy*）中，也从符号逻辑的角度谈了印度逻辑。

还有，日本的中村元、加拿大的罗宾生（R. H. Robinson）瑞士的波亨斯基（I. M. Bochenski）等学者也同样在此方面进行了很多艰难的尝试。

5. 波兰的卢卡西维茨

在用现代逻辑来解释古代逻辑，特别是亚里士多德逻辑的比较研究方面，波兰的卢卡西维茨（J. Lukasiewicz）可以说是做出了突出贡献，其代表作为《亚里士多德三段论》，以现代逻辑为根据，凸显了亚里士多德三段论与传统三段论的根本区别。

在比较逻辑研究方面，日本具有起步时间早、研究学者多的特点，除大西祝博士、中村元博士外，宇井伯寿、清水义夫、末木刚博的贡献也是显著的。他们分别在传统形式逻辑和符号逻辑，西方逻辑、印度因明和中国名辩的比较方面做了比较全面、系统的研究。

（二）国内比较逻辑研究的情况

我国的比较逻辑研究有着深厚的文化渊源和历史背景。

第一，在鸦片战争之后，西方文化传入中国，随着西方科学技术在

---

① 〔日〕中村元：《比较思想论》，吴震译，浙江人民出版社，1987，第269、270页。

中国的传播，西方的逻辑理论也传入中国，中西文化的交流促进了中国传统名辩理论与西方逻辑的共同发展，这对比较逻辑研究无疑是一个促进。

西方逻辑的传入和传播源于文化的融通，西方文化涌入近代中国，冲击着传统的思维方式和行为习惯，这就使得人们对中西方文化的比较研究有了现实的基础，随着外来文化在中国的日益传播、渗透，西方逻辑也在五四后逐渐被消化。大量译著出现，如日本高山林次郎的《论理学纲要》（1925）、美国枯雷顿的《逻辑概论》（1926）、琼斯的《逻辑》（1927）等。随着研究的深入，国内的逻辑学家开始有自己的著作及论文，代表人物有金岳霖、汪奠基、沈有鼎、王宪钧等。这表明西方传统逻辑理论已在中国生根发芽。

西方逻辑的传播，不仅促进了逻辑研究的深入，对于比较逻辑的探讨更有决定性的意义。

第二，印度因明早在南北朝时期就传入我国，唐朝以后，随着玄奘译《因明入正理论》和陈那的《因明正理门论》的出现，印度的新因明正式传入我国。

随着近代哲学家龚自珍、魏源以及国学大师章太炎，维新志士谭嗣同、康有为、梁启超等的努力，法相宗逐渐复兴。后来，潜心佛学的杨文会及其弟子欧阳竟无在因明的复苏、弘扬方面贡献巨大。因明研究的深入，为比较逻辑研究注入了新的内容。

第三，中国辩学源于一千多年前的先秦名辩理论。明清之际，随着考据学的兴起和盛行，近代诸子学开始复兴，清中叶以后，考据学由治经而逐渐及于诸子之学，先秦名辩理学开始得到重视和研究。

名辩理学的复苏使一些重要的著作得到整理、校勘，如《公孙龙子》、《荀子》、《墨子》以及《墨经》重昭于世。毕沅、张惠言、孙诒让等努力校勘和整理研究，《墨经》得以梳理顺畅。

中国名辩思想的深入研究和挖掘使得比较逻辑研究成为一个主题，这也逐渐形成了我国近代逻辑发展最突出的特征，三者相互参证，有助于比较研究本身的深入开展和对三支逻辑源流的更全面、更深刻的认识及其客观的、正确的评估。

第四，比较逻辑研究成果凸显。

比较逻辑研究在国内始于 19 世纪末 20 世纪初，著名学者梁启超、胡适等人运用他们所掌握的西方逻辑和印度因明等方面的知识，对"三支逻辑源流"进行了比较研究，并分别取得了许多重要的研究成果。比如，在近代逻辑史上梁启超堪称比较逻辑研究的一代宗师，他在《论中国学术思想变迁之大势》中提出了比较逻辑的观点，1904 年他撰写的《墨子之论理学》一文，则标志着我国近代比较逻辑研究已由萌发阶段走向自觉研究的开拓初创阶段。

20 世纪 80 年代以来，比较逻辑研究取得了一些研究成果。专著主要有崔清田的《墨家逻辑与亚里士多德逻辑比较研究——兼论逻辑与文化》，杨百顺的《比较逻辑史》以及曾祥云的《中国近代比较逻辑思想研究》等。论文方面主要体现在：刘培育在《社会科学辑刊》2001 年第 3 期发表的《20 世纪名辩与逻辑、因明的比较研究》；董志铁在《哲学研究》1998 年增刊中发表的《试论虞愚因明与逻辑的比较研究》；孙中原在《南亚研究》1984 年第 4 期发表的《印度逻辑与中国希腊逻辑的比较研究》；曾祥云在《福建论坛》1994 年第 1 期中发表的《比较逻辑的性质、可比性原则及其价值评估刍议》；翟锦程在《哲学动态》1994 年第 7 期中发表的《比较逻辑研究述介》；张学立于《中州学刊》2007 年第 4 期发表的《试论比较逻辑成为独立学科的合理性》；等等。

（三）比较逻辑研究中存在的一些问题

近年来，比较逻辑研究虽然取得了一些成绩，更有一些学者开始逐步脱离原来对三大逻辑体系及其微观领域的简单对比分析，从而对比较逻辑的研究深入基本理论，而比较的方法也越来越受到逻辑史研究者的重视，但现阶段还存在一些问题。

其一，近现代学者在进行比较逻辑研究时，往往以微观的、具体的比较为主，以对三大逻辑体系之间某一具体问题或同一逻辑中各部门之间某一具体逻辑问题的异同比较为重心，而对比较逻辑基本理论进行必要探究的层面却十分缺乏。这样我们就难以明确比较逻辑研究的目的和任务，在比较逻辑研究过程中就难免出现盲目性和随意性。

其二，近现代的部分学者在一定程度上存在"比附"的现象，以西方逻辑为标准，去套析或诠解中国名辩、印度因明，使中印逻辑成为西方逻辑的翻版，抹杀了中印逻辑的特点，歪曲了中印古代逻辑的面貌。这种现象的出现从根本上来说是缺少对比较逻辑研究方法论的探究，在比较逻辑研究的过程中，不应仅仅强调地域的区别、时间的先后，在不同的逻辑系统、理论中间存在多种多样的比较形式，比如归纳逻辑与演绎逻辑的对比分析，形式逻辑与辩证逻辑的比较分析，等等。故比较逻辑研究应该寻求更多的方法以支持自身的逻辑体系。

其三，20世纪的比较逻辑研究，比较普遍的问题是未将三支逻辑源流纳入同一参考系进行考察，更未将三支逻辑源流纳入一门独立学科体系进行研究，这样就容易出现某一逻辑源流、系统或理论独占鳌头的现象，往往会抹杀其他逻辑理论的个性，甚至使其走向衰落或灭亡。

比较研究世界三大逻辑——印度、中国、西方逻辑的相关情况，排除世界逻辑只此一家的观点，需要在清楚认识三大逻辑体系的相关特性后对其理论有一个清晰的描述，再在此基础上探讨相互之间的共同点与不同点，可比较处与不可比较处，从而达到对比较逻辑学研究的初步尝试。

三　比较逻辑研究的意义

比较逻辑本身的特性可以使我们清楚地了解比较逻辑研究的意义，针对比较逻辑研究过程中存在的一系列问题，我们应更加深入地对比较逻辑学研究进行探究和挖掘，使其能够更准确地指引人们的思维方式，更全面地反映各逻辑源流、体系的特点，从而摒弃厚此薄彼甚至盲目比附的现象，使各逻辑观能各具本性，比足发展。比较逻辑研究的具体意义表现在以下几个方面。

第一，为逻辑学研究开疆拓土。

比较逻辑学为逻辑学研究开拓了领域，开辟了新的探索途径。

首先，比较逻辑学滥觞于逻辑史研究，当它将科学之光投射到三大逻辑观间或各逻辑体系间或本身的各种历史联系之后，逻辑学研究就冲破了国家的界限，从一种逻辑观或某一逻辑体系、逻辑系统扩展到多种逻辑观或体系或系统。

其次，比较逻辑学的开展，使其他相关学科的研究出现了另辟蹊径的崭新局面。在国际上，各国比较逻辑学的学者通过自己比较逻辑学的理论，在逻辑学界发挥着越来越大的作用。在中国国内，逻辑学者通过比较逻辑学的途径，可以找到中国逻辑学在世界逻辑学界中的价值。

另外，通过比较的方法，探索逻辑研究的更高境界，季羡林指出："中国的社会科学，其中也包括人文科学，想要前进，想要有所突破，有所创新，除了努力学习马克思主义以外，利用比较的方法是关键之一。"[①]因此，我们提倡比较逻辑的研究，提高比较方法的研究价值。

第二，促进国际逻辑学的交流。

比较逻辑学可以确定民族逻辑学或国别逻辑学在世界逻辑学中的地位，进一步促进各国、各民族间的文化交流。季羡林曾说："比较文学的研究属于文化交流的范畴。"[②] 同理，比较逻辑学的研究也必然是不同文化之间的交流和互动，其实比较逻辑学这一学科就是在各民族逻辑学相互渗透、各国文化交流日益频繁的基础上发展起来的，它将继续在这种交流中得到巩固，并反过来促进这种交流。比较逻辑学在沟通民族逻辑学的过程中，也为其发展提供了有益的借鉴，使各国逻辑学从彼此的研究成果中得到补充。比较逻辑学正是在克服逻辑学研究的封闭倾向，探索各国逻辑学独立发展的道路与相互交流的同时，为逻辑交流开辟了广阔道路。它使逻辑学与周围世界之间有了会通的渠道，辅助民族逻辑学或国别逻辑学走向世界。在这种文化交流之中，时刻牢记弘扬民族文化的精华，增强民族自豪感。

第三，加深对逻辑学本质的认识。

苏轼诗云："横看成岭侧成峰，远近高低各不同；不识庐山真面目，只缘身在此山中。"在逻辑研究过程中单纯从某一逻辑现象出发或仅仅以

---

① 《比较文学译文集》，北京大学出版社，1982，序第2页。
② 《中国比较文学年鉴》，北京大学出版社，1987，第44页。

一种逻辑观为尊，都不利于逻辑学的发展和深入，只有对不同的逻辑观点、理论进行比较，运用比较的方法，构建比较逻辑学学科体系才能"一览众山小"。

因此，比较逻辑学可以更准确、更科学、更全面地认识逻辑学的本质和规律。逻辑学著作有其自身的价值，学者有其独特的思想个性，逻辑学发展也有自身的规律。在逻辑学研究领域内，比较逻辑学可以成为横跨三大逻辑观的桥梁，并把研究对象定为跨越民族和语言界限的逻辑现象。

第四，对弘扬以中国墨家逻辑为代表的逻辑一源意义非凡。

在上文提到过，当今逻辑学界，西方逻辑无疑一统天下。那么，中国古代名辩思想路在何方？是否离开了西方逻辑，名辩思想就无干可附？中国有无逻辑？在这里，笔者以为张东荪提出的逻辑多元论是有道理的，但用西方文化的观点来看中国的逻辑显然是没有答案的。因此，中山大学鞠实儿教授提出"文明平等原则"。[①] 鞠教授认为，"西方经典研究方法不能证明任一文明（含逻辑）的合理性，但也不能证明它是不合理的。因此，没有一种文明（含逻辑）在合理性方面是超越的，它们均不能被简单地拒绝和接受，这就是所谓的文明平等原则"。[②] 本着这一原则，鞠教授认为"从刻画典型特征的角度说，逻辑是关于说理规则的理论"。[③] 墨家辩学的形成有其深厚的文化底蕴和历史、社会渊源，那就是它的直觉思维，直觉思维是一种说理规则，在这里"墨家辩学也是讲说理规则的学问，是反映直觉思维特征的一种逻辑"。[④] 按照这个观点，笔者以为"中国有逻辑，但中国的逻辑不是形式逻辑"。[⑤] 这也体现了中国逻辑的特征。我国逻辑学家对《墨辩》的研究已经取得了很大的成就，《墨辩》已经形成了相对独立的理论体系，那为何我们的有民族特色的理论不能发扬光大，不能雄踞一方？"我们必须在求异的基础上，在中国文化背景

---

①　鞠实儿：《逻辑学的问题与未来》，《中国社会科学》2006 年第 6 期。
②　鞠实儿：《逻辑学的问题与未来》，《中国社会科学》2006 年第 6 期。
③　曾昭式：《墨家辩学：另外一种逻辑》，《哲学研究》2009 年第 3 期。
④　曾昭式：《墨家辩学：另外一种逻辑》，《哲学研究》2009 年第 3 期。
⑤　曾昭式：《墨家辩学：另外一种逻辑》，《哲学研究》2009 年第 3 期。

中，从逻辑与中国古代语言文字、价值体系、知识结构、行为方式和思想文化走向的关系上考察和审视，坚信中国古代也有自己的'逻辑'。"①上面提到，根据逻辑多元论的观点，说理规则是一种逻辑理论，但这仅是从刻画典型特征的角度而言，对此，曾昭式认为，"墨家辩学不仅不是中国逻辑的唯一形式，而且它还不是中国逻辑的主流。在中国文化里，把谈说论辩之学视为末学，秦汉以降，墨学中绝，真正得到发展的是儒道两家的思想。这样看来，反映中国直觉思维特征的儒家说理和道家说理是我们更需要探究的逻辑。这将是中国逻辑史研究的深化与拓宽"。②

比较逻辑学学科理论的构建，旨在会通三大逻辑观，同中存异、同中显异、异中会通，从而打破西方逻辑一统天下的局面，促使中国墨辩在今天显示其独有的个性，从而发扬光大。全球化的 21 世纪呼唤新学科、培植新学科、需要新学科，以求推动时代前进。这是历史发展的必然规律。

第三节　比较逻辑研究的原则和方法③

比较逻辑研究的宗旨是构建比较逻辑学学科理论体系，在上面的章节中，笔者主要从本体论的角度略谈了比较逻辑研究的内容，而其作为一门独立学科的建立，笔者以为，应从以下三个方面予以思考：其一，学科理论与学科方法论的逐步形成和确立；其二，研究成员、专业研究队伍以及相关学术团体涌现和重视；其三，相关学术研究、学术活动的进行和周期性。本节主要是对第一个阶段学科理论与学科方法论的确立这一进程奠基。在前两个章节，也就是在本体论中，笔者就比较逻辑学研究的内涵理论、研究现状和意义做了一些探讨。与此同时，在构建本体论的过程中，方法的运用必不可少。

众所周知，在一门新学科的建设中，除了本体论之外，就是方法论。

---

① 张斌峰：《在逻辑与文化之间：张东荪的逻辑文化观》，《安徽史学》2001 年第 2 期。

② 曾昭式：《墨家辩学：另外一种逻辑》，《哲学研究》2009 年第 3 期。

③ 本节大部分内容以《比较逻辑学理论体系建构的原则和方法》为题发表于《淮阴师范学院学报》（哲学社会科学版）2012 年第 2 期。

比较逻辑学研究也是如此，在比较的过程中，本体论与方法论的关系是"体"与"用"的关系、"方向"与"路线"的关系。"是什么"的问题决定方向，而方法论决定研究路线。在比较逻辑研究的过程中，如果没有本体论，那么比较逻辑学的学科构建就成了"海市蜃楼"；同样，如果仅仅是杂乱无章的文字堆砌，甚或比附，那样比较逻辑学研究就会空洞无物，乃至其所构建的楼层一触即塌。

在前面我们已经探讨过，比较逻辑学研究分为三个层次，即描述的比较逻辑学、评价的比较逻辑学和会通的比较逻辑学。这是就本体论角度来谈，如果上升到方法论的角度，那就是描述的比较逻辑学方法论、评价的比较逻辑学方法论和会通的比较逻辑学方法论。与主体认识同步，方法论的研究也有一个由低到高的过程，在进行方法论的探讨过程中，我们必须遵守一定的原则和蹈循一些具体的方法，从而在进行比较逻辑研究的过程中做到有的放矢。

一　比较逻辑研究的原则

比较逻辑研究必须以哲学认识论为前提和基本原则。认识论旨在探讨人类认识的本质、结构，认识与客观实在的关系，认识的前提和基础，认识发生、发展的过程及其规律，认识的真理标准等。但同时，我们必须分清唯心主义认识论和唯物主义认识论。唯心主义认识论否认物质世界的客观存在，坚持从意识到物质的认识路线，不可知论否认客观世界可以被认识。唯物主义认识论则恰恰相反，它肯定从物质到意识的认识路线，强调物质世界是客观实在，并且认识是人对客观实在的反映，世界是可以认识的。辩证唯物主义认识论则进一步把实践作为认识的基础，把辩证法运用于认识论。

在比较逻辑研究的过程中，能否从认识论的角度出发，关系到比较逻辑学学科理论建构巩固与否。

辩证唯物主义认识论强调，认识是发展的，认识会由感性上升到理性，透过现象认识本质；讲认识和实践的关系，实践是认识的来源、发展动力、目的，检验认识正确与否的标准。比较逻辑研究是一个动态的变化过程，并且随着实践的发展，认识的方法会逐步多样，认识的层面也会逐步深入，并且在研究实践的过程中，随着研究者阅历的增加，人们对比较逻辑研究中所体验到的具体内容的比较探究会越来越细微和深入，认识也会越来越深刻，同时，也会知道原有的看法是否正确，并为以后的认识积累经验。

（一）比较逻辑学三个层面研究中的认识论前提

比较逻辑研究必须以认识论为前提和基本原则。比较逻辑学研究的初级阶段——描述的比较逻辑学，是对三支逻辑源流本身的研究，是比较逻辑学整个学科理论研究的前提与基础。所以，在对描述的比较逻辑学方法论的探讨中必须坚持唯物主义认识论的观点。原因有三：其一，描述的比较逻辑学关于描述的含义必然是对原典进行史料考证与挖掘整理之后得到的。这就需要在研究的时候坚持实事求是的原则。其二，描述的比较逻辑学研究需要吸取三大逻辑体系中具备可比性的信息源。这就需要我们站在客观、公正的立场上，从整体出发，通过归纳和演绎、分析和综合等方法对其进行研究。其三，在以上二者的研究基础上，通过对比较逻辑学初级阶段的探讨，在归纳、总结、提高，并在实践逐步深入的过程中，达到文字表述的"信达雅"，即严复在《天演论·译例言》中指出的："译事三难：信、达、雅。"[①] 所谓"信"，是指内容准确无误；所谓"达"，指的是表述内容时运用的语言通顺、妥帖；所谓"雅"，是指言辞文雅。

在比较逻辑学研究的第二个阶段，即评价的比较逻辑学，它强调的是对古代、近代与现代三种逻辑之间的纵横比对、同异比较，它建基于描述的比较逻辑学。在认识论层面，它突出表现在从客观的事实中挖掘出具有可比性的信息源，从而在可靠材料的支撑下进行纵横、同异比较。这是进行比较逻辑研究的必经阶段，更是对于理性认识的提炼和升华。

在比较逻辑学研究的第三个阶段，也就是会通的比较逻辑学研究，它以三支逻辑源流之间的平等对话与三者内在关系的透视会通为基本研

---

① 〔英〕赫胥黎：《天演论》，严复译，冯君豪注，中州古籍出版社，1998，第26页。

究对象。这一阶段是认识论中的理性形成、实践、轮回乃至飞跃的阶段。它不再仅仅局限在对所认识事物的描述或评价，而是在比较逻辑研究的纵横层面突破"公说公有理，婆说婆有理"的限制，使点、线、面之间有一定的建构和会通，从而形成理论并进一步指导实践，而后在实践中检验、提高。

（二）比较逻辑学研究历史进程中的认识论思考

比较逻辑研究之所以能够凸显学科魅力，从哲学认识论的角度来讲是因为它具备了理论的基础；从历史的进程来看，则是认识论实事求是从而矫正的表现。

辩证唯物主义认识论指出，人们在实践基础上所得到的关于外部世界的初级认识是感性认识，它包括感觉、知觉、表象等形式。这是认识的初级阶段。在感性认识的基础上，必须用理性思维对感性材料进行逻辑加工，即遵循从感性具体到抽象，又从抽象上升到思维具体的方法以及逻辑与历史统一的原则，最后通过归纳和演绎、分析和综合，以概念（范畴）、判断、推理的形式，形成理论知识的体系，即理性认识。理性认识是对事物的抽象、概括的反映，也是对事物的本质、全面的反映，是认识的高级阶段。认识的能动性不仅表现于从感性认识到理性认识的能动飞跃，而且表现于从理性认识到实践的能动飞跃。人们在获得理性认识以后，通过种种形式使之应用于实践，向现实转化。这是实践检验理论、实现理论的过程，是整个认识过程的继续。在理论检验的过程中，又使得理论更加完备和提升。

以张连顺（顺真）所定义的"现代量论"的两个时期为例进行说明。张教授将1900年以来的"现代量论"划分为前后两个时期，即1945年以前的"一般比较逻辑学学派"时期和1945年以来的"新古典量论学派"时期。其中"一般比较逻辑学学派"时期又可分为两个阶段。

第一个阶段是1900—1935年，乃"一般比较逻辑学学派"以及"现代量论"的起步、奠基、初步形成时期。张教授认为："以谢尔巴茨基（Th. Stcherbatsky，1866—1942）为代表的'一般比较逻辑学学派'性质的'现代量论'学家，多以亚里士多德的形式逻辑、康德的先验逻辑等为解释范式，实施欧洲哲学逻辑学向'古典量论'的映射，由是完全被曲解了的陈那几乎就竟然成了近代的康德。"这在感性认识发展到理性认识的过程中，没有体现事实本意，因而是歪曲的理论。张教授还认为，"现代逻辑特别是符号逻辑开始向'古典量论'实施映射，'古典量论'中以'比量智'为核心的建构系统被人为地从'现量智'与'比量智'的'二量'系统中剥离出来，并将作为自我思维的'自义比量'与作为自我思维在交往情境中的'他义比量'的明显特征强行取消由此变成单一的自我思维之形式的逻辑思维，以此强行将比量智纳入欧洲逻辑的系统中，在本不具可比性的比较中将量论二量阉割为一量，并将二种比量强并成一种比量，终以'古典量论'之'比量智'竟然也合于欧洲逻辑为内心之快慰"。这种断章取义的做法从认识论的角度来说就是缺乏用理性思维对感性材料进行逻辑加工，也就是说从感性具体到抽象，又从抽象上升到思维具体的过程，以及逻辑的与历史的统一的原则上缺乏必要的真实性与客观性。究其原因，张教授以为："这是欧洲现代强势文化心态在佛教量论因明学研究中的一种自发性反应，更是近代晚期以来所逐渐形成的欧洲现代逻辑'去心理主义'思潮之逻辑方法论在解释'古典量论'时的自然映射。"①

第二个阶段，也就是1935年以后，随着欧洲逻辑学内部对符号逻辑的反思而形成的怀疑反思阶段。张教授认为这个阶段关注两个基本问题："一是'去心理主义'的逻辑学体系能否真正成立，二是单向度的符号逻辑体系对'古典量论'生吞活剥的映射是否合理。"随着实践的进一步变化、发展，量论"欧洲系统"终于走上了向"古典量论"特别是印藏系统全面回归的坦途，由此形成了1945年以后的"新古典量论学派"，它建立在量论方法论的根本转变之上，其代表在欧洲就是现代量论"维也纳学派"的开拓者弗劳瓦尔纳（Erich Frauwallner，1898—1974），在东方就是《佛教逻辑学之研究》一书的作者武邑尚邦。②

武邑尚邦对现代量论"一般比较逻辑学学派"的历史地位给予了极

---

① 文字整理于贵州大学张连顺（顺真）教授的课堂录音。
② 〔日〕武邑尚邦：《佛教逻辑学之研究》，顺真、何放译，中华书局，2010，序言。

为中肯的评价，他认为："时至今日，依据作为最新逻辑学的符号逻辑学之模式将佛教逻辑学与欧洲逻辑思想进行比较研究之尝试，在一定范围内正在取得大的成果。"但他更深刻地认识到："在如是之新方法中，即使佛教逻辑学之符号化在某种程度上能够实行，而不能被符号化因素之存在益发明显，于此出现了新的问题。实际上，唯这没能够被符号化之部分显示着印度独特之立场，唯此才是今后一定要研究的尚待解决之课题。""这是由现代量论的'一般比较逻辑学学派'走向'新古典量论学派'在方法论上的高度自觉，是吹响复兴古典量论本义之境的理性号角。"①

基于对现代量论发展历程的比较研究，可以凸显辩证唯物认识论的价值，比较逻辑学的研究必须以此来规范学习和研究，从而在挖掘历史的过程中摒弃错误的理论观点，并且在实践中培育正确的理论，以指导实践并发扬光大。

（三）比较逻辑学研究与认识论研究同步发展

在现代，由于科学技术迅猛发展，各种精确、严密的技术手段和科学方法被广泛地应用于实践和认识领域，人类的认识能力得到了空前的提高。与此相适应，认识的对象也在广度和深度两方面以前所未有的速度扩展着。主体和客体相互作用、相互联系的中介日益复杂化。所以在比较逻辑学研究的过程中，笔者以为应极力避免如视野狭窄，不察行情；注重结论，短于论证；捕风捉影，以字取义等浅显取向。在认识的手段、方法和形式越来越多样化、精密化，主体和客体之间的中间环节也更加复杂化的同时，考察各种认识手段、认识方法和认识形式，如各种仪器、电子计算机、模拟方法、模型方法、数学方法、符号系统等在认识过程中的作用，以及与之相适应的思维方法。主体和客体之间中间环节的复杂化，使认识的结构问题，主体和客体、主观和客观、认识形式和认识内容、理论和实践等的关系问题更加突出。同时，科学认识的发展，使得理论对实践显示出越来越重要的作用。以上面提及的量论因

---

① 〔日〕武邑尚邦：《佛教逻辑学之研究》，顺真、何放译，中华书局，2010，序言。

明学研究的历程为例，理论的实际应用、为实践建立观念模型、科学预见、超前反映等，使量论因明学得以破除"去心理主义"的影响，从而回归正统。

总结现代科学技术的成果，概括现代科学认识的资料，对现代科学技术发展中提出的有关认识论方面的问题进行研究，做出科学的解释，是辩证唯物主义认识论的一项十分迫切而又复杂的任务。这同时也为比较逻辑学研究提供了很好的方向，从而也必将会发展和丰富比较逻辑学的内涵理论以及比较逻辑学学科理论体系的构建。

二　比较逻辑研究的方法

比较逻辑学研究在以哲学认识论为前提和基本原则的背景下，如何进一步扩展研究领域，提升研究深度，需要具体方法的培植和运用。历史上，自19世纪末以来，比较逻辑研究已走过了百余年的时间，但在此过程中，鲜有学者对比较逻辑自身的基本理论给予必要的重视，主要是以三支逻辑源流之间或同一民族逻辑内部具体某一逻辑问题，即微观比较为中心的。对方法论的研究尤是如此。

人类迈入21世纪，不同文化背景、教育程度与思维方式得到了强化和发展，人们之间的联系日益增强，这样方法论就具有了非常重要的意义。作为比较逻辑学研究的方式和途径，这种比较的方法也越来越重要。从根本上来说"比较"作为人类分析解决问题、总结经验教训时经常使用的方法，在许多研究领域里被普遍应用。抛开自然科学不论，仅就社会科学研究而言，比较方法被运用于诸多学科，如比较哲学、比较语言学、比较法学、比较历史学、比较经济学等，但比较方法多用于具体的学术研究。比较逻辑学则不同，比较逻辑学除了在具体的学术研究领域有独特之处外，作为一门独立、严谨的学科，它虽然与多学科及相关学科有若干的碰撞和联系，但比较的方法却是独到的、全面的。

通常情况下，进行逻辑比较研究的方法主要是横向和纵向比较，随着研究深度的挖掘、广度的扩展，人们逐渐探索出了在时间和空间跨度下的更多具体的研究方法，如典型比较方法、影响研究、跨学科研究、渊源研究、平行研究等。

（一）传统的比较研究方法——横向、纵向、并向

1. 横向比较研究

（1）所谓横向比较研究在有的论述中也称为共时性比较方法，它主要是就相同历史时期或相似的历史发展阶段不同国家和民族在逻辑理论和逻辑思想上的比较。

（2）横向比较主要分为三个层次。一是对印、中、西三大逻辑系统进行总体上的比较，如三大逻辑系统在形成背景方面的比较。二是对某一大逻辑系统中的子系统进行比较，比如中世纪的逻辑与文艺复兴时期的逻辑在影响方面的比较。三是历史某一阶段两个逻辑学家的比较，如陈那与法称的历史贡献之比较；或不同地域、国籍两位逻辑学家的比较，如亚里士多德与墨子的比较；当然也可以使相关理论的比较，如《墨辩》的"三物论式"、因明的"三支论式"与亚里士多德三段论的比较。

（3）横向比较研究的特点如下。一致性，指的是时间上的统一或某一阶段的统一；开放性，指的是比较研究的层次不仅仅局限在某一区域或某一派系，或不仅仅限制在某一人物、某一观点；广泛性，是指跨度大，比较研究的范围囊括了不同的逻辑系统以及同一逻辑系统内在的不同逻辑观点，甚至不同逻辑系统内的不同的逻辑观点。

（4）横向比较研究的作用：通过横向比较研究，进一步揭示各个逻辑系统的特点，总结相关逻辑理论、思想的产生和形成的条件，并分析其制约发展因素，从而能够了解不同逻辑系统或同一逻辑系统之间和内部以及同外部发展的状况和水平。

2. 纵向比较研究

（1）所谓纵向比较研究方法也称为历时性比较方法，它主要是对不同历史时期或历史发展不同阶段的逻辑理论或逻辑思想、人物等进行的比较研究。

（2）层次划分。一是古代与近代、古代与现代、近代与现代、古代与近代和现代等的比较。二是在一定的基础上抽取其内部具有可比成分

的阶段、思想、人物等进行比较。三是不同阶段代表性专题等的研究。

（3）纵向比较研究的特点如下。时间性，指不同理论思想、人物等在时间上的差异性；统一性，指在不同时间、空间对某一思想具有的相同的地方；落差性，指在不同地域、时间下同一思想所具有的不同的影响。

（4）纵向比较研究的作用：通过纵向比较的方法，能准确地认识逻辑的发展过程及某一阶段或总的趋向，从而在比较借鉴中有助于现代逻辑的发生、发展、进步。

3. 井向比较研究

所谓井向比较研究方法主要是指横向和纵向交叉研究的一种研究方法，它有助于分析某一逻辑理论、人物等在整个人类逻辑观中的价值和意义。同时，通过对一点在全局中的作用分析，有助于对某一逻辑观的整体把握和运用。

（二）研究过程中点对点的比较——典型比较

（1）所谓典型比较是根据研究需要对某一理论、系统、人物及其与其他学科理论的关系等的比较。

（2）层次划分。主要分为两类：一是同一学科内部对某一理论、系统、人物等的比较研究；二是本学科与其他学科理论的比较分析，区别研究等。

（3）典型比较研究的特点如下。针对性，指针对某一问题进行探索，不考虑其时间性和空间性；广延性，指学科跨度上的无限性，比如《墨辩》理论的影响与亚里士多德逻辑理论的影响在社会制度和经济发展过程中的比较分析。

（4）典型比较研究的作用：有助于明确不同逻辑类型或具体的逻辑系统的比较，有助于分析判别不同逻辑类型或系统在不同环境下的影响和价值，有助于发现不同逻辑类型或系统在比较中所具有的先进性或落后性等。

（三）逐步探索下的具体研究方法——平行研究

（1）所谓平行研究是指把无直接关系的不同民族或系统逻辑，在渊源、特点、影响、人物等方面实际存在的类同和差异作为研究重点，经过推理分析，然后得出有益的，往往又具有某种规律性、理论性的结论。

（2）作为比较逻辑学研究的一个比较广泛和系统的研究方法，在进行相关比较研究中它尤其注重双方是否具有比较性，根据平行研究的这种性质，我们将其分成类比比较和对比比较两个类别，两者在理论和实践中有明显的区别和不同。所谓类比比较是从相同的逻辑现象入手进行分析，重在"同"的论证。但是在逻辑学范畴乃至整个哲学范畴里似乎不存在两种完全相同的可比较的对象，因此，它往往要对相同逻辑现象的同中之异进行辨析，以求从更深层次去认识那些"同"。如《墨辩》的"三物论"与因明学中的"三支论"的比较，很显然两者具有同类可比的特点，并最终通过对两者的比较找出不同，从而在理论层次定义它们的相同属性。所谓对比比较是从相异的逻辑现象入手进行分析，重在"异"的论证。和类比比较相同的是，在逻辑学范畴，哪怕是更广一些的理论范畴里也并不存在两种完全相异的比较对象，也就是说，总能从它们本体上发现某些"异中之同"，因此，这种比较往往首先要找出相异逻辑现象、系统中的共同点，作为进一步比较的基础，然后再在辨异的过程中，发现可比的逻辑现象中的异中之同，以求在更深次意义上去发掘那些逻辑现象、体系、观点中的"异"。如亚里士多德与墨子的比较，从表面上看他们并无任何相同之处，但是他们在许多方面又存在相同点，比如他们在各自的逻辑研究领域的贡献，具体表现在三段论和"三物论"对不同逻辑观的影响上。

（3）平行比较研究的特点如下。交叉性，在不同民族、不同地域、不同人物等的逻辑观点均可进行比较研究；实用性，在进行比较逻辑研究过程中可以针对某一问题对相关逻辑现象、人物、观点等进行比较。

（4）作用。平行研究重在问题性研究，以此有利于发现逻辑理论中的问题和价值，有助于探究逻辑理论的内核。但也有它的不足之处，比如可能出现形式主义倾向以及简单比附和牵强附会的弱点。

（四）多维的研究思路——渊源研究、过程研究、影响研究、跨学科研究等

以上各种方法中，比较逻辑学研究往往是交叉并用，以达到预期目

标或效果为根本，针对扩展性的研究思路，它往往是通过对研究的本体有一个明显的方向，从而在渊源研究、过程分析、意义影响等方面分别着重分析以求达到不同逻辑观的会通。在此基础上，通过对比较逻辑学的研究架构，进一步扩展研究领域和视野，找出主体、主体之间与其他学科理论的异同，从而达到相互借鉴、相互提高、相互促进的目的。

在比较逻辑学研究分析的过程中，以上原则和方法是本体论研究必须遵循的和必不可少的工具。只有以哲学认识论为前提，本体论研究才不至于偏离研究方向，在比较逻辑研究过程中才能够坚持客观、公正的立场。方法是开启门锁的钥匙，在比较逻辑研究过程中，无论是横向比较还是纵向比较，甚至两者的交叉比较，都可以从不同的方向对某种现象进行解构。在这个过程中才可以透过现象认识本质，从而辨伪取真，达到相互提高的目的。

第五章

描述视野下的中西方必然推理比较研究

在比较逻辑学研究的初级阶段——描述的比较逻辑学，它是对三支逻辑源流本身的研究，是比较逻辑学整个学科理论研究的前提与基础。所以，在对描述的比较逻辑学方法论的探讨中必须坚持唯物主义认识论的观点。究其原因至少有三。其一，描述的比较逻辑学本身关于描述的含义必然是对元典进行史料考证与挖掘整理，而后才会得到所需的知识。这就需要在研究的时候必须坚持实事求是的原则。其二，描述的比较逻辑学研究需要吸取中西方逻辑体系中具备可比性的信息源。这就需要我们站在客观、公正的立场上，从整体出发，通过归纳和演绎、分析和综合等方法对其进行研究。其三，在以上二者的研究基础上，通过对比较逻辑学研究的初级阶段的探讨后，归纳、总结、提高，并在实践逐步深入的过程中，达到文字表述的"信、达、雅"，即严复在《天演论》卷首的《译例言》中指出的："译事三难：信、达、雅。"① 所谓"信"，是指内容准确无误；所谓"达"，是指表述内容时运用的语言通顺、妥帖；所谓"雅"，是指言辞文雅。

---

① 〔英〕赫胥黎：《天演论》，严复译，冯君豪注，中州古籍出版社，1998，第 26 页。

第一节　描述视野下中国逻辑必然推理思想源流

一　中国传统数学与中国传统逻辑

（一）中国古代是否有必然推理

"中国古代是否有逻辑"问题的争论焦点在于中国古代是否有必然推理。按照逻辑学的分类方法，以推理的前提是否蕴含结论，即前提与结论之间的关系是否为"必然地得出"，可以把推理分为必然性推理和或然性推理。学界公认，西方逻辑必然推理机制源于古希腊数学公理化方法，集大成于亚里士多德创建的"三段论"演绎推理系统；而中国古代逻辑研究，多集中于人文社会科学领域，所以，即使有少量关于中国逻辑必然推理的研究成果，也基本上是描述式的，鲜有涉及中国古代科学技术领域的必然推理实证研究成果。因此，关于"中国古代是否有逻辑"的讨论、商榷，也就难免流于辩论层面，动辄"某某名家"说过什么观点、"某某研究者"什么态度，却很少触及问题的核心——中国逻辑必然推理是否存在；如果存在，其推理机制和推理程序是什么。

在中国辉煌而悠久的五千年文明史上，直到 15 世纪，我们在科学技术领域的成就还一直遥遥领先于西方，对于这一点，国际科技史学界早已形成公论，著名的"李约瑟难题"① 就是针对上述事实的。"为什么在公元前 1 世纪到公元 15 世纪期间，中国文明在获取自然知识并将其应用于人的实际需要方面要比西方文明有成效得多？"李约瑟毕生耗费大量精力潜心研究中国古代科学技术史，上面的"李约瑟难题"是他留给科技史学界的一个常论常新的论题。运用传统逻辑回溯推理剖析"李约瑟难

---

① 源于李约瑟对中西方获得科学技术成就的方法、原因等方面的差异发表的看法。"李约瑟难题"是学界根据李约瑟的相关表述总结出来的，所以，有不同的理解和版本。以下为所采李约瑟原文："Why, between the first century B. C. and fifteenth century A. D., Chinese civilization was much more efficient than occidental in applying human natural knowledge to practical human needs?" 参见 Joseph Needham, *The Grand Titration: Science and Society in East and West*, Toronto：University of Toronto Press, 1969, pp. 16, 190。

题"的实质：其一，在公元前 1 世纪到公元 15 世纪期间，通过对比中西方取得的科技成就，中国文明要辉煌得多；其二，中国人运用了什么"比西方文明有成效得多"的方法取得这些辉煌成就？显然，"李约瑟难题"的目标指向就是"比西方文明有成效得多"的"中国方法"是什么。

爱因斯坦在 1953 年致斯威策（J. E. Switzer）的信中说：

> 西方科学的发展是以两个伟大的成就为基础，那就是：希腊哲学家发明形式逻辑体系（在欧几里得几何学中），以及通过系统的实验发现有可能找出因果关系（在文艺复兴时期）。在我看来，中国的贤哲没有走上这两步，那是用不着惊奇的，令人惊奇的倒是这些发现［在中国］全都做出来了。①

爱因斯坦这段话的前半部分，经常被引用者单独摘取出来，作为"中国无逻辑"的重要证据，如李文在《光明日报》的文章《中国无逻

---

① 《爱因斯坦文集》第一卷，许良英、范岱年编译，商务印书馆，1976，第 574 页。译者许良英先生后来对后一段的译文作了修改："在我看来，中国的贤哲没有走上这两步，那是用不着惊奇的。作出这些发现是令人惊奇的。"且收信人纠正为 J. S. Switzer（参见许良英《关于爱因斯坦致斯威策信的翻译问题——兼答何凯文君》，《自然辩证法通讯》2005 年第 5 期，第 100 页）。这封信的原文也有不同版本："Development of Western Science is based on two great achievements: the invention of the formal logical system（in Euclidean geometry）by the Greek philosophers, and the discovery of the possibility to find out causal relationships by systematic experiment（during the Renaissance）. In my opinion, one has not to be astonished that the Chinese sages have not made these steps. The astonishing thing is that these discoveries were made at all."［Letter to J. S. Switzer, 23 Apr. 1953, Einstein Archive 61-381. Quoted in Alice Calaprice, The Quotable Einstein（1996），180］另一个版本是李约瑟的全文引用："Dear Sir, The development of Western Science has been based on two great achievements, the invention of the formal logical system（in Euclidean geometry）by the Greek philosophers, and the discovery of the possibility of finding out causal relationships by systematic experiment（at the Renaissance）. In my opinion one need not be astonished that the Chinese sages did not make these steps. The astonishing thing is that these discoveries were made at all. Sincerely yours, Albert Einstein."（见 Joseph Needham, *The Grand Titration: Science and Society in East and West*, Toronto: University of Toronto Press, 1969, p. 43）两者语义上并无本质差异。

辑吗?》,① 该文的立意是论证中国有逻辑,可惜在引用爱因斯坦的话作论据时,出现了断章取义,李文说:

> 中西方学者还有一个比较一致的看法:中国自古不讲逻辑。爱因斯坦认为,"中国无科学",根本原因在于"中国无逻辑"。他说:"西方科学的发展是以两个伟大的成就为基础,那就是:希腊哲学家发明形式逻辑体系(在欧几里得几何学中),以及(在文艺复兴时期)发现通过系统的实验可能找出因果关系。在我看来,中国的贤哲没有走这两步,那是用不着惊奇的。"(《爱因斯坦文集》第一卷)

作者引述上文只能提供一种证据力:爱因斯坦认为,"中国无科学",根本原因在于"中国无逻辑"。但是,这与爱因斯坦的原意是截然相反的。

通过对爱因斯坦全文的逻辑解读,可以构造出一组类比推理的复合命题:

> 西方人→以"形式逻辑""归纳逻辑"为工具→取得科技成就("西方科学的发展")
>
> 中国人→ ? →取得科技成就("中国全都做出来了")

很显然,中国人"全都做出来了"的科技成就,一定也是通过某种"比西方文明有成效得多"的、类似于西方逻辑的"工具"来实现的。这种"比西方文明有成效得多"的"工具",必然是具有中国文化特色的"中国逻辑",也正是类比句型中"?"的答案。是的,中国古代没有产生出演绎逻辑和归纳逻辑,那么,这些辉煌的科技成就赖以产生的"中国逻辑"是何种类型?其中蕴含着什么样的独特推理机制?

众所周知,在数学中,符合实际的问题和合理的假说,在得证之后,

----

① 李文:《中国无逻辑吗?》,《光明日报》2011 年 9 月 13 日。

其已知的前提条件和得出的结论之间，一定是"必然地得出"关系。数学是无国界的、无阶级性的、全人类普遍适用的基础学科，所以，中国数学、外国数学对同一实际问题的正确解决，无论方法如何千差万别，其前提与结论之间的关系都无异议地应该是"必然地得出"。所以，研究中国逻辑必然性推理，从中国古代数学典籍入手，当为不二之选。

从内在结构上看，数学是问题和问题解的集合；逻辑是沟通问题和答案之间的桥梁，问题经由逻辑必然地得出答案。所以，数学逻辑的推理机制是必然性推理。这种必然性推理在西方数学中表现为公理化系统。具体到中国古代数学，以《九章算术》为例，其一般结构表现为：问、答、术（图）、草。"术（图）"阐述解题原理和步骤，"草"给出详细的结题过程，二者在中国数学中体现的本质属性和作用，同逻辑在西方数学中体现的本质属性和作用，完全一致。所以，我们可以推定：中国古代数学中"术（图）"和"草"中蕴含的推理机制，就是中国古代数学中的逻辑的推理机制。

数学是中性的，只注重事实判断，中西方数学概莫能外。所以，中国数学中的中国逻辑，其推理机制和西方数学公理化系统的推理机制一样，也一定是必然性推理。如此，则中国古代数学逻辑思想史就是中国数学史的核心内容，而中国数学史就是中国古代数学逻辑思想史的研究对象，二者具有相同的源流。

（二）中国传统数学与中国逻辑必然推理

从中国文化观念史的视角考察，数起源于河图、洛书，基本上是不争的共识。《周易·系辞》："河出图，洛出书，圣人则之"是关于数起源的权威解释。三国曹魏时期著名数学家刘徽在其为《九章算术》所作注文序言中说：

　　昔在包牺氏始画八卦，以通神明之德，以类万物之情，作九九之术以合六爻之变。暨于黄帝神而化之，引而伸之，于是建历纪，协律吕，用稽道原，然后两仪四象精微之气可得而效焉。记称隶首作数，其详未之闻也。按周公制礼而有九数，九数之流，则九章是矣。

刘徽在序文中直接转引了《周易·系辞》的表述，十分清晰地展现了刘徽数学逻辑思想与《周易》逻辑思想的内在传承和源流关系。从包牺氏始画八卦→黄帝神而化之→隶首作数→周公制礼而有九数，为我们梳理出从伏羲、黄帝、隶首（黄帝之臣）到周公的数学演变历程，和《汉书·律历志》所载"自伏羲画八卦，由数起，至黄帝、尧、舜而大备"（《汉书》卷二十一，"律历志第一上"）一致。

　　南宋著名数学家秦九韶在《数书九章》序言中详细论述了"数"的起源和"算术"作为一门学科的形成历程："爰自河图、洛书闾发秘奥，八卦、九畴错综精微，极而至于大衍、皇极之用。"译为现代汉语，大意是：数发微于河图、洛书，经过八卦（伏羲首创八经卦，周文王推演出重卦六十四卦）、九畴（即洪范九畴。根据《尚书·洪范九畴》："初一曰五行，次二曰敬用五事，次三曰农用八政，次四曰协用五纪，次五曰建用皇极，次六曰乂用三德，次七曰明用稽疑，次八曰念用庶征，次九曰向用五福，威用六极"），在社会各领域的应用扩展，展示了数的精妙细微；通过大衍（"大衍术"）、皇极等在天文历法、占星等分领域的运用，数的精微作用得到极大发挥。

　　在中国古代文化语境中，以单字为语词的现象十分普遍，很多现代应用十分普遍的语词概念，其意义和古代大相径庭，"数学"就是其中具有代表性的例子。"数学"概念的核心是"数"，根据汉代许慎《说文解字》定义："数，计也。"按照逻辑学概念定义理论，"计"是"数"邻近的属概念。那么"计"又是什么？"计，算也。"同理可知，"计"邻近的属概念是"算"。到了给"算"下定义时，许慎又回复到原初"数"概念上——"算，数也"，换言之，"数"又是"算"邻近的属概念。依现代逻辑知识看，许慎《说文解字》对"数""计""算"的解读，是一个循环定义的典型案例。

　　如果忽略许慎《说文解字》对"数""计""算"三个概念循环定义的表象，从许慎解读三字时的文化语境出发，我们可以看到，许慎对"数"理解的核心点在于强调数的计算功能。由此就不难理解为什么"数学"在中国古代科学中被称为"算术"，中国古代数学的本质是关于数的运算和应用的学问，其基点是"算"。

"算"在古代汉语中有三种写法并对应三种不同的意义：算、筭、祘。筭、祘都是算的异体字，前两者在古代汉语中通用。祘，根据语境不同，含义有着较大差别。俞晓群认为，"数者，一十百千万也，所以算数事物，顺性命之理"（《汉书·律历志，卷二十一上》），给出了"数"的两个功能：其一是"算数事物"，古代称为"筭术"，意义与现代"数学"类同，定义为"内算"；其二是"顺性命之理"，则是有关占卜的知识，古人把这类活动视为"通神"，超出了现代数学的范畴，定义为"外算"。"祘，明视以筭之，从二示""示，神事也"（《说文解字》），可见，"外算"就是指"从二示"的"祘"。①

如果按照西方逻辑的分类方法，以中国古代数学逻辑思想的思维取向为分类标准，中国传统数学逻辑思想可以作如下分类。

1. 从推理的使用范围分，中国传统数学可以分为内算与外算

南宋数学家秦九韶在其划时代的数学名著《数书九章》序言中详细论述了中国古代数学的内算与外算分野，摘录如下：

> 周教六艺，数实成之。学士大夫，所从来尚矣。其用本太虚生一，而周流无穷，大则可以通神明，顺性命；小则可以经世务，类万物……爰自河图、洛书，闿发秘奥，八卦、九畴，错综精微；极而至于大衍、皇极之用。而人事之变无不该，鬼神之情莫能隐矣。圣人神之，言而遗其粗；常人昧之，由而莫之觉。要其归，则数与道非二本也。……今数术之书，尚三十余家。天象历度，谓之缀术；太乙、壬、甲，谓之三式，皆曰内算，言其秘也。九章所载，即周官九数，系于方圆者为蚩术，皆曰外算，对内而言也。其用相通，不可歧二。

根据秦氏《数书九章·序》引文，可以解读出如下信息。

---

① 俞晓群：《论中国古代数学的双重意义》，《自然辩证法通讯》1992 年第 4 期。

内算包括"缀术"（关于天象历度的计算，按现代知识分类系统，天文、历算一般归入自然科学）、"三式"（太乙、六壬、遁甲，占卜的三个流派）。此所谓数"大则可以通神明，顺性命"者。所谓"通神明"，即往来于变化莫测的事物之间，明察其中的奥秘；"顺性命"，即顺应事物本性及其发展规律。由于内算的内容都是预测人事吉凶、国运兴衰的，所有内算之法在古代都是由专职人员司掌，为皇家（国家）服务的，计算结果不外传，"言其秘也"。

外算包括《九章算术》（《九章算术》的九章是：方田、粟米、衰分、少广、商功、均输、盈不足、方程、勾股，即《周礼》中的"九数"）和"蚩术"（有关测量方位，地形之高、深、远、近的方法）。此所谓"小则可以经世务，类万物"。简言之，外算即关于实物的运算。

秦九韶的数学思想和《周易》一脉相承，是对《周易》数学思想的细化和拓展。他关于数学内算、外算的分类是基于应用领域的人为划分，二者在数学的运算规则上是一致的，所以，秦氏云"其用相通，不可歧二"。在秦氏看来，数学的内算可以"通神明，顺性命"，数学的外算则可以"经世务，类万物"，所以"数与道非二本"。这和"以通神明之德，以类万物之情"的表述一致。所以，秦氏对数的功能诠释和《周易》是一致的。

2. 从逻辑推理的性质看，内算具有或然推理性质，外算则具有必然推理性质

运用传统逻辑的概念定义理论审视内算和外算，可以从内涵、外延两个方面对作为概念的"内算"与"外算"进行逻辑分析。

内算（秦氏所论的"缀术"除外）的目的是预测人事吉凶、国运兴衰，其思维取向是以价值判断为中心，具有直接的功利目的，运算结果可用以指导人的活动。内算最具代表性的就是占卜，其一般程序是：

某种活动价值不定（不知吉凶悔吝）→命筮→数→爻卦象→爻卦辞→占辞

卜筮者根据占辞进行价值判断，确定该活动的吉凶悔吝，从而指导人的活动（行、涉、进、退、遘、劳等）。① 显然，内算的内涵是基于主体间（问占者、卜筮者）动态信息的、以解决实际问题为中心的价值推断过程，其推理机制是一种语用推理。问占者、卜筮者之间的任何相对信息的变化，都会导致推理结果的变化。内算的推理机制具有主体间性、语境性、时效性，其推理结果具有或然性，所以，内算的逻辑性质是或然推理。

外算（包括"缀术"中有关天文历算的自然科学内容）是以解决实际问题为目的进行的数学运算。从本质上说，外算的逻辑思维取向是一种基于客观事实的事实判断，推理结果具有唯一性、确定性。用现代逻辑理论审查中国古代数学中任何具体数学问题的逻辑机制，无论是《九章刘注》之"术（图）"，还是《数学九章》之"术曰""草曰"，中国数学中的中国逻辑推理机制和西方数学公理化系统的推理机制，在功能和作用上是完全相同的。无论什么样的数学题，只要运算结果正确，无论采用任何运算规则和程序（或曰逻辑类型），就是必须认定为正确，换言之，外算的逻辑性质是必然性推理。

二　《周易》：中国逻辑必然推理思想之源

《周易》被称为"群经之首""文化之源"，它既是中国文化之源，也是中国古代逻辑的源头。《周易》分为《易经》《易传》两个部分，其中《易经》为周文王在前贤基础上完善而成，"西伯拘而演《周易》"（司马迁《报任安书》）记载的就是这件事；《易传》是孔子或其弟子所作。《周易》的推类推理机制对中华文化发展产生了深远的影响，规范着中国人的思维方式乃至生产、生活方式，近百年来，一直是中国逻辑研究的热点之一。

周山认为，人类思维形式的多样性决定了逻辑的多元性，文化背景的差异导致不同地区的人对思维形式的选择不尽相同，相对于西方逻辑注重演绎推理传统，中国逻辑注重类比。华夏民族将象形文字发展为象意文字，决定了"以象尽意"的《周易》符号推理系统的形成，"类比

---

① 　孙宏安：《〈周易〉与中国古代数学》，《自然辩证法研究》1991 年第 5 期。

推理是中国文化发展的必然选择"，"《周易》就是一个属于类比性质的符号推理系统，一直规范影响着中国人的思维活动"。① 据象推理、据辞推理、象辞结合推理是《周易》类比推理的主要方法，推理结果具有或然性。周山的研究，没有充分揭示《易经》逻辑推理在占卦阶段的特殊性质。

吴克峰在学界首先把《易经》中的逻辑思想定义为"易学逻辑"，他的学术专著《易学逻辑研究》，② 采用数理逻辑的公理化方法构造易学逻辑形式系统，对《易经》中的逻辑思想进行分类研究，取得大量原创性的学术成果。吴克峰通过梳理前人在中国逻辑研究中有关"类""推类"的学术成果，指出"易学逻辑的主导推理类型是'推类'"，继而对"推类"的前提"类"进行了深入研究，提出易学逻辑的推类推理形式有"阴阳"推类、"五行"推类、"八卦"推类、"干支"推类等，揭示了易学逻辑的推类方法与中国古代名辩学、伦理与政治思想、传统医学、古代天文学等的内在联系，彰显了易学逻辑在中国文化形成发展中的独特作用。吴克峰的研究没有关注占卦阶段推理结果的必然性。

对《易经》中数理逻辑价值的发现来自西方学术界。赵伶俐对相关的学术研究成果进行了综述：

> 巴克特说："我们发现传统的西方关于现实的模式在很大方面不符合科学事实。而同时，我们的几位科学巨匠认识到，古老的《易经》令人惊异地接近了真理。更令人惊奇的是，所有地球生命的秘诀同《易经》十分相似，64 个卦象严格地对应着遗传密码中 64 个

---

① 周山教授是国内研究《周易》逻辑推理机制较早、较系统的学者。他坚持认为，《周易》是人类最早的类比推理系统，这种"类比"或"类比推理"不同于西方形式逻辑的类比推理，而是指一种特定的"联想"，实际上主要是关于"类"的共性（理）的推演。显然，尽管选用概念不同，周山教授指称的中国逻辑"类比推理"，和崔清田教授定义的中国古代逻辑的主导推理类型是"推类"，内涵相同，为与形式逻辑类比推理区别开来，称之为"推类推理"亦无不可。参见周山《〈易经〉与中国的类比推理》，《哲学研究》1993 年增刊；周山《〈易经〉与类比推理》，《周易研究》2007 年第 6 期；周山《〈周易〉：人类最早的类比推理系统》，《社会科学》2009 年第 7 期。

② 参见吴克峰《易学逻辑研究》，人民出版社，2005。

DNA 密码子。"

德国数学家莱布尼兹明确声称他的数学二进制的发明深受《易经》八卦阴阳论的启发；诺贝尔物理学（奖）获得者丹麦物理学家 N·玻尔在《易经》和现代物理学之间发现了二者的平等关系，声称他的"并协原理"的创建，得益于阴阳相抱的周易太极论的开导，并把太极图作为自己家庭族徽，还把太极图印在了自己的衣袖上，以示对《易经》的崇拜；物理学家弗·卡普拉在他的《物理学之道》一书中指出并解释说现代物理学和《易经》最重要的共同特征都是变化和变革。[①]

从赵伶俐的综述中，我们可以看到《易经》推理的数理逻辑价值，但是西方学术界也缺乏对这种必然推理机制的严格证明。需要提及的是，对于"二进制"的发明权，国际学术界公认是德国数学家莱布尼茨（G. W. Leibniz，1646—1716，又译莱布尼兹）。法国《皇家科学院院刊》（Histoire de l'Academie Royale des Sciences）于 1703 年 5 月 5 日，收到莱布尼茨题目为"二进制算术的阐释：关于只用两记号 0 和 1 的二进制算术和对它的用途以及它所给出的中国古代伏羲图的意义的评注"（Explication de l'arithmétique binaire, qui se sert des seuls caractères 0 et 1, avec des remarques sur son utilisation, et sur ce qu'elle donne le sens de l'ancienne figure Chinoises de FOHY）的论文，首次正式提出完整的二进制构想，并基于该算法评析了中国古代伏羲太极图的二进制思想萌芽。究竟莱氏是早于 1679 年就发明了二进制，还是"明确声称他的数学二进制的发明深受周易八卦阴阳论的启发"，依然是科技史学界的重要话题。[②]但是，毫无疑问，《周易》的演卦机制，是符合二进制算法规则的，称之

① 赵伶俐：《〈易经〉：人类科学思维和审美思维方式的经典阐释》，《心理科学》1999 年第 3 期。

② 对于这段历史公案，胡阳等人深入包括德国在内的欧洲各大图书馆多方搜集原始资料，认真考证，得出结论：莱布尼茨的"二进制"思想来源于《易经》，中国拥有"二进制"的发明权。详见胡阳、李长铎《莱布尼茨二进制与伏羲八卦图考》，上海人民出版社，2006；不同意见参见陈明远《易经·莱布尼兹·现代科技》，《社会科学论坛》2012 年第 11 期。感谢李智玲博士提供论文法文版和中译。

为二进制算法的思想萌芽和中国逻辑必然推理之源，应无异议。

另外，通过深入研究发现，《易经》占卦阶段"揲法"的推理机制，有其独到的特殊性：看似问占者形形色色、千人千面，但是，神奇的占卦机制却能够保障在特定的时空中（特定的地理位置、特定的请占对象、特定的占卦者），其占卦结果具有必然性。

换言之，对某一个特定的占断抉择，占卦阶段的"揲法"推理结果具有必然性，是一种演绎推理。笔者在下文将运用数理逻辑的演绎推理方法，揭示这种必然推理的机制。

三 《九章算术》：中国逻辑必然推理思想之成

《九章算术》是我国科学技术领域最有代表性的经典著作，成书于公元 1 世纪，西汉时期张苍等人在汇集先秦以降数学成就基础上编纂而成。《九章算术》内容十分丰富，系统总结了战国、秦、汉时期的数学成就。全书采用问题集的形式，收有 246 个与生产、生活实践有联系的应用问题，其中每道题有问（题目）、答（答案）、术（解题的步骤，但没有证明），有的是一题一术，有的是多题一术或一题多术。这些问题依照性质和解法分别隶属于方田、粟米、衰（音同"崔"）分、少广、商功、均输、盈不足、方程及勾股九章。由于 2000 多年来辗转誊抄、刻印，加上《九章算术》文字简略，有些内容不易理解，历史上有过多次校正和注释。其中，以三国时曹魏刘徽《九章算术注》影响最大。

刘徽《九章算术注》的一般结构表现为：问、答、术（图）、草。"术（图）"阐述解题原理和步骤，"草"给出详细的结题过程，二者在中国数学中体现出的本质属性和作用，同逻辑在西方数学中体现出的本质属性和作用，完全一致。所以，我们可以推定：中国古代数学中"术（图）"和"草"蕴含的推理机制，就是中国古代数学的中国逻辑的推理机制。郭书春认为①，刘徽是中国古代数学理论的奠基者。他全面论证了其中的解法、公式，驳正了其中的失误，奠定了我国古代数学的理论

---

① 参见郭书春《关于〈九章算术〉及其刘徽注的研究》，《传统文化与现代化》1997 年第 2 期。

基础，尤其是他在数学证明中引入极限与无穷小分割思想，在古代世界数学舞台上更是独具风骚。通过分析刘徽《九章算术注·序》，可以明晰刘徽数学理论体系的形成过程。

刘徽在《九章算术注·序》中说，中国古代数学"枝条虽分而同本干者，知发其一端而已"。简言之，中国古代数学是从"同本干"的"一端"出发，形成不同的所谓"类"的"枝条"，这些不同的"类"就是《九章算术》的基本构成，共九个部分（九章），或者称为九类，即方田、粟米、衰分、少广、商功、均输、盈不足、方程、勾股，以及晚近发展的重差。显然，从逻辑推理的思维进程分析，这是一个从一般（"端"）出发到特殊（"九章"或"九类"）的演绎逻辑进路。

刘徽在《九章算术注·序》中说："事类相推，各有攸归。"反过来分析，"各有攸归，事类相推"。也就是说，这九类问题，又是通过怎样的"类推"（"事类相推"）推理，汇聚到"一端"（"各有攸归"）呢？这个"端"是什么呢？刘徽说，数学"以法相传，以犹规矩度量可得而共"。在中国古代，规，是画方的工具；矩，是画圆的工具，"规矩"在这里是指图形，即我们通常说的物质世界的空间形式；度，是计量长短的标准；量，是计量容积的标准，所谓"同其数器，一其度量"，这里是指我们通常说的物质世界的数量关系。由此可见，刘徽所谓中国古代数学的"端"——数学的本源，就是客观世界的空间形式和数量关系的同一性——"共"（"规矩度量可得而共"）。郭书春指出，"空间形式和数量关系的同一，几何和代数的结合，正是中国古代数学的特点之一"。[①]《九章算术》之"九章"，莫不发源于这个"端"。从逻辑推理的思维进程分析，这是一个从特殊（"九章"或"九类"）出发到一般（"端"）的归纳逻辑进路。

综上所述，刘徽《九章算术注》的逻辑思维进路，既有"枝条虽分而同本干者，知发其一端而已"这样从一般（"端"）出发到特殊（"九章"或"九类"）的演绎逻辑进路；也有"事类相推，各有攸归"这样

---

① 郭书春：《刘徽〈九章算术注〉中的定义及演绎逻辑试析》，《自然科学史研究》1983年第 3 期。

从特殊（"九章"或"九类"）出发到一般（"端"）的归纳逻辑进路。刘徽的这两个数学逻辑思维进路，最终规约为一句话"事类相推"——"推类"，这是中国古代数学的主导推理类型。

刘徽的数学逻辑推理理论体系不同于西方数学逻辑推理论体系的核心，恰恰就是"李约瑟难题"和"爱因斯坦惊奇"的答案：西方数学推理根据思维进路，分别明确地命名为演绎（必然）推理、归纳推理；而中国传统数学推理的思维进路，尽管有演绎（必然）推理和归纳推理之实，却统一命名为"推类"——这正是本书的主要结论。《九章算术》和《九章刘注》，奠定了中国传统数学机械化算法体系，代表了中国逻辑必然推理思想的最高成就。

四　中国逻辑必然推理思想的继承与发展

中国古代数学逻辑思想史是中国数学史的有机组成部分，也是中国科学史的重要组成部分。中国数学史的发展历程，蕴含了中国古代数学逻辑思想的发展历程。有专家认为，中国数学的"优点是长于计算，注重演算程序，实用性较强，缺点主要是逻辑性弱，理论水平没有上到应有的高度"[1]。如果按照西方形式逻辑的标准来比附中国数学逻辑思想，上述观点无疑是有道理的。但是，按照广义论证逻辑理论[2]，基于中国文化的中国古代数学逻辑思想，表现出的是与西方逻辑迥然异趣的逻辑类型和推理机制。

---

① 吴文俊主编、李迪分主编《中国数学史大系》第 1 卷，北京师范大学出版社，1998，第 7 页。

② 广义论证逻辑理论是中山大学鞠实儿教授提出的一种逻辑史研究范式。所谓广义论证是指，在给定的文化中，主体依据语境采用规则进行的语言博弈，旨在从前提出发促使参与主体拒绝或接受某个结论。其中，主体隶属于文化群体和相应的社会，语言包括自然语言、肢体语言、图像语言和其他符号。该定义强调论证主体的文化隶属关系和论证的语境依赖性，表达了说理的社会文化性；用传统论证概念所包含的"前提—结论"二分法刻画了说理的逻辑特征；用"在给定的文化中，主体依据语境采用规则进行的语言博弈"这一概念概括了说理的规则和结构。他指出，逻辑是依赖于文化的，不同的文明具有不同的逻辑，逻辑具有文化相对性。中国古代逻辑、印度佛教逻辑和希腊逻辑，三者以各自不同的方式提供说理的工具。参见鞠实儿《论逻辑的文化相对性——从民族志和历史学观点看》，《中国社会科学》2010 年第 1 期。

按照吴文俊主编的《中国数学大系》对中国数学史的分期，笔者相应地对中国古代数学逻辑思想史进行历史分期。依《中国数学大系》的分期方法，从 1937 年起直到现在，属于第四个时期，这个时期的中国数学完全是西方式的。鉴于笔者研究的主要对象是中国古代数学中的逻辑思想，这个时期数学内容不在研究范围内。基于此，笔者把中国古代数学逻辑思想史分为三个历史时期：形成期、发展期、中西融合期。

（一）中国古代数学逻辑思想的形成期

　　这一时期的时间跨度从上古到西汉末期。

　　考古资料显示，旧石器时代的先民已经可以根据使用功能的不同，把石头打磨成不同的形状，从而在头脑中形成关于形状的观念：锥形（刺杀用）、片形（砍削用）、球形（投掷用）；通过结绳、刻划计数的方式，产生了对数的原初认识。新石器时期的陶器上，出现不同的纹饰图案，数学水平也有了进一步提高。到新石器中晚期，出现连续的数学符号，据专家考证，从西安半坡、姜寨到青海柳湾、山东城子崖出土的陶器上，已经出现明确的十进制数字系统和十位数与个位数的合书。[①] 据《史记·夏本纪》记载，夏禹治水时已能使用规、矩、准、绳等作图与测量工具画圆作方，确定平直。商代中期，在甲骨文中已产生一套十进制数字和记数法，其中最大的数字为三万；创造出了"天干地支计数法"，即用十个天干和十二个地支组成甲子、乙丑等 60 个名称来标记 60 天的日期。到了周代，周文王又把以前用阴、阳符号构成的八卦表示八种事物的八经卦，发展为六十四卦的重卦，以表示 64 类不同的事物，体现出现代数理逻辑"二进制"的萌芽。

　　战国时期"百花齐放，百家争鸣"的历史文化大环境，形成了中国文化思想的一个高峰，也促进了数学的发展。儒家的正名理论、墨家的辩学思想、名家的坚白论，以及不同思想流派之间的辩论，都极大地推动了中国数学理论的发展。例如名家提出了"一尺之棰，日取其半，万世不竭"等类似现代极限理论的命题，对此，墨家提出一个"非半"的

---

　　① 吴文俊主编、李迪分主编《中国数学史大系》第 1 卷，北京师范大学出版社，1998，第 115—142 页。

命题来进行反驳：将一线段按一半一半地无限分割下去，就必将出现一个不能再分割的"非半"，这个"非半"就是点。如果用现代数学理论对上述观点进行诠释，名家的命题论述了有限长度可分割成一个无穷序列，墨家的命题则指出了这种无限分割的变化和结果。名家和墨家的数学定义和数学命题的讨论，对中国古代数学理论的发展是很有意义的。

从秦汉之际到西汉末期，形成了中国数学逻辑思想的第一个高峰，以四部专门的数学著作出现为标志：《周髀算经》《算数书》《许商算术》《杜忠算术》。至此，中国数学已形成独立的知识系统，作为"六艺"（礼、乐、射、驭、书、数）之一的数已经开始成为专门的课程；筹算得到普遍的应用，筹算记数法已使用十进位值制。这种记数法对世界数学的发展具有划时代意义。

（二）中国古代数学逻辑思想的发展期

这一时期的时间跨度从东汉初期到元朝前期，是中国传统数学的黄金时期，也是中国古代数学逻辑理论最丰富的时期。该时期的一个显著特点是：中国数学基本上是独立发展的，受外来数学思想影响很小，硕果累累。

成书于东汉初年的《九章算术》，是中国古代最重要的数学著作，它系统总结了中国先秦至西汉的数学成就，奠定了中国传统数学的基本框架，形成了一个以算法为中心、与古希腊数学公理化推理完全不同的独立数学逻辑思想体系，在中国数学逻辑思想史上占有极其重要的地位，可以和欧几里得的《几何原本》相媲美。《九章算术》有几个显著的特点：采用按类分章的数学问题集的形式；算式都是从筹算记数法发展起来的；以算术、代数为主，很少涉及图形性质；重视应用，缺乏理论阐述；等等。这些特点是同当时社会条件与学术思想密切相关的。秦汉时期，一切科学技术都要服务于社会生产实践，从而形成中国数学重应用的思维取向。例如分数四则运算、今有术（西方称三率法）、开平方与开立方（包括二次方程数值解法）、盈不足术（西方称双设法）、各种面积和体积公式、线性方程组解法、正负数运算的加减法则、勾股形解法（特别是勾股定理和求勾股数的方法）等。其中分数四则运算、方程（多元一次线性方程组）解法和对面积与体积的计算等长期领先于世界水平。

汉末至魏晋是我国继春秋战国百家争鸣之后第二次思想大解放时期。玄学勃兴，从文化层面上，为这一时期的数学家摆脱了汉儒经学的束缚，使中国古代数学逻辑思想从实践应用提升到理论创新的高度。汉末魏初徐岳撰《〈九章算术〉注》，三国孙吴赵爽撰《〈周髀算经〉注》，魏末晋初刘徽撰《九章算术》注、《九章重差图》都是出现在这个时期。尤其是赵爽与刘徽的研究工作，为中国古代数学逻辑思想体系奠定了理论基础。

赵爽是中国古代最早对数学定理和公式进行理论证明与推导的数学家之一。他在《〈周髀算经〉注》中补充的"勾股圆方图及注"和"日高图及注"是十分重要的数学文献。在"勾股圆方图及注"中，他提出用弦图证明勾股定理和解勾股形的五个公式；在"日高图及注"中，他用图形面积证明汉代普遍应用的重差公式。赵爽的这些工作具有原创性，在中国古代数学逻辑思想发展史中占有重要地位。

刘徽深受思想界辩难之风的影响，注《九章算术》的宗旨是"析理以辞，解体用图"，即兼用逻辑分析法和图形分析法来剖析事物之理。他创造性地继承和发展了战国时期名家和墨家的思想，在数学逻辑概念（定义）理论方面，有大量开创性工作。他主张对重要的数学概念给以严格的定义，认为对数学知识必须进行"析理"，才能使数学著作简明严密，利于读者运用。《九章刘注》，不仅是对《九章算术》所涉 9 大类 246 道应用题的方法、公式和定理进行一般的解释和推导，而且在论证的过程中，提出很多新的数学理论。例如，创造割圆术，利用极限的思想证明圆的面积公式，首次用理论的方法算得圆周率为 157/50 和 3927/1250，用无穷分割的方法证明直角方锥与直角四面体的体积比恒为 2：1，等等。

南北朝时期的祖冲之、祖暅父子，在刘徽注《九章算术》的基础上，把传统数学大大向前推进了一步。祖冲之在刘徽割圆术的基础上，计算出圆内接正 6144 边形和正 12288 边形的面积，又运用新的方法得到约率 22/7 和密率 355/113 两个圆周率分数值，从而计算出圆周率在 3.1415926—3.1415927 之间。他这一工作，使中国在圆周率计算方面，比西方领先约 1000 年。祖暅在总结刘徽相关工作基础上，提出"幂势既同则积不容异"，即等高的两立体，若其任意高处的水平截面积相等，则这两立体体积相等，这就是著名的祖暅原理。祖暅根据这一原理，解决了刘徽未能解决的球体积公式。

社会在经历数百年的动荡之后，经隋朝重新统一中国，至唐朝时期逐渐稳定下来，社会经济文化得到了迅猛发展。唐初封建统治者继承隋制，656 年在国子监设立算学馆，设有算学博士和助教，学生 30 人。太史令李淳风等奉皇帝之命编纂注释《算经十书》，作为算学馆学生用的课本，明算科考试亦以这些算书为准。《算经十书》的编纂出版，为保存数学经典著作、促进国家数学教育规范化奠定了基础。隋唐时期，由于历法的需要，天算学家创立了二次函数的内插法，丰富了中国古代数学的内容。这一时期出现的"珠算"，继承了筹算五升十进与位值制的优点，又克服了筹算纵横记数与置筹不便的缺点，优越性十分明显。

从公元 8 世纪到公元 11 世纪约 300 年中，涌现出了贾宪（《黄帝九章算法细草》）、刘益（《议古根源》）、沈括等数学家和科学家。从数学逻辑思想成就上讲，贾宪的理论创新独树一帜。从开平方、开立方到四次以上的开方，在认识上是一个飞跃，实现这个飞跃的就是贾宪。虽然关于贾宪学术成就的原始文本多已佚失，但是，根据南宋数学家杨辉在《九章算法纂类》中的记载，贾宪完善了"增乘开平方法""增乘开立方法"；在《详解九章算法》中载有贾宪的"开方作法本源"图、"增乘方法求廉草"和用增乘开方法开四次方的例子。根据这些记录可以确定贾宪已发现二项系数表，创造了增乘开方法。这两项成就对整个宋元数学产生了重大的影响，其中贾宪三角比西方的帕斯卡三角形早提出 600 多年。

从公元 11 世纪初到 14 世纪初，中国数学逻辑思想进入发展快车道。尤其是在 1247 年（秦九韶《数学九章》问世）至 1303 年（朱世杰"四元术"代表作三卷本《四元玉鉴》问世）的半个多世纪，理论研究成果尤其显著，形成了发展期高峰中的高峰，理论成就达到了中国数学的鼎盛时期，涌现出以"宋元数学四大家"（秦九韶、李冶、杨辉、朱世杰）

为代表的中国古代杰出数学家群体。"宋元数学四大家"的代表作分别是：秦九韶的《数书九章》，李冶的《测圆海镜》和《益古演段》，杨辉的《详解九章算法》《日用算法》《杨辉算法》，朱世杰的《算学启蒙》《四元玉鉴》等，其中一批数学理论成就是当时世界数学的高峰。

秦九韶 1247 年完成划时代巨著《数书九章》，全书九章十八卷，九章九类："大衍类""天时类""田域类""测望类""赋役类""钱谷类""营建类""军旅类""市物类"，每类 9 题（9 问）共计 81 题（81 问）。该书著述方式，由"问曰""答曰""术曰""草曰"四部分组成："问曰"，是从实际生活中提出问题；"答曰"，给出答案；"术曰"，阐述解题原理与步骤；"草曰"，给出详细的解题过程。《数学九章》是国内外科学史界公认的一部世界数学名著，不仅代表着当时中国数学的先进水平，也标志着中世纪世界数学的最高水平。我国数学史家梁宗巨评价："秦九韶的《数书九章》（1247 年）是一部划时代的巨著，内容丰富，精湛绝伦。特别是大衍求一术（不定方程的中国独特解法）及高次代数方程的数值解法，在世界数学史上占有崇高的地位。那时欧洲漫长的黑夜犹未结束，中国人的创造却像旭日一般在东方发出万丈光芒。"其中的"大衍求一术"，即现代数论中一次同余方程组问题解法，是中世纪世界数学的最高成就，被康托尔称为"最幸运的天才"，比西方 1801 年著名数学家高斯（Gauss，1777—1855）建立的同余理论早 554 年，被西方称为"中国剩余定理"；他发明"正负开方术"，即一种求一元高次多项式方程的数值解的算法（开高次方和解高次方，被称为"秦九韶程序"），比1819 年英国人霍纳（W. G. Horner，1786—1837）的同样解法早 572 年。

幻方（Magic Square）是一种将数字安排在正方形格子中，使每行、列和对角线上的数字之和都相等的方法。早在东汉时期，郑玄的《易纬注》及《数术记遗》中就记载有"九宫"即三阶幻方，千百年来一直被人抹上神秘的色彩。杨辉创"纵横图"之名，并且是世界上第一个排出丰富的纵横图并讨论其构成规律的数学家。《续古摘奇算法》上卷列出了20 个纵横图，即幻方。其中第一个为河图，第二个为洛书，四行、五行、六行、七行、八行幻方各两个，九行、十行幻方各一个，有"聚五""聚六""聚八""攒九""八阵""连环"等图，每一个图都有构造方法，使图中各自然数"多寡相资，邻壁相兼"凑成相等的和数。杨辉对纵横图结构进行研究，揭示出洛书的本质，这一研究成果是对古代象数神秘主义的一次有力挑战。

李冶的《测圆海镜》是现存最早的天元术著作。用天元（相当于 x）作为未知数符号，列出高次方程，古代称为"天元术"。从天元术推广到二元、三元和四元的高次联立方程组，是宋元数学家的又一项杰出的创造，对这一杰出创造进行系统论述的是朱世杰的《四元玉鉴》。朱世杰全面地继承了秦九韶、李冶、杨辉的数学成就，并进行了创造性的发展，把我国古代数学推向更高的境界，形成宋元时期中国数学的最高峰。其中最杰出的数学成就有："四元术"（消元法求解四元高次多项式方程的方法，也称"四元消去法"）、"垛积法"（高阶等差数列求和方法）与"招差术"（高次内插法）。美国著名的科学史家萨顿（G. Sarton）评价道："朱世杰是他所生存时代的，同时也是贯穿古今的一位最杰出的数学家"，《四元玉鉴》是中国数学著作中最重要的一部，同时也是整个中世纪最杰出的数学著作之一。

以朱世杰的"四元消去法"为例，简要说明其逻辑程序。在天元术基础上发展起来的"四元术"，把常数项放在中央（即"太"），然后"立天元一于下，地元一于左，人元一于右，物元一于上"，"天、地、人、物"这四"元"代表未知数，四元的各次幂放在下、左、右、上四个方向上，其他各项放在四个象限中。用现代数学理论描摹"四元消去法"，就是先选择一元作为未知数，把其他元组成的多项式作为该未知数的系数，从而列成若干个一元高次方程式，然后应用互乘相消法逐步消去这一未知数。重复这一步骤便可消去其他未知数，最后用增乘开方法求解。这是线性方法组解法的重大发展，在西方，较系统地研究多元方程组要等到 16 世纪，朱世杰的发明比西方同类方法早 400 多年。

"历法中的数学"是中国数学史研究中的一项十分重要的内容，也是体现中国古代数学逻辑思想的精华之一。秦九韶的"大衍求一术"产生于历法"上元积年"的推算；由于推算日、月、五星运行的规律需要，朱世杰发明了"招差术"（高次内插法）；由于历代朝廷对历法调整的更高要求，古代科学家发展了分数近似计算法，"通其率术"（即用辗转相除法求渐进分数的方法。由西汉天文学家落下闳发明，现代学者称之为"落下闳算法"。"落下闳算法"比采用类似方法的印度数学家爱雅哈塔早600年，比提出连分数理论的意大利数学家朋柏里早1600年，它影响中国天文数学2000年）、"调日法"（一种系统地寻找精确分数以表示天文数据或数学常数的内插法，由南北朝数学家何承天发明）等在数的有理逼近方面达到了当时世界水平。又如，已知黄道与赤道的夹角和太阳从冬至点向春分点运行的黄经余弧，求赤经余弧和赤纬度数，是一个解球面直角三角形的问题。传统历法计算都是运用"内插法"。元代王恂、郭守敬等用传统的勾股形解法、沈括用"会圆术"和"天元术"解决了这个问题。虽然他们得到的是一个近似公式，结果不够精确，但他们在对该问题的逻辑推理程序上是正确无误的，可以说，这些方法开辟了通往解决球面三角法问题的有效途径。

（三）中西方数学逻辑思想的融合期

《中国数学史大系》将这个时期称为"过渡期"，即中国传统数学向西方数学的转变期，从1304年到1936年，约630年，相当于元朝中期到民国中期。

明代在政治上实行极权统治，在文化上推行"八股取士"考试制度。这种社会文化导致前一时期高水平的数学研究突然停止，除珠算外，数学理论发展逐渐衰落。从明初到明中叶，商品经济的发展促进了珠算的普及，珠算取代算筹成为主要的计算工具，并且作为家庭必需用品列入一般的木器家具手册中。随着珠算的普及，珠算算法和口诀也逐渐趋于完善。1582年，意大利传教士利玛窦到中国，1607年以后，他先后与徐光启翻译了《几何原本》六卷、《测量法义》一卷，与李之藻编译《圜容较义》《同文算指》及第一部逻辑学专著《名理探》。其中对中国传统数学逻辑思想影响最大的著作，非《几何原本》翻译出版莫属。

由利玛窦口译、徐光启笔受的《几何原本》，凡六卷，为欧几里得《原本》（*Elements*）的平面几何学部分。大致开始于1605年（万历三十三年）冬或 1606 年（万历三十四年）春，1607 春雕版刊行于北京。

古希腊亚历山大的数学家欧几里得（Euclid，约前 330—前 275），整合古代数学关于物体的形状、大小和位置等空间性研究成果所著的《原本》，是以演绎逻辑建立公理化系统的一部杰出的数学著作，全书共十三卷。卷一至卷六为平面几何学，卷七至卷九为数论，卷十讨论无理数，即毕达哥拉斯学派关于等边直角三角形斜边无法公度（即弦长无法求得整数值）的问题，卷十一至卷十二讨论立体几何学（该书经后人增补至十五卷，卷十三至卷十五讨论立体算法）。利玛窦所选底本是由他的老师格拉维（Clavius，1537—1612，即利玛窦所称之丁先生）注评、他在国内学过的课本。这部注评本出版于 1574 年，在格拉维生前再版五次，朱维铮认为"利玛窦据以译作中文的，是该注评本的 1691 年版，由北京的耶稣会北堂尚存其版本可证，当系利玛窦入京后从罗马寄来"。[①] 承担此书中文达辞工作的徐光启，本身对中国数学有高深的造诣，尤其是他"推敲再四"的严谨的科学态度，使《几何原本》的翻译取得了空前的成功。他所创立的一套名词术语，如点、线、面、直角、四边形、平行线、相似、外切等，迄今还为我国数学界沿用。

徐光启对西方演绎逻辑推理的认识充分体现在他自己同时期的著作和有关文章中。在《刻〈几何原本〉序》中，他对几何学的性质、功用、特点、价值作了高度评价，他认为：

> 《几何原本》者，度数之宗，所以穷方圆平直之情，尽规矩准绳之用也。利先生……独谓此书未译，则他书俱不可得论，遂共翻其要约六卷。既卒业而复之，由显入微，从疑得信。盖不用为用，众用所基，真可谓万象之形囿，百家之学海。虽实未竟，然以当他书，既可得而论矣。[②]

在《几何原本杂议》一文中，他进一步指出：

---

① 朱维铮主编《利玛窦中文著译集》，复旦大学出版社，2001，第294页。

② 朱维铮主编《利玛窦中文著译集》，复旦大学出版社，2001，第303页。

下学功夫，有理有事。此书为益，能令学理者祛其浮气，练其精心。学事者兹其定法，发其巧思，故举世无一人不当学。闻西国古有大学师，门生常数百千人，来学者先问能通此书，乃听入。……能精此书者，无一事不可精；好学此书者，无一事不可学。……此书有四不必：不必疑，不必揣，不必试，不必改。有四不可得：欲脱之不可得，欲驳之不可得，欲减之不可得，欲前后更置之不可得。有三至三能：似至繁，实至简，故能以其简简他物之至繁；似至难，实至易，故能以易易他物之至难；易生于简，简生于明，综其妙，在明而已。……窃意百年之后，必人人习之。①

在第一段引文中，徐光启表达了三层含义。第一，明确指出《几何原本》是"穷方圆平直之情，尽规矩准绳之用"的学问。第二，徐光启对西方演绎推理方法功用的评价：用此方法可使人"由显入微，从疑得信"。第三，在徐光启看来，演绎几何学"真可谓万象之形囿，百家之学海"，尽管仅译六卷，但相对于其他书籍，其价值不可估量。"不用为用，众用所基"，这句评语言简意赅地突出了演绎推理基础性、工具性的本质特点。

在第二段引文中，徐光启对此书有进一步的说明和评价，他用"四不必""四不可得""三至三能"概括了几何学演绎推理的特点和作用，强调几何学的演绎推理"举世无一人不当学"，并预测"百年之后，必人人习之"。从中可见徐光启对《几何原本》倾注的心血和激情。

作为我国古代伟大的科学家，徐光启对中西文化会通的比较研究是纯学术的、客观的。《测量法义》《测量异同》《勾股义》三部著作，虽然仍注明是利玛窦所传，但其实是徐光启利用《几何原本》的原理、公设，并结合《周髀算经》《九章算术》的勾股测量条目，进行的中西文化会通的第一次尝试。《测量异同》《勾股义》两卷的作者，就内容来看，应该是徐光启或其学生所撰。

《测量异同》是六个关于测量的几何题，"从《九章算法》勾股篇中

---

① 朱维铮主编《利玛窦中文著译集》，复旦大学出版社，2001，第305—306页。

选出，故有用表、用矩尺测量数条，与今译《测量法义》相较"。徐光启的比较研究的目的是"既具新论，以考旧文，如视掌矣。今悉存诸法，对题罗列，推求同异，以俟讨论"。可见，这是一部中西应用数学比较研究的著作。比较的结果是"其法略同，其义全阙"①。也就是说，在所选问题的解答上，中西方所用的运算方法大致相同，但是，中国传统的运算方法没有由"法"及"义"，像西方那样建立起完善的演绎逻辑推理系统。

徐光启在《勾股义》绪言中，指出中国传统数学的弊端，"勾股自相求以至容方容圆各和各较相求者，旧《九章》中亦有之，第能言其法，不能言其义也，所立诸法，芜陋不堪读"。② 在《勾股义序》中，他对中国古代数学重用轻"义"作了进一步阐明："《周髀》勾股者，世传黄帝所作，而经言包牺，疑莫能明也。然二帝皆用造历，而禹复借之以平水土，盖度数之用，无所不通也。"③ 显然，徐光启对中国古代数学的应用成果是高度肯定的，即"度数之用，无所不通"。但是，他又指出国人往往知其然不知其所以然的问题："自古迄今，无有言二法（按：造历、平水土）之所以然者。"④ 这种局面，直到作者从利玛窦处译得《测量法义》，才终解其所以然，即"自余从西泰子译得《测量法义》，不揣复作勾股诸义，即此法底里洞然"。⑤ 在徐光启的著作中，反复强调"义"的概念，我们下面考察"义"的内涵。

徐光启在《题测量法义》一文中，详细阐明了"义"之精髓：

西泰子（利玛窦——引者注）之译测量诸法也，十年矣。法而系之义也，自岁丁未（万历三十五年）始也。曷待也？于时《几何原本》之六卷始卒业矣，至是而后能传其义也。

是法也，与《周髀》、《九章》之勾股测量，异乎？不异也。不异何贵焉？亦贵其义也。刘徽、沈村中（沈括——引者注）之流，

---

① 朱维铮主编《利玛窦中文著译集》，复旦大学出版社，2001，第611页。
② 朱维铮主编《利玛窦中文著译集》，复旦大学出版社，2001，第618页。
③ 朱维铮主编《利玛窦中文著译集》，复旦大学出版社，2001，第616页。
④ 朱维铮主编《利玛窦中文著译集》，复旦大学出版社，2001，第617页。
⑤ 朱维铮主编《利玛窦中文著译集》，复旦大学出版社，2001，第617页。

皆尝言测量矣，能说一表，不能说重表也，言大、小勾股能相求者，以小股大勾、小勾大股两容积等，不言何以必能相求也。①

引文中，徐光启明确指出自己为什么重视《几何原本》中隐含的"义"，并举例予以说明。他认为，中国古代数学家，如刘徽、沈括等，虽然在实践中都能用勾股之术进行测量，但是"言何以必能相求"，其根本原因就是没有贯通"法""义"。所以，徐光启希望通过《勾股义》共十五题的中西数学方法的比较研究，从传统的"勾股术"中找出所蕴含的"义"，即像《几何原本》那样建立起经得起反复证明的、中西会通的演绎逻辑系统。举《勾股义》第七题为例，"勾股求容圆"，② 此题用现代汉语说就是"已知任意直角三角形的两直角边长，求其内切圆的半径长度"。徐光启运用了《几何原本》的方法，计有：一卷七、九、十五、廿二、廿六，四卷四，六卷七、十六等定理和公设，创造出了不同于《九章刘注》的新的证明方法。

可以说，徐光启所贵之"义"，就是西方演绎推理方法，这种"由法及义"的实践过程，正是徐光启对中西方几何方法会通的努力。

《几何原本》是中国第一部数学翻译著作，绝大部分数学名词都是首创，其中许多至今仍在沿用。徐光启认为对它"不必疑""不必改"，"举世无一人不当学"。《几何原本》是明清两代数学家必读的数学书，对他们的研究工作颇有影响。

清初学者研究中西方数学有心得而著书传世的很多，影响较大的有王锡阐《图解》、梅文鼎《梅氏丛书辑要》（其中数学著作 13 种共 40 卷）、年希尧《视学》等。梅文鼎是集中西方数学之大成者。他对传统数学中的线性方程组解法、勾股形解法和高次幂求正根方法等方面进行整理和研究，使濒于枯萎的明代数学出现了生机。年希尧的《视学》是中国第一部介绍西方透视学的著作。

清康熙皇帝十分重视西方科学，他除了亲自学习天文数学外，还培

---

① 朱维铮主编《利玛窦中文著译集》，复旦大学出版社，2001，第 638 页。
② 朱维铮主编《利玛窦中文著译集》，复旦大学出版社，2001，第 621—625 页。

养了一些人才和翻译了一些著作。1712 年康熙皇帝命梅毂成任蒙养斋汇编官，会同陈厚耀、何国宗、明安图、杨道声等编纂天文算法书。1721年完成《律历渊源》100 卷，以康熙"御定"的名义于 1723 年出版。其中《数理精蕴》主要由梅毂成负责，分上下两编：上编包括《几何原本》《算法原本》，均译自法文著作；下编包括算术、代数、平面几何平面三角、立体几何等初等数学，附有素数表、对数表和三角函数表。由于它是一部比较全面的初等数学百科全书，并有康熙"御定"的名义，因此对当时数学研究有一定影响。综上所述可以看到，清代数学家对西方数学做了大量的会通工作，并取得许多独创性的成果。

这一短暂的中西方数学融合发展的研究高潮，在雍正即位以后戛然而止。雍乾嘉三朝值得一提的是我国第一部数学（科学）史著作《畴人传》的出版。中国历史上把天文学家和数学家合称为"畴人"，《畴人传》是由阮元与李锐、周治平共同编写的一部天文数学家传记，收集了从黄帝时期到嘉庆四年已故的天文学家和数学家 270 余人（其中有数学著作传世的不足 50 人）和明末以来介绍西方天文数学的传教士 41 人。这部著作全由"掇拾史书，荃萃群籍，甄而录之"而成，收集的完全是第一手的原始资料，在学术界颇有影响。李约瑟评价《畴人传》："虽然其中包括从希腊起的少数西方数学家的传记，可是也非常详细地记载了中国人物的传记。由于在过去非专业化时代数学往往只是某些个人的各种科学成就之一，该书可以算作中国书籍中一本最近乎中国科学史的著作。"[1]

1840 年鸦片战争以后，西方近代数学开始传入中国。其中较重要的有李善兰与伟烈亚力翻译的《代数学》《代微积拾级》，华蘅芳与英人傅兰雅合译的《代数术》《微积溯源》《决疑数学》，邹立文与狄考文编译的《形学备旨》《代数备旨》《笔算数学》，谢洪赉与潘慎文合译的《代形合参》《八线备旨》，等等。《代微积拾级》是中国第一部微积分学译本；《代数学》是英国数学家德·摩根所著的符号代数学译本；《决疑数学》是第一部概率论译本。这些译著创造了许多数学名词和术语，至今还在应用，但所用数学符号一般已被淘汰了。在翻译西方数学著作的同

---

[1] 〔英〕李约瑟：《中国科学技术史》第一卷，科学出版社，1975，第107页。

时，中国学者也进行了一些研究，写出了一些著作，较重要的有李善兰的《尖锥变法解》《考数根法》，夏弯翔的《洞方术图解》《致曲术》《致曲图解》等，都是会通中西学术思想的研究成果。

1920 年前后，中国陆续有学者出国学习数学，数学研究水平和能力迅速与国际接轨，此后的十多年，中国学者开始用西方数学的话语方式发表学术论文，在 20 世纪 30 年代中期达到一个高峰。以 1935 年中国数学会成立、1936 年《中国数学学报》出版为标志，中国传统数学完成向西方数学的完全转变。

第二节　描述视野下西方逻辑必然推理思想源流

一　古希腊哲学：西方逻辑必然推理思想之源

古希腊哲学是西方文化的发源地，也是西方逻辑必然推理思想的源头。追寻泰勒斯、毕达哥拉斯、赫拉克利特、苏格拉底、柏拉图、亚里士多德的思想，可以发展一套清晰的西方演绎逻辑发生发展的历史脉络。

泰勒斯（Thalēs，约前 624—约前 547）是古希腊最早的哲学学派"米利都学派"的创始人。他是西方思想史上第一个有记载、有名字留下来的自然科学家和哲学家，被称为"科学和哲学之祖"。泰勒斯在数学方面划时代的贡献是引入了命题证明的思想。在数学中引入逻辑证明标志着人们对客观事物的认识从经验上升到理论，这是数学思想史上的一次不寻常的飞跃。为毕达哥拉斯创立理性的数学奠定了基础。

毕达哥拉斯（Pythagoras，前 580 至前 570 之间—约前 500）是毕达哥拉斯学派的代表人物。该学派最早把数的概念提到突出地位，认为"万物皆数""数是万物的本质"。毕达哥拉斯最伟大的发现是关于直角三角形的三个边之间关系的命题，在西方被称为毕达哥拉斯定理，即直角三角形两直角（中国古算中称为"勾""股"）边的平方和等于斜边（中国古算中称为"弦"）的平方。该命题在中国被称为勾股定理或勾股弦定理。毕达哥拉斯定理的提出，引起了西方数学第一次危机——2 的开平方问题，所谓"不可公度"的悖论。

赫拉克利特（Heraclītos，约前 540—约前 480 与 470 之间）是爱菲斯学派的代表，被公认为辩证法的奠基人之一。他认为万物的本原是火，宇宙中存在着永恒的活火与万物相互转化；"人不能两次走进同一条河流"，强调客观事物是永恒运动、永恒变化的这一真理，这种有规律的运动变化就是他的逻各斯（logos）学说，是其朴素辩证法思想的核心。赫拉克利特逻各斯学说，体现在对数学演绎体系构建的贡献方面，主要是一种尺度、大小、分寸，即数量上的比例关系。

西方演绎逻辑体系，经过泰勒斯的命题证明理论、毕达哥拉斯定理及其引起的数学危机，到赫拉克利特的朴素辩证法思想，基本完成了逻辑理论量变的积累。随着被称为"古希腊三贤"的苏格拉底、柏拉图、亚里士多德师徒三代人的完善，最后由亚里士多德完成质变，成为西方第一个演绎（必然）推理逻辑体系——"三段论"的开创者。

苏格拉底（Socratēs，前 469—前 399）对逻辑学发展的贡献主要体现在"助产术"和揭露矛盾的"辩证法"。苏格拉底的"助产术"，通过采用"诘问式"的提问的方式，揭露对方提出的各种命题、学说中存在的矛盾，从而动摇对方论证的基础，使对方发现自己的错误，建立正确的知识观念。这种以逻辑辩论的方式启发思想、揭露矛盾，以辩证思维的方法深入事物本质的方法，被称为苏格拉底反诘法（Socratic irony），是辩证法的最早形式。这种帮助别人获得知识的形式主要有三步。第一步，苏格拉底讽刺。通过"讽刺""诘问"等看似消极、非正面的对话形式，使对方发现错误。第二步，定义。在问答中经过反复诘难和归纳，从而得出明确的定义和概念。第三步，助产术。紧接上面两步，启发学生主动思考，通过主体参与理性思维，自己得出结论。定义理论是亚里士多德传统逻辑的重要组成部分。

柏拉图（Platon，前 427—前 347），作为苏格拉底、亚里士多德之间承上启下式的伟大哲学家，在西方逻辑的孕育时期，其对逻辑学的贡献涉及概念、判断、推理、逻辑规律等方方面面。有的逻辑思想是显性的，有些逻辑思想的内核对亚式逻辑的诞生具有重要思想意义。为了较为清晰地展示柏拉图的逻辑思想，根据《试析柏拉图的逻辑思想》[①] 一文，梳理如下。

第一，关于概念。

明确概念的方法。他认为，概念是思维的根本对象，"概念的知识是唯一的真知识"，并对概念进行了分类；定义问题。他主张，辩论时要"时时刻刻把眼光注意在个个概念的定义上"。这是因为他很注意防止概念混淆，他说："科学之目的为知识，故一种科学之目的（之一），即是使一种特别的知识（如建屋的学问）不与他种知识相混，故有专名叫建筑术。"也就是说，各种知识、不同的事物要以各自明确的概念表达。柏拉图将其"辩证法"在《理想国》中定义为："包含反驳的论证方法。"在《智者篇》等篇中又定义为："分类（划分）、归纳（组合）的方法。"他指出，所谓归纳是"上升的辩证法"，相当于传统逻辑的所谓"概括"。分类是"下降的辩证法"，相当于传统逻辑的"划分"。

第二，关于判断。

"在西方逻辑史上，柏拉图是已初步做到区分概念、判断两种思维形式的第一人，他认为判断是类与类的关系，或特性属于对象的关系。"[②]柏拉图给判断（命题）所下的定义已接近亚里士多德的定义："一个名词或动词仅仅称为一个用语，而不称为一个命题。"（亚里士多德《解释篇》）"一个前提（命题）就是对一个事物的肯定或否定什么的句子。"（《前分析篇》）。

第三，关于推理。

柏拉图已有推理的朦胧观念和"划分"中的三段论萌芽。柏拉图在《理想国》中已论到演绎推理："根据已知的假定的奇数、偶数、图形、三种类型的角等，以前后一贯的方式往下推，直到得出结论。"（《理想国》第六章）。

亚里士多德（Aristotle，前384—前322），希腊哲学的集大成者，被

---

① 王德贞：《试析柏拉图的逻辑思想》，《哈尔滨学院学报》2007 年第 7 期。
② 王德贞：《试析柏拉图的逻辑思想》，《哈尔滨学院学报》2007 年第 7 期。

称为百科全书式的科学家，大约和中国推类逻辑的开创者——墨子同时代。亚里士多德在总结希腊先贤逻辑思想基础上，继承发展了柏拉图的逻辑思想，为后世传下了《范畴篇》《解释篇》《前分析篇》《后分析篇》《论题篇》《辩谬篇》等六篇逻辑学著作，总称《工具论》。亚氏对逻辑学最重要的贡献是完善了以"三段论"为代表的词项逻辑，使得"三段论"真正成为一个完备的演绎逻辑系统。亚里士多德在《前分析篇》第一卷中，给出了三段论的定义："三段论是一种论证，其中只要确定某些论断，某些异于它们的事物便可以必然地从如此确定的论断中推出。所谓'如此确定的论断'，我的意思是指结论通过它们得出的东西，就是说，不需要其他任何词项就可以得出必然的结论。"①

亚里士多德以三段论的定义为出发点，对所有的三段论形式进行研究，区分了不同三段论的格和式，列出了所有有效的三段论形式并进行演绎证明；同时，对于那些不能成立的三段论，给出令人信服的理由。每个三段论有且仅有大项、中项、小项三个词项（省略式除外），根据中项在三段论大、小前提中的位置，可以把三段论区分为三个格（有学者认为应该是四个格，尽管第四格在实践中不常用）。他认为只有第一格是完满的，而第二格和第三格都是不完满的："如果一个三段论除了所说的东西以外不需要其他什么就可明确得出必然的结论，那么，我们就称这个三段论是完满的；如果一个三段论需要一个或多个尽管可以必然从已设定的词项中推出但却不包含在前提中的因素，那么，我们就称这个三段论是不完满的。"② 成为有效式的基本要求和规则如下。

三段论的第一格（中项为大前提的主项和小前提的谓项）：三个词项间是包含关系，大项包含或不包含中项，中项包含小项，则大项必然包含或不包含小词，所以在第一格中三个词项的排列方式是大词—中词—小词。规则：（1）大前提必须是全称的。（2）小前提必须是肯定的。推理思维进路：从一般推出特殊。推理结果形式：S 是/不是 P。因其完满，

---

① 〔古希腊〕亚里士多德：《工具论》，苗力田译，中国人民大学出版社，1990，第 84、85 页。

② 〔古希腊〕亚里士多德：《工具论》，苗力田译，中国人民大学出版社，1990，第 85 页。

所以，多用于司法实践中，也被称为"审判格"。

三段论的第二格（中项为大、小前提的谓项）：中项只作谓项，大项、中项、小项的排列方式为中项—大项—小项。规则：（1）大前提必须是全称的。（2）前提中必须有一个是否定的。被称为"区别格"。

三段论的第三格（中项为大、小前提的主项）：中项只作主项，大项、中项、小项的排列方式为大项—小项—中项。规则：（1）小前提必须是肯定的。（2）结论必须是特称的。被称为"例证格"和"反驳格"。

在第二格、第三格中，中项仅仅在两个前提的主项或者谓项充当角色，从而缺乏与另外一个词项的直接联系，所以，中项在第二格、第三格中的作用就不像在第一格中那么直接、那么明显，因而小项与大项的关系也就无法体现得直接和明显，必须附加前提，使词项的关系变得明显，所以这两个格是不完满的。

综上，三段论中，只有第一格的两个全称式是完满的三段论，是该演绎逻辑系统的公理（三段论公理）；第二格、第三格的各式都是由公理推出的定理。

概言之，第一格的两个全称式是三段论推理的依据和基础。亚里士多德以三段论必然推理机制为基础构建的第一个完整的逻辑演绎体系，为欧几里得《几何原本》的诞生，提供了逻辑推理方法，奠定了重要的理论基础。

二 《几何原本》：西方逻辑必然推理思想之成

（一）欧几里得与《几何原本》

欧几里得（Euclid，约前330—前275），古希腊数学家，他活跃于托勒密一世时期的亚历山大里亚，被称为"几何之父"，他最著名的著作《几何原本》是欧洲数学的基础，共13卷，希腊文稿失传，现存的是公元4世纪末西翁的修订本和18世纪在梵蒂冈图书馆发现的希腊文手抄本。

欧几里得《几何原本》[①] 目录及其重点内容如下。

---

① 〔古希腊〕欧几里得：《几何原本》，燕晓东译，江苏人民出版社，2011。

第一卷：几何基础

共包含 23 个定义（Definitions），5 条公设（Postulates），5 条公理（Axioms），48 个基本命题（Propositions）。

重点内容有：

点、线、面、角、圆、直线、平面、垂直、三角形等定义；

全等三角形判定定理：边角边相等（命题 I.4）、边边边相等（命题 I.8）、边角边相等（命题 I.26）；

三角形边和角的大小关系（命题 I.6、I.11、I.12）；

毕达哥拉斯定理（又称毕氏定理）的正逆定理（命题 I.47、I.48）。

第二卷：几何与代数

共包含 14 个命题。主要论述如何把三角形变成等积的正方形；其中 12、13 命题相当于余弦定理。

第三卷：圆与角

共包含 37 个命题。主要讨论圆、弦、切线、割线、圆心角、圆周角的一些定理。

第四卷：圆与正多边形

共包含 16 个命题。主要讨论圆内接四边形和外切多边形的尺规作图作法和性质。

第五卷：比例

共包含 25 个命题。主要讨论比例理论，多数是继承自欧多克索斯的比率及比例的抽象理论，如比例的性质等。

第六卷：相似

共包含 33 个命题。主要讲相似多边形理论，并以此阐述了比例的性质。

第七、第八、第九、第十卷：数论

共包含 217 个命题。主要讲述初等数论。第十卷是篇幅最大的一卷，包含了 115 个命题，占数论命题总数的一半以上，主要讨论无理量，其中第一命题是极限思想的雏形。

第十一卷：立体几何

共包含 39 个命题。主要讨论立体的定义，线、面、体的空间关系等。

第十二卷：立体的测量

共包含 18 个命题。

第十三卷：建正多面体

共包含 18 个命题。

最后讲述立体几何的内容以及立体几何的相关体积、侧面积、表面积的计算与证明。

《几何原本》是西方世界现存最古老的数学典籍，是西方数学 2000 多年公理化演绎传统之源。从 1482 年至今，《几何原本》的各种语言版本超过 1000 版，成为西方除了《圣经》之外语言版本最多的科学著作。

（二）《几何原本》：西方逻辑必然推理思想之成

欧几里得《几何原本》13 卷是一个严密的公理化逻辑演绎体系。其中，第一卷几何基础部分为全书的逻辑基础，可以渐次分为以下步骤。

首先，给出了点、线、面、角、垂直、平行等的 23 个定义。

其次，给出关于几何、关于数量的 10 条公理。所谓公理，在古希腊数学家那里，具有明显的、"不证自明"的直观真理性。按照作用划分，这些 10 条公理又包含了 5 个"公设"（不需要证明的假设，公设的内容主要是关于几何作图的）、5 条"公理"（公理也是自明的，公理的内容主要涉及不同类型量的大小，如线段、角、面积的量）。

接着，给出并证明 48 个命题作为基本定理。欧几里得的逻辑起点，就是这些具有"自明"性质的定义、公设、公理。以此作为整个体系的出发点和逻辑基础，应用亚里士多德三段论演绎逻辑推理方法，证明了给出的 48 个命题（Propositions），作为定理。由此，欧几里得构造起了宏伟几何大厦的几何基础，其他全部命题，都是根据上述几何基础、运用演绎逻辑推理方法得出的推论。

欧几里得《几何原本》创造了人类知识中关于宇宙空间数量关系的源头。他在少量"自明的"定义、公理、公设的基础上，利用逻辑推理的方法，创立了欧几里得几何学体系，成为用公理化方法建立起来的数学演绎体系的最早典范。在欧氏几何学体系中，作为逻辑出发点的定义、公理、公设；所有的定理都是从这些确定的、不需证明而拥有真理直观性的基本命题即公理演绎出来的。在这种公理化演绎推理体系中：对每个定理（推论）的证明，必须以公理为前提或者以先前就已被证明了的定理为前提，经由演绎推理，最后得出结论。

第三节　中西方必然推理比较研究的首次尝试

作为中西方数学和必然推理思想的典范，以《几何原本》为代表的西方数学公理化演绎推理体系和以《九章算术》为代表的中国数学机械化算法体系，各自独立地在自己的文化传统中传播发展，罕有交集，颇有老死不相往来的架势。正如吴文俊先生所说："中国这个数学的道路跟西方欧几里得的传统公理化的数学道路是不一样，中国数学是另外一套，中国没有什么公理，没有什么公理系统，根本不考虑定理。"[①] 直到明朝中后期，随着外国传教士入华传教，中西方两大演绎推理传统开始了首次邂逅。

一　《几何原本》在中国的传入翻译传播

欧几里得《几何原本》大约成书于公元前 3 世纪，凡 13 卷；16 世纪时，意大利传教士兼数学家格拉维对欧几里得《几何原本》进行阐释，续补二卷，成为 15 卷本《几何原本》。耶稣会传教士、意大利人利玛窦（Matteo Ricci，1552—1610）曾师从格拉维学习（格拉维就是徐光启在《刻〈几何原本〉序》中所称"其师丁氏"："利先生从少年时论道暇，留意艺学，且此业在彼中所谓师傅、曹习者，其师丁氏，又绝代名家也，以故其精其说。"其中，丁氏即格拉维。格拉维在拉丁文里是"Clavius"，意义是"钉子"，利玛窦和徐光启就译他的姓为汉文"丁"字），明神宗万历年间（1573—1620），利玛窦来华传教，带来了 15 卷本的《原本》。

<hr />

① 中央电视台《大家》栏目：《吴文俊·我的不等式》，CCTV10，20170517。

万历二十八年（1600）徐光启和利玛窦结识，要求他介绍一些西方数学典籍，利玛窦就推荐此书。1607 年，他们把该书的前六卷平面几何部分合译成中文，正式确定中文译名为《几何原本》。从此，欧几里得《几何原本》开启了在中华大地的传播之旅，对明清之际的中国传统数学研究产生了重要影响。

利玛窦与徐光启合译前六卷，始于万历三十一年（1603），至万历三十五年（1607）完成并出版，这是我国第一部介绍西方数学的译本。由于历史的原因，利玛窦与徐光启并未完成《几何原本》其余九卷的翻译出版工作。直到 19 世纪中叶以后，《几何原本》后九卷，才由数学家李善兰和英国传教士伟烈亚力（Alexander Wylie）于清咸丰七年（1857）补译完成。

二 徐光启对中西方必然推理比较研究的首次尝试

（一）徐光启与《几何原本》前六卷翻译

徐光启（1562—1633），字子先，号玄扈，上海徐家汇（今属上海市）人，明末科学家。1604 年（万历三十二年）中进士。1632 年（崇祯五年）升任礼部尚书兼东阁大学士，并参与机要，第二年任文渊阁大学士。毕生致力于介绍和研究西方科学，并用西方各国科学上的研究成果来研究中国原有的科学。

徐光启与利玛窦合译《几何原本》前六卷及《测量法义》等书，是西方数学及测量术传入我国的开端。《几何原本》中译的过程，本质上是一次中西方数学思想的碰撞过程，是一次跨文化比较研究的历程。如何对应欧几里得《几何原本》中众多的定义、公设、公理、命题，在中国古汉语中，格取恰当的语词，达到信、达、雅的翻译效果，既考验译者对原著思想精髓的领悟把握能力，又考验译者对古汉语语义和语用理解能力，还考验译者顾盼于两种文化之间、对两种完全不同的数学推理传统的比较认知能力。徐光启与利玛窦合译《几何原本》前六卷，把研究图形的这一学科中文名称确定为"几何"，并确定了几何学中一些基本术语的译名。"几何"的原文是"geometria"，徐光启和利玛窦在翻译时，

取 "geo" 的音为 "几何"，而 "几何" 二字中文原意又有 "衡量大小" 的意思。用 "几何" 译 "geometria"，音义兼顾，确是神来之笔。中国现代几何学中的一些基本专业术语，如点、线、直线、平行线、角、三角形和四边形等的中文译名，也是在徐光启与利玛窦的这个译本中定下来的。这些中文译名不但传播至今，而且波及周边的原藩属国，东渡日本，影响极其深远。

正因为影响之深远，后世很多学者对利玛窦没有传译《几何原本》后九卷，多曾质疑其动机。清初数学家梅文鼎就曾经质疑说："言西学着，以几何为第一义，而（利氏）传只六卷，其所秘也？抑为义理渊深，翻译不易，而姑有所待耶？"显然，梅文鼎首先质疑的是利玛窦没有传译《几何原本》后九卷的动机，其次才是 "义理渊深，翻译不易，而姑有所待" 的理解性、谅解性质疑。

在与利玛窦合译《几何原本》的同时，徐光启利用自己翻译《几何原本》的便利条件和机会，结合我国传统数学典籍《九章算术》《数学九章》等，尝试了对中西方数学推理机制的首次比较研究。

（二）徐光启对中西方必然推理比较研究的首次尝试

上文谈到，徐光启与利玛窦合译《几何原本》《测量法义》的同时，对中西方必然推理思想进行了第一次比较研究的尝试。该尝试结果就是《测量法义》的一个附录：《测量异同》和《勾股义》[1]。

在《测量异同》的 "跋文" 中，徐光启指出：

> 《九章算法》勾股篇中，故有用表、用矩尺测量数条，与今译《测量法义》相较，其法略同，其义全阙，学者不能识其所系。既具新论，以考旧文，如视掌矣。今悉存诸法，对题胪列，推求同异，以俟讨论。其旧篇所有，今译所无者，仍补论一则，共为测量异同六首，如右。[2]

---

[1]　朱维铮主编《利玛窦中文著译集》，复旦大学出版社，2001，第611—639页。
[2]　朱维铮主编《利玛窦中文著译集》，复旦大学出版社，2001，第611页。

摘要翻译：《九章算术》"勾股篇"，有用表、矩尺进行测量的几个例子，和我现在翻译的《测量法义》进行比较，发现两者之间的问题、答案都基本相同（"其法略同"），但是各自采用的逻辑推理方法完全不同（"其义全阙"），这让很多学习的人不知其所以然。等到掌握了新的方法（"既具新论"），再去考证《九章算术》中的"术"，就豁然开朗了。我现在把新旧两种方法一一对应、罗列出来，辨析二者之间的同异，供大家讨论。对于那些《九章算术》中有，而《几何原本》中没有的，我进行了补充了。这就是如右大家看到的《测量异同》六个例子。

显而易见，徐光启不但以"测量术"为例，对中西方数学逻辑推理机制进行了比较研究，而且得出了自己的结论："其法略同，其义全阙。"就是说，《九章算术》虽然解决了问题，但是，没有形成《几何原本》那样的公理化演绎推理体系。本书将在后文对此进行详细解析。

换言之，中西方虽在实际运算方法上大致相同，其中蕴含的"义"却大相径庭。"义"就是徐光启看重的西方逻辑演绎推理系统。但是，他对中国古代应用数学中蕴含的"义"却没有进行深入揭示。当然，我们不能对一位400年前的古人求全责备。关于徐光启对《几何原本》的公理化演绎推理体系价值的认识，我们可以从其《刻〈几何原本〉序》中一窥全豹。

附：刻《几何原本》序，明·徐光启

唐、虞之世。自羲、和治历，暨司空、后稷、工、虞、典乐五官者，非度数不为功。《周官》六艺，数与居一焉；而五艺者，不以度数从事，亦不得工也。裹、旷之于音，般、墨之于械，岂有他谬巧哉？精于用法尔已。故尝谓三代而上，为此业者，盛有元元本本，师傅、曹习之学，而毕丧于祖龙之焰。汉以来多任意揣摩，如盲人射的，虚发无效；或依拟形似，如持萤烛象，得首失尾。至于今而此道尽废，有不得不废者矣。

《几何原本》者，度数之宗，所以穷方圆平直之情，尽规矩准绳之用也，利先生从少年时论道暇，留意艺学，且此业在彼中所谓师傅、曹习者，其师丁氏，又绝代名家也，以故其精其说。而与不佞游久，讲谈余晷，时时及之。因请其象数诸书，更以华文。独谓此书未译，则他书不可得论。遂共翻其要约六卷，既卒业而复之，由显入微，从疑得信。盖不用为用，众用所基，真可谓万象之形囿，百家之学海。虽实未竟，然以当他书，既可得而论矣。私心自谓："不意古学废绝二千年后，顿获补缀唐、虞、三代之阙典遗义，其禆益当世，定复不小。"因偕二、三同志，刻而传之。

　　先生曰："是书也，以当百家之用，庶几有羲、和、般、墨其人乎，犹其小者；有大用于此，将以习人之灵才，令细而确也。"余以为小用、大用，实在其人。如邓林伐材，栋梁榱桷，恣所取之耳。顾惟先生之学，略有三种：大者修身事天；小者格物穷理；物理之一端，别为象数。一一皆精实典要，洞无可疑。其分解擘析，亦能使人无疑。而余乃亟传其小者，趋欲先其易信，使人绎其文，想见其意理，而知先生之学可信不疑，大概如是，则是书之为用更大矣。他所说几何诸家借此以为用，略具其自叙中不备论。吴淞徐光启书。①

　　"《几何原本》者，度数之宗，所以穷方圆平直之情，尽规矩准绳之用也"，徐光启把《几何原本》的价值提高到"宗"的高度；"私心自谓：'不意古学废绝二千年后，顿获补缀唐、虞、三代之阙典遗义，其禆益当世，定复不小。'"他偶然获得了（"顿获补缀"）唐尧虞舜以来遗漏的宝贝（"阙典遗义"），"私心自谓"和"顿获补缀"，把徐光启发现并翻译《几何原本》、比较中西方数学推理机制得失的心情，表露无遗！

---

①　朱维铮主编《利玛窦中文著译集》，复旦大学出版社，2001，第303页。

第六章

评价视野下的中西方必然推理
比较研究（上）

本书第四章在对比较逻辑学理论体系建构的设想中，把评价的比较逻辑学作为研究的第二个阶段。评价的比较逻辑学强调的是对不同逻辑之间的纵横比对、同异比较，它建基于描述的比较逻辑学之上。在认识论层面，它突出表现在从客观的事实中挖掘出具有可比性的信息源，从而在可靠材料的背景下进行纵横、同异比较。这是进行比较逻辑研究的必经阶段，更是对理性认识的提炼和升华。本章将以被称为"群经之首""中华文化之源"的《周易》为研究对象，以西方必然推理为参照标准，评价中国传统数学中是否有必然推理思想，如果有，其推理的机制是什么。

第一节 《周易》揲法推理

《周易》的占卦方法有一套严格的程序，标准的占卦方法和程序是记载于《周易·系辞上》的"大衍之数"起卦法，即用蓍草（今称"筹策"）占筮的方法，简称"揲法"。解卦则是根据起卦所得卦象，按照一定的规则和经验分析结果。"所谓占卦，就是：先得出数，再由数字取得卦象；有了卦象，再找出某一句卦辞或爻辞。然后就是如何解卦的问题了。"①"揲法"

---

① 傅佩荣：《易经入门》，湖南文艺出版社，2011，第 11 页。

是用五十根蓍草作为运算工具，依照一套严格的运算程序和运算规则，经过若干次运算，得出六个数字，由此形成一个六爻卦，再结合是否产生爻变，最终得出对某一特定占断对象的占验之辞——答案指向某一句卦辞（六十四卦共有 64 句卦辞），或某一句爻辞（六十四卦共 384 爻，乾、坤两卦各多一爻，共 386 句爻辞）。简言之，占卦的中心工作就是运用蓍草"大衍"（演算，推理）得出确定的数字。

一 《周易》揲法的逻辑机制

（一）揲法的推理机制解析

《周易·系辞上》记载的"揲法"如下：

> 天一，地二，天三，地四，天五，地六，天七，地八，天九，地十。天数五，地数五，五位相得而各有合。天数二十有五，地数三十，凡天地之数，五十有五，此所以成变化而行鬼神也。大衍之数五十，其用四十有九。分而为二以象两，挂一以象三，揲之以四以象四时，归奇于扐以象闰，五岁再闰，故再扐而后挂。乾之策，二百一十有六，坤之策，百四十有四，凡三百有六十，当期之日。二篇之策，万有一千五百二十，当万物之数也。是故四营而成易，十有八变而成卦，八卦而小成。引而伸之，触类而长之，天下之能事毕矣。

"揲法"的本质是数学运算，首先要搞清楚每个数字的来源和意义。按照来源分类，"揲法"中数字可分为两类：第一类是赋值而得，不证自明的，相当于西方数学公理化演绎推理中的公理；第二类是运算而得，相当于西方数学公理化演绎推理的逻辑后承，即通过运用一定的运算规则和程序，推算而得。"揲法"中还涉及一些重要概念，有的通过"类万物之情"而得，即按照中国传统的推类推理，把每一个数字和自然界之某一定数作类比；有的是下定义，相当于逻辑学中的概念理论。

南北朝时期北周数学家甄鸾对《周易》"揲法"中涉及的该类数学问

题进行过认真研究并作注释，相关成果见甄鸾撰《五经算术》卷上《〈周易〉策数法》①。笔者把甄鸾的研究成果按照上述分类法进行归类。

1.“揲法”中数字的来源解析

第一类，属于赋值而得之数有：“天以一生水，地以二生火，天以三生木，地以四生金，天以五生土。天数奇，二十五。地数偶，三十。”

第二类，属于运算而得之数有：

55，大衍之数：“并天地之数，合五十五，谓之大衍之数。”即：25+30＝55。

216，乾之策：“揲蓍得乾者，三十六策然后得九一爻。爻有三十六策，合二百一十六。”即：6×36＝216。

144，坤之策：“揲蓍得坤者，二十四策然后得六一爻。爻有二十四策，合一百四十四。”即：6×24＝144。

360，一期之日：“并乾、坤之策，三百六十，当一期之日者，举全数也。”

11520，万物之数：“上下经有六十四卦，卦有六爻，合三百八十四爻。阴阳各半。阳爻称九，阴爻称六。九、六各百九十二也。阳爻以三十六策乘之，得六千九百一十二，阴爻以二十四策乘之，得四千六百八。并阴阳之策，合得一万一千五百二十也。”即：

64×6＝384（总爻数）　　　　384÷2＝192（阴、阳爻数，“阴阳各半”）

192×36＝6912（阳爻策数）192×24＝4608（阴爻策数）

6912+4608＝11520（阴阳策数之和）

2.“揲法”中的一些重要概念解析

蓍（shī）草：蒿属，多年生草本植物，“百年一本”（《尚书·洪范》）、“生满百茎者其下必有神龟守之”（《史记》），古人用它来作为筹策进行占卜决疑。

揲（shé）：数算以占卜吉凶，本节取此义。

四营：“四营者，仰象天，俯法地，近取诸身，远取诸物也。”

---

① 甄鸾：《五经算术》，四库全书本：卷上《〈周易〉策数法》。

成爻："三变而成爻。"

成卦："十八变而六爻也。八卦而小成。"

归奇于扐（lè）：指卜筮者把"归奇"数（1，2，3，4 之一）根蓍草夹在指间。

3."揲法"推理机制解析

为了便于厘清《周易》揲法的逻辑机制和推理程序，笔者按照《周易·系辞上》记载的"大衍之数"占卦法先后次序，把"揲法"分解为以下几个步骤。

（1）"虚一"："大衍之数五十，其用四十有九。"筹策总数 50 根，去掉 1 根不用（象征"太极"），实际用于占断的筹策是 49 根（记作：N）。

（2）"分二"："分而为二以象两。"把 49 根筹策任意分为两部分（记作：R_1，R_2），以象征天地"两仪"。显然：

$$R_1 + R_2 = N$$

（3）"挂一"："挂一以象三。"从"分二"后的第一部分中取 1 根不用（"挂一"），和"两仪"一起象征天地人"三才"（"象三"）。为计算方便，"挂一"记为 g_1。则：

$$g_1 = 1 \text{ 根筹策}$$

（4）"揲四"："揲之以四以象四时。"将"挂一"后的第一部分筹策，每 4 根一组进行组合（"揲之以四"），象征春夏秋冬四时（"以象四时"）。

（5）"归奇"："归奇于扐以象闰。"将组合后所余的"归奇"数，即不够 4 的余数（正好是 4 的整倍数，记为余 4 根；这样可能的"归奇"余数为 1，2，3，4 之一）根筹策夹在左手指间（"归奇于扐"），象征闰年（"以象闰"）。为计算方便，把第一部分筹策的"归奇"数记为 r_1。则：

$$r_1 = （1，2，3，4 之一）根筹策$$

程序（2）至（5）就是所谓"四营"。"四营"即"分二""挂一""揲四""归奇"四道演算程序。

（6）"再扐"：将第二部分筹策重复程序（2）至（5）的运算，也会得到一个夹在手指间的"归奇"数（1，2，3，4之一）根。同样为计算方便，把第二部分筹策的"归奇"数记为 r_2。则：

$$r_2 = （1，2，3，4之一）根筹策$$

（7）把"挂一"、两次"归奇"的筹策数相加（$g_1+r_1+r_2$）会得到唯一确定的数字（记作 B_1）这样就完成了"第一变"。则：

$$B_1 = （g_1+r_1+r_2）$$

"揲法"占卦过程就是数字演算过程，并且"四营""三变"之结果是确定的。孔颖达《周易正义》[①] 对"揲法"的注疏："四营而成易者，营谓经营，谓四度经营蓍策，乃成易之一变也。十有八变而成卦者，每一爻有三变，谓初一揲不五则九，是一变也；第二揲不四则八，是二变也；第三揲亦不四则八，是三变也。……如此三变既毕，乃定一爻。六爻则十有八变，乃定一卦。六爻则十有八变，乃其始成卦也。"也就是说，经过"一变"4 道程序运算之后，得出的数字 B_1 非 5 即 9，必居其一（"初一揲不五则九，是一变也"），总数 49 根减去 5 根或 9 根筹策，"一变"后余下的筹策为 44 根或 40 根；用 44 根或 40 根筹策重复"分二""挂一""揲四""归奇"的"四营"演算程序，称为"二变"，得出的数字 B_2 非 4 即 8（"第二揲不四则八，是二变也"），"二变"筹策余数为 40 或 36 或 32 根；把"二变"筹策余数再次重复"四营"运算，称为"三变"，得出的数字 B_3 也是非 4 即 8（"第三揲亦不四则八，是三变也"），此时筹策余数为 36 或 32 或 28 或 24 根。用 4 除"三变"余下的筹策数，可得 9、8、7、6 四个数字，若结果为 9 或 7，为阳爻；若结果为 8 或 6，为阴爻。这样经过"四营""三变"确定可以一爻（"三变既毕，乃定一爻"），每卦六爻，就需要十八变（"六爻则十有八变，乃定一卦"）。

为什么《周易》"揲法"推理会出现这种神奇的必然推理结果呢？在本章第三节，笔者会运用数理逻辑公理化方法，对此进行详细阐释。

---

① 孔颖达：《周易正义》，《十三经注疏》，中华书局，1980。

（二）揲法逻辑推理的数学模型

对"揲法"推理程序进行数学分析可以发现，"揲法"中"揲之以四，归奇于扐"的运算算法，类似数学上以 4 为模，余数为 1，2，3，4 的运算（需要说明的是：同余式的余数包括 0，不含 4；而"揲法"的同余式余数则不包括 0，但是包括 4）。为便于进行比较研究，借用同余式符号"≡"，对"揲法"之"一变"运算程序建立数学模型。

1. 预备知识——同余的定义及性质[①]

定义：设 m 为正整数，称为模。如果用 m 去除任意两个整数 a 与 b 所得的余数相同，则称两个整数 a，b 对 m 同余，记作 $a \equiv b \pmod{m}$。如果余数不同，则称两个整数 a，b 对 m 不同余。

性质：设 m 为正整数，a，a_1，b，b_1 为整数，若 $a \equiv b$，$a_1 \equiv b_1 \pmod{m}$，则，$a \pm a_1 \equiv b \pm b_1 \pmod{m}$（可加性，可减性）。

2. "揲法""一变"运算的数学模型

令：$R \equiv r \pmod 4$，$0 < r \leq 4$（即把正整数 R 分成以 4 为模的剩余类）则：

程序（1）"虚一"，可模拟为：$50 - 1 = 49 = N$

程序（2）"分二"，可模拟为：$N = R_1 + R_2$

程序（3）"挂一"，可模拟为：$R = (R_1 - 1) + R_2 = 48$

程序（4）"揲四"，可模拟为：$(R_1 - 1) \equiv r_1 \pmod 4$

程序（5）"归奇"，可模拟为：$r_1 + r_2 = 4$ 或 8

程序（6）"再扐"：$R_2 \equiv r_2 \pmod 4$

$$g_1 + r_1 + r_2 = 5 \text{ 或 } 9 \text{（"再扐"）}$$

注：程序（6）是程序（4）、（5）的重复，不单独表述。

在此，我们构造一个"充分条件假言推理"肯定前件式命题：

如果可以证明"初一揲不五则九，是一变也"（$B_1 = g_1 + r_1 + r_2 = 5$ 或 9）为真；

那么，可证《易经》"揲法"推理为必然性推理。

---

① 王进明：《初等数论》，人民教育出版社，2002。

（三）"揲法"推理的证明

为了证明《易经》"揲法"推理的必然性，我们运用类比方法模拟构造出"揲蓍定理"，通过证明揲蓍定理的完全性和可靠性，反过来验证《易经》"揲法"推理的必然性。

揲蓍定理[①]

已知：$R = R_1 + R_2$（R，R_1，$R_2 \in N$），若 $R \equiv r$（$\mathrm{mod}m$），$R_1 \equiv r_1$（$\mathrm{mod}m$），$R_2 \equiv r_2$（$\mathrm{mod}m$），

则：

$$r_1 + r_2 \begin{cases} r \ \text{或} \ m+r \ (r=0) \\ r \ \text{或} \ m \ (r \neq 0) \end{cases}$$

证明： 将　　$R_1 \equiv r_1$（$\mathrm{mod}m$）相加 $R_2 \equiv r_2$（$\mathrm{mod}m$），由同余的可加性，

$$R = R_1 + R_2 \equiv r_1 + r_2 \ （\mathrm{mod}m）$$

已知　　$R \equiv r$（$\mathrm{mod}m$），与上式相减，由同余的可减性，

$$r_1 + r_2 = r \ （\mathrm{mod}m），根据同余式定义，$$

则有　　　　$r_1 + r_2 = km + r$（$k = 0，1，2，\cdots$）

由于　　$0 \leqslant r_1 < m$，$0 \leqslant r_2 < m$，

　则　　　　　$0 \leqslant r_1 + r_2 < 2m$

（又　　假设 $k > 1$，r，r_1，r_2 均为以 m 为模的余数，则 $km + r > 2m + r > r_1 + r_2$，

　　　　与 $0 \leqslant r_1 + r_2 < 2m$ 矛盾，故 $k \leqslant 1$，

由此　　　　　$k = 0$ 或 1

所以　　当 $0 < r < m$ 时，　$r_1 + r_2 = r$ 或 $m + r$，

　　　　当　$r = 0$ 时，　$r_1 + r_2 = m$ 或 $2m$

　　即

---

① 吴文俊主编《中国数学史大系》第 1 卷，在第 204 页运用数学同余式的理论，证明了"分揲定理"，但该定理字面有误（$R_1 \equiv r$（$\mathrm{mod}m$），$R_2 \equiv r$（$\mathrm{mod}m$），似应更正为：$R_1 \equiv r_1$（$\mathrm{mod}4$），$R_2 \equiv r_2$（$\mathrm{mod}4$）。笔者借用相同理论，把它修正为"揲蓍定理"。参见吴文俊主编、李迪分主编《中国数学史大系》第 1 卷，北京师范大学出版社，1998，第 204 页。

$$r_1 + r_2 = \begin{cases} r \text{ 或 } m+r \ (r=0) \\ r \text{ 或 } m \ (r \neq 0) \end{cases}$$

证毕。

揲蓍定理的证明是公理化的演绎证明，所以，揲蓍定理具有完全性和可靠性。

当揲蓍定理具体应用到《易经》揲法推理时，按照揲法推理程序，$m=4$，

则　　　　$0 < r, \ r_1, \ r_2 \leqslant 4$，

所以　　　$0 < r_1 + r_2 \leqslant 8$

同样地　　$k=0$ 或 1，

所以

当　　$0 < r < 4$ 时，　$r_1 + r_2 = r$ 或 $4+r$，

当　　　　$r=4$ 时，　$r_1 + r_2 = 4$ 或 8。

（四）验证——揲蓍定理在《周易》"揲法"推理中的应用

1.《易经》揲法"第一变"验证

根据揲法，　　　$48 \equiv 4 \ (\bmod 4)$，此时 $r=m=4$，

运用揲蓍定理　　$r_1 + r_2 = 4$ 或 8，

$g_1 + r_1 + r_2 = 5$ 或 9

即　　"初一揲不五则九"。得证。

2.《易经》揲法"第二变"验证

第一变后所余筹策数为 40 或 44 根。

当余数为 40 时，"挂一"后为 39，$39 \equiv 3 \ (\bmod 4)$；当余数为 44 时，"挂一"后为 43，$43 \equiv 3 \ (\bmod 4)$。两者具有相同的余数 3，此时 $0 < r = 3 < 4$，

根据揲蓍定理，　　$r_1 + r_2 = 3$ 或 7，

则　　$g_1 + r_1 + r_2 = 4$ 或 8

即 "第二揲不四则八，是二变也"。得证。

第二变后，所余筹策数为：$40-4=36$，$40-8=32$ 或 $44-4=40$，$44-8=36$，即余数有 40，36，32 三种可能情况。

3.《易经》揲法"第三变"验证

第二变后所余筹策数 40，36，32，是验证第三变结果的依据。

当余数为 40 时，"挂一"后为 39，$39 \equiv 3$（mod4）；当余数为 36 时，"挂一"后为 35，$35 \equiv 3$（mod4）；当余数为 32 时，"挂一"后为 31，$31 \equiv 3$（mod4）。三者具有相同的余数 3，此时 $0 < r = 3 < 4$。

根据揲蓍定理，　　　　$r_1 + r_2 = 3$ 或 7，

则　　　$g_1 + r_1 + r_2 = 4$ 或 8

此即"第三揲亦不四则八，是三变也"。得证。

第三变后所余筹策数为：$40 - 4 = 36$，$40 - 8 = 32$；$36 - 4 = 32$，$36 - 8 = 28$；$32 - 4 = 28$，$32 - 8 = 24$，即筹策余数有 36，32，28，24 四种可能情况。

"三变挂扐之策"数量，是"初一揲不五则九""第二揲不四则八""第三揲亦不四则八"三组数字的排列组合，共有四种结果，从小到大分别是：13，17，21，25，分别对应的筹策余数为 36，32，28，24。二者两两呼应（对应相加，其和均为 49）。

至此，已经充分证明了《易经》"揲法"推理是一种必然性推理。

在实际占卦过程中，无论何人何时何地就何事问占，卜筮者按照"揲法"规定的标准程序，经过三变后，能且只能得到四种可能数字（筹策余数）之一：36，32，28，24；将三变后的筹策余数除以 4，可以得到 9，8，7，6 四数之一，对于卜筮者而言，九是老阳，六是老阴，七是少阳，八是少阴，数字变成了爻象。

"三变既毕，乃定一爻。……六爻则十有八变，乃其始成卦也。"这就是揲蓍的中心任务和目的所在。

第二节　《周易》揲法逻辑机制对"中国剩余定理"的影响

就笔者掌握的文献所见，秦九韶是最早明确提出一次同余理论发源于《周易》揲法的数学家。他在《数书九章·序》忠实地表述了自己"大衍求一术"之于《周易》"揲法"的传承关系："圣有大衍，微寓于

《易》。奇余取策，群数皆捐，衍而究之，探隐知原。"并且在《数学九章·卷一》"大衍总术"开篇第一题"蓍卦发微"中，秦九韶从《周易》揲法中提出数学问题，通过对该数学问题的研究，引申出不定方程和一次同余式组的一般解法，彰显了中国传统数学的传承性、传统性特征。

　　问：《易》曰："大衍之数五十，其用四十有九"，又曰："分而为二以象两，挂一以象三，揲之以四以象四时"，三变而成爻，十有八变而成卦。欲知所衍之术及其数各几何？（《数学九章》卷一《大衍类》）

很显然，秦九韶通过"蓍卦发微"这一例题，明确表达了《周易》揲法和"大衍求一术"之间的源流关系，命名为"大衍"，就是为了凸显对自己的创新成就源于《周易》"大衍之数法"（"揲法"）这一历史发展脉络的尊重。

一　韩信点兵

　　中国有一句著名的歇后语："韩信点兵——多多益善"，其中不但蕴含着战争史上的一个传奇故事，也是笔者所见《周易》揲法逻辑机制（"揲蓍定理"）最早的拓展和应用。

　　相传汉高祖刘邦曾问大将军韩信统御的兵士有多少，韩信答：兵不满一万，每5人一列，9人一列，13人一列，17人一列都剩3人。刘邦茫然而不知其数。请问：兵有多少？

　　上述"韩信点兵"的案例，是一个一次同余式组，根据数论同余理论，设：兵有 N（人），R ∈ N，且 0<N<10000，

　　则：

　　　　$N \equiv 3 \pmod 5 \equiv 3 \pmod 9 \equiv 3 \pmod{13} \equiv 3 \pmod{17}$

同余3人先不考虑。剩下的人数必须是5、9、13、17这四个数的公倍数（因为5、9、13、17为两两互质的整数，故其最小公倍数为这些数的积）。所以，兵士人数为：5、9、13、17之积，加上剩余的3人，且其

和在 10000 以内，才符合要求。

即：

兵士人数＝5×9×13×17＋3＝9945＋3＝9948（人）＜10000（人），符合题意要求。

所以，"韩信点兵"的兵士就是 9948 人。

二 《孙子算经》

南北朝时期《孙子算经》中记载的"物不知数"数学应用题，是中国数学史上第一次明确提出一次同余式组问题。

> 今有物，不知其数。三、三数之，剩二；五、五数之，剩三；七、七数之，剩二。问物几何？术曰：三、三数之剩二，置一百四十；五、五数之剩三，置六十三；七、七数之剩二，置三十。并之，得二百三十三。以二百一十减之，即得。凡三、三数之剩一，则置七十；五、五数之剩一，则置二十一；七、七数之剩一，则置十五。一百六以上，以一百五减之，即得。（《孙子算经》卷下）

"物不知数"可意译为：某整数除以 3 余 2，除以 5 余 3，除以 7 余 2，求该数。该问题用现代数论符号表示，等价于解下列的一次同余式组：

$$N \equiv 2（mod3）\equiv 3（mod5）\equiv 2（mod7）$$

《孙子算经》提供的逻辑推理过程（即"术曰"）是：

"三、三数之剩二，置一百四十"，即：所求数被 3 除余 2，则取数 70×2＝140。

"五、五数之剩三，置六十三"，即：所求数被 5 除余 3，则取数 21×3＝63。

"七、七数之剩二，置三十"，即：所求数被 7 除余 2，则取数 15×2＝30。

"并之，得二百三十三"，即：140＋63＋30＝233。

"一百六以上，以一百五减之，即得"（古汉语中，106、105 分别写作"一百六""一百五"）。若"并之"所得数大于 106，则减去 105 整倍数后的正余数就是答案，即 233−2×105 = 23。其中，105 是模数 3、5、7 的最小公倍数（3×5×7 = 105）。

把上述推理程序列成算式就是：

$$N = 70×2+21×3+15×2−2×105 = 23$$

《孙子算经》给出的答案 23，是符合题意要求的最小正整数。对于一般余数的情形，只要把余数 2、3、2 分别换成新的余数即可。若以 r_1、r_2、r_3 表示这些余数，那么《孙子算经》相当于给出了"物不知数"问题解的一般公式：

$$N = 70×r_1+21×r_2+15×r_3−p×105 \quad （p 是整数）………①$$

《孙子算经》逻辑推理的关键，在于 70、21 和 15 这三个数的确定。在"物不知数"问题"术曰"中，给出了模数为 3、5、7 时的一般情况："凡三、三数之剩一，则置七十；五、五数之剩一，则置二十一；七、七数之剩一，则置十五。"但是《孙子算经》没有说明这三个关键数字的来历。

根据现代数论同余理论，我们可以重构《孙子算经》的逻辑推理机制。

第一步，根据题意，70、21 和 15 三个关键的数字具有如下特性：

70 是能够被 5 与 7 整除而被 3 除余 1 的最小正整数；

21 是能够被 3 与 7 整除而被 5 除余 1 的最小正整数；

15 是能够被 3 与 5 整除而被 7 除余 1 的最小正整数。

即：三个关键的数字分别满足被三个模数之二整除且被另一模数除时余 1。

由此可推知，能够被 5 与 7 整除而被 3 除余 2 的最小正整数 140（2×70）；能够被 3 与 7 整除而被 5 除余 3 的最小正整数 63（21×3）；能够被 3 与 5 整除而被 7 除余 2 的最小正整数是 30（15×2）。

第二步，"并之，得二百三十三"，即：140+63+30 = 233。根据第一步的分析，233 必然同时满足被 3 除余 2、被 5 除余 3、被 7 除余 2 的条件。但是，233 并非符合题意的最小正整数。

第三步，"一百六以上，以一百五减之"，就是用 233 减去 105 的整倍数的正余数：233－2×105＝23。这就是符合题意的最小正整数。

通过上述重构推理程序，我们可以发现：《孙子算经》逻辑推理机制的关键步骤在于"求一"——建构不同模数条件下余数为 1 的一次同余式组。

这就是后来秦九韶发明"大衍求一术"的逻辑节点。《孙子算经》"物不知数"问题只是后来秦九韶"大衍求一术"的一个特例。

到了明朝，数学家程大位在《算法统宗》（1592 年）中记录有"孙子歌"："三人同行七十稀，五树梅花廿一枝，七子团圆正半月，除百零五便得知"，其中的"七十稀"、"廿一枝"和"正半月"，就是暗指这三个关键的数字。程大位通过把一次同余式组解法歌诀化，使中国剩余定理的应用得到迅速推广，并且通过改进最后一步，简化了计算程序，按照程大位"孙子歌"，可以把《孙子算经》"物不知数"问题的一般解公式表述为：

$$N ＝ （70×r_1＋21×r_2＋15×r_3） ÷105＝p……N （整除后的正余数 N，即为答案） ……②$$

运用"孙子歌"歌诀，可以很便捷地解决模数为 3、5、7 时的一次同余式组问题。例如，某整数除以 3 余 2，除以 5 余 4，除以 7 余 6，求符合该条件的最小正整数。

依题意可知，$r_1＝2$，$r_2＝4$，$r_3＝6$，代入公式②：

$$N ＝ （70×2＋21×4＋15×6） ÷105＝314÷105＝2……104$$

104 就是符合题意的最小正整数。

比较而言，公式①尚需试找正整数 p；公式②采用"并之所得和数直接除 105，所得余数即答案"的方法，更加一目了然。

三 秦九韶"大衍求一术"

秦九韶（1202—1261），字道古，南宋安岳人。秦九韶与李冶、杨辉、朱世杰并称"宋元数学四大家"。秦九韶所发明的"大衍求一术"，即现代数论中一次同余式组解法，是中世纪世界数学的最高成就，标志着表述一次同余式组问题的"中国剩余定理"臻于完善。在西方，最早研究一次同余式组问题的是意大利数学家斐波那契（Fibonacci，约1170—1250），他在《算盘书》（1202年）中提出了两个一次同余式组问题，但没有给出一般算法。1801年，德国数学家高斯（Gauss，1777—1855）通过对一次同余式组问题的深入研究，获得与中国剩余定理相同的定理，并对模数两两互素的一次同余式组问题给出了严格数学证明。1852年，英国传教士伟烈亚力在发表的《中国数学科学札记》（*Jottings on the Science of Chinese Arithmetic*）中首次谈到了"大衍求一术"。从1856年到1876年，德国人马蒂生（Martthiessen，1830—1906）等西方学者通过比较研究多次指出"大衍求一术"原理与高斯方法的一致性，从而进一步引起了欧洲学者的注意，德国著名数学史家 M. 康托尔（Cantor，1829—1920）高度评价"大衍求一术"，他称赞发现这一算法的中国数学家是"最幸运的天才"。从此，中国古代数学的这一原创性数学发明逐渐受到世界学者的瞩目，并在西方数学史著作中正式被称为"中国剩余定理"（Chinese Remainder Theorem）。

秦九韶在《数书九章》卷一"大衍总术"中，系统论证了一次同余式组的一般计算程序和步骤，明确记载了计算"乘率"的方法。命名为"大衍"，是为了凸显对自己的创新成就源于《周易》"大衍之数法"（"揲法"）这一历史发展脉络的尊重。他在《数书九章·序》中忠实地表述了自己"求一术"之于《周易》"揲法"的传承：

> 周教六艺，数实成之。学士大夫，所从来尚矣。其用本太虚生一，而周流无穷，大则可以通神明，顺性命；小则可以经世务，类万物……爰自河图、洛书阆发秘奥，八卦、九畴错综精微，极而至于大衍、皇极之用。而人事之变无不该，鬼神之情莫能隐矣。（秦九韶《数书九章·序》）

在"阆发秘奥""错综精微"之后，秦九韶认为《周易》"大衍术"

达到了数学应用的极处（"极……之用"），甚至"可以通神明"。

秦九韶关于"大衍求一术"的表述：

> 大衍求一术云：置奇右上，定居右下，立天元一于左上。先以右上除右下，对得商数与左上一相生，入左下。然后乃以右行上下，以少除多，递互除之，所得商数，随即递互累乘，归左行上下，须使右上末后奇一而止。乃验左上所得，以为乘率。或奇数已见单一者，便为乘率。（秦九韶《数书九章》卷一）

南宋时期，计算使用算筹。把秦九韶"大衍求一术"翻译成现代汉语，大意是：在一个小方盘上，右上布置奇数（g_i），右下布置定数（a_i），左上置 1（称为"天元 1"），然后在右行上下交互以少除多，所得商数和左上（或下）相乘并入左下（或上），直到右上方出现 1 为止。

用现代数论理论解析"大衍求一术"的推理程序如下：

"大衍求一术"是求数组 k_i 的一般方法，秦九韶称之为"乘率"。

如果　　　$G_i \equiv g_i$（$\mathrm{mod}\, a_i$），

于是　　　$k_i G_i \equiv k_i g_i$（$\mathrm{mod}\, a_i$）（"可乘性"）

又因为　　$k_i G_i \equiv 1$（$\mathrm{mod}\, a_i$），

所以　　　$k_i g_i$（$\mathrm{mod}\, a_i$）$\equiv 1$（$\mathrm{mod}\, a_i$），

即求满足 $k_i g_i \equiv 1$（$\mathrm{mod}\, a_i$）的 k_i。

所谓"大衍求一术"，就是通过把奇数 g_i 和定数 a_i 辗转相除，相继得商数 q_1，q_2，……q_n 和余数 r_1，r_2，……r_n，在辗转相除的时候，同时算出下表中的 c 值：

"大衍求一术"运算程序[1]

	商数	c	余数
a_i / g_i	q_1	$c_1 = q_1$	r_1
g_i / r_1	q_2	$c_2 = q_2 c_1 + 1$	r_2

---

① 姜春艳：《中国剩余定理探析》，《武警学院学报》2005 年第 3 期。

续表

	商数	c	余数
r_1/r_2	q_3	$c_3 = q_3 c_2 + c_1$	r_3
…	…	…	…
r_{n-1}/r_{n-2}	q_n	$c_n = q_n c_{n-1} + c_{n-2}$	r_n

秦九韶指出，当 $r_n = 1$，且 n 是偶数时，则所求乘率 $k_i = c_n$；如果 $r_n = 1$，而 n 是奇数，那么就把上表追加一行：

r_n/r_{n-1}	q_{n+1}	$c_{n+1} = q_{n+1} c_n + c_{n-1}$	$r_{n+1} = 1$

这时 n+1 是偶数，所求乘率 $k_i = c_n + 1$。

不论哪种情形，最后一步都出现余数 1，整个计算到此终止，秦九韶因此把他的方法叫作"求一术"。

王守义通过研究《数书九章》中整个"大衍类"问题的运算理论和过程，运用数学公理化方法，给出了"大衍求一术"的现代证明[①]，肯定了秦九韶"大衍求一术"算法的完全性和普遍性。王守义给出的定理如下：

设给予一次同余式组：$x \equiv a_1$（$\bmod m_1$），$x \equiv a_2$（$\bmod m_2$），…，$x \equiv a_k$（$\bmod m_k$）（1），式中的 a_i，m_i（$i \equiv 1, 2, …, k$）都是整数。

定理：如果组（1）有解，而 $v = [m_1, m_2, …, m_k] = m_1'$，$m_2'$，…，$m_k'$（$m_i'$ 为 m_i 的约数），且

$$(m_i', m_j') = 1 \ (i, j \equiv 1, 2, …, k; i \neq j)。$$

并设 $v/m_j' = M_i$，且 $M_i x_i = 1$（$\bmod m_i$），则组（1）的全部解答可以由：

$$x \equiv N \equiv \sum_{i=1}^{k} m_i x_i a_i \ （\bmod v） \text{ 确定之。} （2）$$

（证明从略）

下面以《孙子算经》"物不知数"问题为例，验证"大衍求一术"

---

① 王守义：《数学九章新解》，安徽科技出版社，1992。

定理的正确性。

"物不知数"问题等价于解一次同余式组：N ≡ 2（mod3）≡ 3（mod5）≡ 2（mod7）。

解：依题意，x ≡ 2（mod3）， x ≡ 3（mod5）， x ≡ 2（mod7），
根据定理则有：

$m_1 = 3$，$m_2 = 5$，$m_3 = 7$，$a_1 = 2$，$a_2 = 3$，$a_3 = 2$，$v = m_1 m_2 m_3 = 105$，

$M_1 = v/m_1 = 105/3 = 35$，$M_2 = v/m_2 = 105/5 = 21$，

$M_3 = v/m_3 = 105/7 = 15$，

所以 $M_1 x_1 \equiv 1$（mod3）$\equiv 35 x_1$， $M_2 x_2 \equiv 1$（mod5）$\equiv 21 x_2$，

$M_3 x_3 \equiv 1$（mod7）$\equiv 15 x_3$，

可得 $x_1 = 2$， $x_2 = 1$， $x_3 = 1$，

把上述结果代入定理式（2）得：

$$N \equiv \sum_{i=1}^{3} m_i x_i a_i \ (\text{mod}105)$$

$$\equiv 35 \times 2 \times 2 + 21 \times 1 \times 3 + 15 \times 1 \times 2 \equiv 233 \equiv 23 \ (\text{mod}105)$$

符合题意的最小正整数为 23，和《孙子算经》答案一致。

《周易》揲法逻辑机制是"中国剩余定理"——现代数论中一次同余式组解法的滥觞，其后经过秦汉之交"韩信点兵"的具体应用，到南北朝时期《孙子算经》发展成为中国古代算术一个经典例题，最后由南宋数学家秦九韶发明"大衍求一术"而集其大成。中国剩余定理经过一代代中国数学家的传承、创新，从"西伯拘而演周易"的西周初年（约在公元前 1046 年，夏商周断代工程确定该年为武王伐纣之年），到秦九韶出版包含"大衍求一术"理论的《数学九章》（1247 年），历时近 2300 年，其在中国产生、传承、创新、发展、完善的历史源流十分明确、脉络清晰，充分说明了中国数学逻辑思想固有的传统性、传承性特征，所以，中国古代数学逻辑思想完全可以称为中国传统数学逻辑思想。这一源于中国的原创性数学逻辑思想，是当时世界数学的最高成就，即使从秦九韶算起，也比德国著名数学家高斯（Gauss，1777—1855）1801 年建立的同余理论早 554 年。

第三节　必然还是或然：揲法推理机制评述

笔者通过比较研究中国逻辑推类推理在人文社会科学领域和科学技术领域的不同表现，在学界首先提出："中国古代逻辑的主导推理类型是'推类'。'推类'推理的内在机制在人文社科领域和科学技术领域表现出两重性，即：在人文社科领域的'人文推类'，其推理机制表现为类比推理，其推理结果只具有或然性；在科学技术领域的'科技推类'，其推理机制表现为演绎推理，其推理结果具有必然性。"[1] 近五年来，笔者和研究团队成员以上述基本观点为基础，采用不同的研究方法和视角，相继获得省社科基金项目、教育部社科基金项目、国家社科基金项目支持。本节内容既是上述项目的阶段性成果，也是对原初观点的再论证。

台湾著名学者傅佩荣指出，《易经》有"象数""义理"两大系统。"义理提醒我们如何做人处事；象数则可用来占卜，揭示变化发展的趋势。"[2] 占卜分为占卦和解卦两个阶段。占卦阶段是通过卦象与数字的搭配，经由特定的运算程序，从而得出对某一特定疑难之事（占断对象）的解答，所以，对象数或占卦而言，确实可以预测某一占断对象的后果。傅先生用了"确实可以预测某一抉择的后果"[3]，实质上已经暗示了对某一个特定的占断对象而言，占卦阶段推演的结果具有唯一性。换言之，对某一个特定的占断抉择，占卦阶段的推理结果具有必然性，是一种演绎推理。这一结论已在本章第一节进行了严格的证明。

如上所述，占卦结果是必然的。换言之，无论何人，在何时何地就何事问占，按照"揲法"推理，卜筮者能且只能得到一种占验之辞：

要么是某一句卦辞（六十四卦共有 64 句卦辞）——无爻变；

要么是某一句爻辞（六十四卦共 384 爻，乾、坤两卦各多一爻，共

---

① 杨岗营：《逻辑观念演变研究——中国文化的视角》，博士学位论文，南开大学，2009，摘要。

② 傅佩荣：《易经入门》，湖南文艺出版社，2011，第 11 页。

③ 傅佩荣：《易经入门》，第 15 页。

386 句爻辞）——有爻变。

以中国有 14 亿人口计，假设每人问占一次，理论上会有：

$$1400000000 \div (64+386) \approx 3110000$$

即，出现三百一十一万次相同的占卜结果。这样一来，《周易》的占卦结果何以"类万物之情"？这项工作，需要通过解卦推理程序来完成，"引而伸之，触类而长之，天下之能事毕矣"。

解卦时，卜筮者对占验之辞的解说，不但要运用大量的类比推理知识，"触类而长之"，还要结合很多问占者的个体情况进行推断。所以，解卦过程类似于以语境（问占的时间和地点、问占事项、问占者个体差异、问占者和卜筮者之间的感应等）为推理前提的语用推理。解卦过程的推理结果只具有或然性。

如何提高《周易》解卦过程中推理结果的有效性，周山先生认为有两大因素。

其一，卜筮者的经验。一是卜筮者对卦象象征意义和对卦名、卦辞、爻辞等内容的精准理解。二是卜筮者对所询事物情况的全面、深入的了解和把握。他认为，一般情况下，类推者的年龄大小、对人情世事的阅历深浅、特定的生存状态和现实处境等，都会直接影响到推理的有效性。

其二，卜筮者的悟性。从历史遗留下来的占筮资料分析，卜筮者的悟性、灵性往往是影响推理结果有效性的关键因素，尤其是在遇到"非常之兆"时。[1]

案例：

清代著名学者纪晓岚，应乡试前夕，老师替他占了一卦，遇《困》之《大过》，按筮法应以《困·六三》"困于石，据于蒺藜，入于其宫，不见其妻，凶"为解卦推理的依据。他的老师从字面解卦，认为兆"凶"，劝其下次再考。纪晓岚却认为：自己年少未婚，何来"不见其妻，凶"？去凶则吉。占验结果"困于石"，是说仅屈居石姓人之后而已。考后发榜，果然中乡试第二名。

---

① 周山：《〈周易〉：人类最早的类比推理系统》，《社会科学》2009 年第 7 期。

纪晓岚的悟性，提高了解卦推理结果的有效性。

《周易》推理总体上属于中国古代逻辑特有的推类推理，已是学界公论。从《周易》占卦的核心——"揲法"的表述中，也可以清晰地表现出来："虚一"象征"太极"，"分二"象征天地"两仪"，"挂一"象征天地人"三才"，"揲四"象征春夏秋冬"四时"，"归奇"象征"闰年"，等等。整个"揲法"的推理过程，都是在取象比类于大自然中某一客观存在。中华民族的先贤们就是在仰观俯察过程中，"作八卦，以通神明之德，以类万物之情"（《周易·系辞上》）。《周易》的推类推理，无论推理程序和推理机制都不同于西方逻辑的演绎推理、归纳推理或类比推理。但是，运用之妙，全系乎用者一念，正如同在《周易》占卦阶段和解卦阶段展现出来的迥然异趣的推理效果：（1）占卦阶段的推类推理，是一套完备的演绎推理系统，推理结果具有必然性；（2）解卦阶段的推类推理，更多表现为语用推理，推理结果只具有或然性。

第七章

评价视野下的中西方必然推理
比较研究（下）

在本书第六章第一节中，笔者以西方演绎逻辑基本原理为依据，以《周易》揲法为研究对象，初步探究了《周易》揲法的逻辑性质，通过建立一次同余式组模型、证明揲蓍定理、应用定理验证揲法准确性等程序，得出结论：《周易》揲法逻辑推理的本质，是以一次同余式组理论为内核的必然推理机制。本章紧接第六章的实证研究方法，将以刘徽《九章算术注》（简称《九章刘注》）为对象，探究蕴含其中的演绎推理思想，从而将基于评价视野的中西方必然推理比较研究引向深入。

第一节　刘徽演绎逻辑思想的传承与创新

一　刘徽演绎逻辑思想的传承①

《九章刘注》与先秦诸家的关系，郭书春在《古代世界数学泰斗刘徽》中有十分深刻与细致的论述。为保持本节的完整性，现结合郭书春的论述，就先秦诸家对刘徽注的影响略论如下，并对郭书春的前期工作深表敬意和谢意。

---

① 本节部分内容以"2.3.3. 刘徽注与先秦诸家"为题，发表于课题组成员刘邦凡著《中国推类逻辑对中国古代科学之影响》（吉林人民出版社，2014）。

（一）先秦诸家中，墨家对刘徽注数学逻辑思路的影响是第一位的

墨家是先秦重要的思想流派，并建立了具有中国特色的逻辑科学理论。自秦始皇统一中国之后，墨家便被视为异端。在两汉，如果说名、道、法只是受到压抑、歧视，但或一部分思想为儒家所承籍，甚或一时较兴盛，尚有立足之地的话，那么墨家由于其主张不容于封建专制制度，被统治者所镇压，出现几百年中绝。及至辩难之风兴起，墨家才重新受到人们的重视。《九章刘注》时代正是墨家学说被重新重视的时期，刘徽对墨家及墨家逻辑的重视与广泛使用，是理所当然的事。我们后文进一步的论述也会说明这一点。如，刘徽继承墨家优良传统，对许多数学概念做出明确的定义；又如，刘徽逻辑推理之严谨，辞、推、故、理、类的应用，及"故"字应用之多；再如，《九章刘注》中引用先秦诸子和典籍的话极多，但明确提出著作名称的，诸子中只有《墨子》（另有《左氏传》和《周官·考工记》）；等等。

（二）刘徽注也深受《周易》的影响

如果墨家对刘徽注的影响是第一位的，那么接下来对刘徽注产生深远影响的先秦诸家当属《周易》。

《周易》包括经、传两部分。据认为，其经产生于原始社会后期及殷、周之际，而解释经义的"传"则产生于春秋战国以至秦、汉之际。《周易》一向被列为儒家六经之一，历来受到中国知识界和统治者的重视，魏晋时成为"三玄"之首。它因是古代占卜之书，具有迷信色彩，但含有丰富的朴素的辩证思想。刘徽受《周易》，尤其是《系辞》影响极大。《系辞》上、下是"易传"思想的两篇代表作，它从"一阴一阳之谓道"出发，肯定阴阳、动静、刚柔等相反势力的相互作用是宇宙万物运动发展的普遍规律，所谓"化阴阳转移，以成化生"，提出了"穷则变，变则通"的科学思想。刘徽说，他自己研究数学时，"观阴阳之割裂，总算术之根源"，说明他以阴阳对立统一的观点来考察数学内部矛盾规律，如法与实，加与减，乘与除，散与聚，正数与负数，其率与反其率，衰分术与返衰术及返衰术中的动与不动，方与圆，规与矩，勾、股、

弦，盈与朒，并与差，齐与同，分言之与合言之等的对立统一，探索数学的根源。《系辞》提出"变则通"。《九章刘注》正是运用各种数学变换，尤其是乘以散之，约以聚之，齐同以通之三种等量变换，平其偏颇，齐其参差，通彼此之否塞，做到"通而同之"或"同而通之"，使各种数学方法得以实施，各种数学运算得以完成。

根据郭书春的考证，《九章刘注》大量引用《周易》中的成语、语句。现列表如下。（见表7-1）

表 7-1　《九章刘注》与《周易·辩》用语比较

序号	《九章刘注》	《周易》原文
1	昔在庖牺氏始画八卦，以通神明之德，以类万物之情，作九九之术以合六爻之变。暨于黄帝神而化之，引而伸之，于是建历纪，协律吕，用稽道原，然后两仪四象精微之气可得而效焉。（《九章算术注·序》）	古者包牺氏之王天下也……始作八卦，以通神明之德，以类万物之情……黄帝尧舜氏作，通其变，使民不倦，神而化之，使民宜之。（《系辞下》）六爻之动，三极之道也。（《系辞上》）是故易有太极，是生两仪。两仪生四象，四象生八卦。（《系辞上》）
2	又所析理以辞，解体用图，庶亦约而能周，通而不黩，览之者思过半矣。（《九章算术注·序》）	知者观其爰辞，则思过半矣。（《系辞下》）
3	方以类聚，物以群分。（《九章算术·方田注》）	方以类聚，物以群分，吉凶生矣。（《系辞上》）
4	触类而长之，则虽幽遐诡伏，靡所不入。（《九章算术注·序》）	引而申之，触类而长之，天下之能事毕矣。（《系辞上》）
5	易简用之，则动中庖丁之理。（《九章算术·方程注》）	易则易知，简则易从……易简而天下之理得矣。（《系辞上》）
6	言不尽意，解此要当以棋，乃得明耳。（《九章算术·少广注》）	子曰："书不尽言，言不尽意。"然则圣人之意，其不可见乎？（《系辞上》）

由表7-1可以看出，《系辞》对刘徽的影响是全面而深刻的。

（三）《九章刘注》数学逻辑思路也深受儒家孔荀观点的影响

儒家是先秦的最重要学派，自汉武帝之后，儒家思想更成为中国传统的统治思想。魏晋时期，思想比较解放，学术比较自由，但儒家的思想已深入人心，其影响不容低估，刘徽也不能例外。

儒家的经典首推《论语》，它记载了儒家创始人大思想家孔丘与其弟子的言行。刘徽多次引用其中的内容，如刘徽阐述今有术之作用的那段著名的话："凡九数以为篇名，可以广施诸率。所谓告往而知来，举一隅而三隅反者也。"

其中，"告往知来"见于《论语·学而》所记孔子与端木赐的对话：

> 子贡曰："贫而无谄，富而无骄，何如？"
> 子曰："可也。未若贫而乐，富而好礼者也。"
> 子贡曰："诗云，'如切如磋，如琢如磨'，其斯之谓与？"
> 子曰："赐也，始可与言《诗》已矣，告诸往而知来者。"

"举一反三"见于《论语·述而》：

> 子曰：不愤不启，不悱不发。举一隅不以三隅反，则不复也。

"告往知来""举一反三"是孔子教导学生的重要原则，后来成为先秦诸子共有的逻辑方法和教育方法。刘徽用之于推类，拓展、深化数学知识，是十分正确的选择。

《九章刘注》也引用了荀子的言语。刘徽注在阐述出入相补的原则时说："令出入相补，各从其类。"这"各从其类"就是《荀子·劝学篇》中语句："物类之起，必有所始……草木畴生，禽兽群焉，物各从其类也。"类是事物本质的反映，"物各从其类"揭示了运用类概念进行逻辑推理所必须遵从的原则。可见，刘徽注也注意吸收后期儒家代表荀子的逻辑思想，足见刘徽注对数学推理方法的重视。

（四）《九章刘注》对道家、《管子》、《周礼》等也多有参考

道家在汉初地位比较高，在与儒家的较量中，曾一度占据上风。汉武帝独尊儒术之后，道家部分思想融于儒家，成为中国封建社会统治思想的一部分，同时，道家作为一个学派依然存在。魏晋三玄中，道家著作居二，即《老子》《庄子》。刘徽阳马术注中无穷分割到"至细曰微，微则无形"的思想，源于《庄子·秋水》河伯与北海若对话："至精曰

微"，"微则无形"。刘徽注中所引庖丁解牛的故事，出自《庄子·养生主》。刘徽注释"少者多之始，一者数之母"是融会《老子》"无名天地之始，有名万物之母"及王弼《老子》注、《周易》注的有关论述而成的，显然，就句型及主要部分而言，更多地来自《老子》。

《周礼》又称《周官》或《周官经》，被儒家奉为经典；今人考证它为战国时期的作品，古人认为系周公所作。它记载了周王室的各种官制及战国时期的各国制度。刘徽注对《周礼》也多有引用和论述。刘徽说："周公制礼而有九数，九数之流，则《九章》是矣。"在这里，刘徽注将《九章算术》的渊源追溯到《周礼》中的九数，可见刘徽注对《周礼》的重视程度。刘徽又说，"算在六艺。古者以宾兴贤能，教习国子"，概述了先秦的教育制度，也是源于《周礼》的记载。刘徽注在谈到创立重差的过程时，引用了《周礼》有关测量的记载及郑玄注，列表如下。（见表7-2）

表7-2 《九章刘注》、《周礼》及郑玄注用语比较

刘徽注	周礼·大司徒	郑玄注
《周官·大司徒》职：夏至日中立八尺之表，其景尺有五寸，谓之地中。说云南戴日下万五千里。夫云尔者，以术推之。	日至之景，尺有五寸，谓之地中，天地之所合也。	景尺有五寸者，南戴日下万五千里。地与星辰四游升降于三万里之中，是以半之，得地之中也。……郑司农云：土圭之长尺有五寸，以夏至之日立八尺之表，其景适与土圭等，谓之地中。今颍川阳城地为然。

刘徽注也多次引用《周礼·考工记》的原文，如《少广章·立圆术注》引用："栗氏为量，改煎金锡则不耗。不耗然后权之，权之然后准之，准之然后量之。"

《管子》是先秦的一部重要著作，内容包括天文、历数、经济、农业和舆地等知识，涉及道、名、法诸家的思想。刘徽注也参照或引用了《管子》中的一些语句，如刘徽注"昔在庖牺氏……作九九之术以合六爻之变"，该句参考了《管子·轻重篇》："虑戏作造六法。以迎阴阳，作九九之数，以合天道，而天下化之。"又如刘徽注"事类相推，各有攸归"中"各有攸归"取自《管子·地员》中"凡彼草物，有十二衰，各有所

归"一句。

正如郭书春所总结的,"刘徽博学多闻,谙熟诸子百家言,对先秦诸子中的典故、成语、箴言,顺手拈来,融于《九章算术注》中,天衣无缝"。同时刘徽注对数学推理的作用、数学推理的方式、数学方法的施用原则的阐述都受到先秦诸子的极大影响。他作为一个实事求是的数学家,对具有同样思想和学风的墨家最为推崇,对具有诡辩倾向的名家则似乎不感兴趣。而作为一位传统文化教养极深的知识分子,无疑也受到《周易》《周礼》的极大影响。他对先秦诸子的话,并不是生吞活剥,而是加以改造、发展,为自己的数学研究工作服务,成为自己的数学观、数学理论、数学体系的有机组成部分。郭书春的这些论断,正确而富有启发意义,值得我们深思。

二 刘徽演绎逻辑思想的创新

(一) 刘徽注用"率"[①]

在先秦诸子中,墨家以逻辑和科学著作著称,《墨子》一书集科学技术、社会文化、名辩学之大成。墨家在先秦曾与儒家并称显学。然秦毁百书,禁百学,墨儒均被严重摧毁。及至汉武罢黜百家、独尊儒术,法、道、阴阳诸家逐渐靠拢儒学,独墨学从此中绝,几成绝学。可幸魏晋时起,两汉经学已走到尽头,儒学独尊局面不复存在,崇尚清谈、好名言理之人,重新开始重视起墨家一学来。生活在这个时代的刘徽正是这样一个人。

正如我们上节所论述的那样,从《九章算术注》中明显看出,刘徽对儒、道、墨、易诸家的重视,尤其是对墨家的重视。为进一步说明刘徽注深受墨家的影响,我们不妨以刘徽注用"率"与墨家用"率"作一个比较。

1. "率"在《墨子》中有四义

一是作"带领、率领"之义,如"昔之圣王禹汤文武,兼爱天下之百姓,率以尊天事鬼,其利人多,故天福之,使立为天子,天下诸侯皆

---

① 本节部分内容以"2.3.4.刘徽注用率"为题,发表于课题组成员刘邦凡著《中国推类逻辑对中国古代科学之影响》(吉林人民出版社,2014)。

宾事之。暴王桀纣幽厉，兼恶天下之百姓，率以诟天侮鬼，其贼人多，故天祸之，使遂失其国家，身死为僇于天下，后世子孙毁之，至今不息"（《墨子·法仪四》）。

又如，"里长既同其里之义，率其里之万民，以尚同乎乡长""国君治其国，而国既已治矣，有率其国之万民，以尚同乎天子"（《墨子·尚同中》）。

再如，"然则天亦何欲何恶？天欲义而恶不义。然而率天下之百姓以从事于义，则我乃为天之所欲也"（《墨子·天志上》）。

二是通"律""警"，有鞭策、警策之义，如《尚同下》说："是故子墨子曰：'凡使民尚同者，爱民不疾，民无不使，曰必疾爱而使之，致信而持之，富贵以道其前，明罚以率其后。为政若此，唯欲毋与我同，将不可得也。"

三是作"比率"或"按比率计算"之义，如《墨子·备城门》有"守法：五十步丈夫十人，丁女二十人，老小十人，计之五十步四十人。城下楼卒，率一步一人，二十步二十人。城小大以此率之，乃足以守围"。此文段中第一"率"是作"按比率计算"之义，第二个"率"是"比率"之义。《墨子·杂守》中则提供一个"比率"计算的实例："斗食，终岁三十六石；参食，终岁二十四石；四食，终岁十八石；五食，终岁十四石四斗；六食，终岁十二石。斗食食五升，参食食参升小半，四食食二升半，五食食二升，六食食一升大半，日再食。救死之时，日二升者二十日，日三升者三十日，日四升者四十日，如是，而民免于九十日之约矣。"这段文涉及一个复杂的比率，即 $36:24:18:14\frac{4}{10}:12=5:3\frac{1}{3}:2\frac{1}{2}:2:1\frac{2}{3}$。

四是通"帅"，有"领导""将领"之义，如《墨子·迎敌祠》有："城上步一甲、一戟，其赞三人。五步有五长，十步有什长，百步有百长，旁有大率，中有大将，皆有司吏卒长。"又如《墨子·号令》："若或逃之，亦杀。凡将率斗其众失法，杀。凡有司不使士卒、吏民闻誓令。代之服罪。"

五作"大约"之义，如《墨子·杂守》中有："子墨子曰：'凡不守者有五：城大人少，一不守也；城小人众，二不守也；人众食寡，三不

213

守也；市去城远，四不守也；畜积在外，富人在虚，五不守也。率万家而城方三里。"

2. 刘徽注中用"率"

一般说来，古代汉语"率"多作上述第一、二、四、五义，而少有作第三义。《墨子》是较早使用"率"作"比率"之义的古文献。而广泛使用此义的文献当属《九章算术》。郭书春认为"率"是《九章算术》乃至中国古代数学之纲纪，刘钝也认为："中算家关于率的概念是围绕着一系列算法而产生和发展的：它不仅构成中国古代分数论的理论基础，而且是处理中国古算学中一系列涉及多个数量关系之算法的有力工具；同时，由于采用算筹记数和表达数量关系，中算家在率的概念之深刻、应用之广泛，以及有关算法的灵活性和机械化程度等方面都胜过前者（中指古希腊数学）一筹。"① 的确，单从"率"在《九章算术》中的出现频率或次数来看也是相当高的，在《九章算术》约 2.5 万字中"率"字出现 68 次，出现频率约 3‰，是《九章算术》中出现次数最多或出现频率最高的一个数学概念。

我们认为，《九章算术》"率"义与《墨子》"率"之"比率"义相同，可能是一种偶然，也可能存在某种联系：《九章算术》使用并发展了《墨子》"率"字"比率"之义。

《九章算术》中的"率"概念在《周髀算经》中已出现。《周髀算经》卷上"测日径术"云："即取竹，空径一寸，长八尺，捕影而视之，空正掩日，而日应空。由是观之，率八十寸而得径一寸。……从髀所衷至日所十万里。以率率之，八十里得径一里。十万里得径七那二百五十里。"这段文字中，前两个"率"字之义是"比率"，最后一个"率"字之义则是"按比率计算"的意思。

《墨子》一书当成书于公元前四世纪，即使《算数书》也不过成书于公元前二世纪，另外《墨子》是现见可察知记载数学知识最多的诸子文献，因此，《周髀算经》《九章算术》的"率"与《墨子》的"率"存

---

① 刘钝：《谈中国数学史上的正则模型化方法》，《科学月刊》1994 年第 5 期。

在联系，不是没有可能的。

邹大海也认为刘徽思想深受墨家思想的影响，他论述道："墨家'非半弗斫'的命题，认为分割的不断进行最后得到一个'端'，而'端'是没有大小、量度为零、但又不是什么都没有的东西。由于刘徽要考虑的是分割到最后所得到的东西的体积，所以，从他受墨家思想的影响看，刘徽把那个最后得到的东西弃而不取（实际上只是不取其体积），不存在什么观念上的困难。……首先，刘徽的这种处理是比较符合直观的。从6边形到12边形、到24边形、……，在这样越来越接近圆面积的趋势中，圆以多边形代替，所失的面积会越来越少，这样他就很自然的会觉得多边形和圆会越来越接近重合。我们知道，讲求直观是中国古代数学的传统。……其次，从墨家传统看，刘徽的处理也比较好理解。《墨经》中'无穷不害兼，说在盈否'的命题，按郭书春的解释，具有这样的意思：一个含有无穷多个部分的整体，只要一个部分都不缺，就不会影响这个整体，虽然我们不能肯定这个解释是否一定符合《墨经》作者的原意，但后世学者从这样一个表述笼统的命题中获得某种思想是可能的，何况这个解释与《墨经》其它地方所表现的无限思想也不相矛盾。按这个解释，在圆不可割状态下与之重合的无穷多边形，被分解为无穷多个三角形求和，是完全没有问题的；这无穷多个三角形只要一个不落就对无穷多边形、因而也就对圆的面积不会有影响。……刘徽大胆地直接用无限过程来处理数学问题，而没有什么顾虑，这与古希腊学者大不一样。这一方面是由于刘徽时期及其以前不存在怀疑无限观念的传统，另一方面这也与中国古代数学注重实际，讲求直观的传统相一致。刘徽在无限过程的运用上，其思想和墨、道两家是一脉相承的。"[①]

3. 刘徽注强调用"率"进一步确立了"以率为类""以类合类"数学逻辑思路

尽管我们不能简单凭刘徽注的用"率"情况与墨子用"率"有相同、相通之处，就断定刘徽注与墨子关系的程度，但至少可以说，刘徽注用"率"的确参照了墨子用"率"。

---

① 邹大海：《刘徽的无限思想及其解释》，《自然科学史研究》1995 年第 1 期。

结合本书有关论述，我们可以得出这样的重要结论：刘徽特别注重"率"之应用以及强调以"率"为算之纲纪，事实上是进一步确立了"以率为类""以类合类"数学逻辑思路，成为《九章算术》以及刘徽注中基本推理模式和主导推理类型。

（二）刘徽注对"推类"成分的论述①

刘徽《九章算术注》，不仅在数学理论方面代表了中国传统数学第二次高潮的最高水平，而且在数学方法方面也代表了那个时代的最高水平，尤其奠定了中国传统数学自身逻辑思路的基本框架——以"名""辞""理""类"为基本的数学推理成分，以"推类"为主导推理类型。

1. 刘徽论"名"

"名"是中国逻辑重要的推理成分，也是中国逻辑推理过程的第一基本成分。"名"构成"辞"，"名"与"辞"又构成"说"。可以说"名"是中国逻辑的基础之基础。

刘徽注中不仅对"名"多有论述，而且深受"中国逻辑""名"论思想之影响。下面我们分别论述。

（1）先看刘徽注中论"名"

刘徽注中有 20 多个"名"字。"名"字可分为两种情况，第一种情况，"名"作名词，可理解为"名称"，指称事物或事情；第二种情况，"名"作动词，可理解为"对事物的指称"。这与《经说上》对"名"的界定十分吻合："所以谓，名也；所谓，实也。"

第一种情况较多。

如《九章算术》方程章"正负术"中有 4 个"名"字，刘徽对此作了细致的解释：

[**同名相除**]。此为以赤除赤，以黑除黑，行求相减者，为法头位也。然则头位同名者当用此条，头位异名者当用下条。[**异名相益**]。益行减行当各以其类矣，其异名者，非其类也。非其类也，犹

---

① 本节部分内容以"2.3.5. 刘徽注对'推类'成分的论述"为题，发表于课题组成员刘邦凡著《中国推类逻辑对中国古代科学之影响》（吉林人民出版社，2014）。

无对也，非所谓减也。故赤用黑对，则除黑无对则除赤，赤黑并于本数，此为相益之皆所以为削夺，消夺之与减益成一实也。[**正无入负之，负无入正之**]。无入为无对也，无所得减则使消夺者居位也，其当以列实或减下实，而中行正负杂者，亦用此条。此条者，此条者，同名减实，异名益实，正无入负之，负无入正之也。[**其异名相除，同名相益，正无入正之，负无入负入**]。此条异名相除为例，故亦与上条互取。

"方程章" 12 题也有 "名" 的使用：

此问者言，甲禾二秉之重过于一石也，其过者几何？如乙一秉重矣，互其算令相折除，以石为之差实，差实者如甲禾除实，故置算相与同也。以正负术入之。此入头位，异名相除者，正无入正之，负无入负之也。

同样，刘徽在《九章算术》"粟米章" 中对 "今有" 的注释是：

今有，此都术也。凡九数以为篇名，可以广施诸率，所谓告往而知来，举一隅而三隅反者也，诚能分诡数之纷杂，通彼此之否塞，因物成率，审辨名分，平其偏颇，齐其参差，则终无不归于此术也。

又如，刘徽在 "衰分" 对 "术曰：列置爵数，各自为衰" 作注："爵数者，谓大夫五，不更四，簪袅三，上造二，公士一也。《墨子·号令篇》：'以爵级为赐'，然则战国之初有此名也。"

再如，刘徽注序中有："徽寻九数有重差之名，原其指趣乃所以施于此也。"

第二种情况较少。

刘徽在 "方程章·正负术曰" 中注有："今两算得失相反，要令正负以名之。正算赤，负算黑，否则以邪正为异。"这里的"名"，就是现今逻辑的"定义"。

（2）中国逻辑的"名"论对刘徽用"名"的影响

总体而言，刘徽对"名"的使用，既受到墨家的影响，也受到儒家的影响。

从受墨家影响来看，刘徽注中对"名"（定义）的使用情况与墨家逻辑中的"名"使用情况基本一致。

墨家逻辑中有性质定义，如，"功，利民也"（《经上》）；刘徽注也有性质定义，如对"率"的定义："凡数相与者谓之率"；又如"今两算得失相反"是对正负数的定义。

墨家逻辑中有功能定义，如"言，出举也"（《经上》）；刘徽注中也有功能定义，如对"率"的另一定义："凡所谓率者，细则俱细，粗则俱粗，两数相推而已。"

墨家逻辑有关系定义，如"罚，上报下之罪也"（《经上》）；在刘徽注中的一些命题（辞），具有"定义"的特征，且很多有关系性定义特征，如刘徽对"圆田术""周径相乘，四而一"的注："周径相乘各当以半，而今周径两全，故两田相乘为四，以报除之。"这三句话不仅是三个命题，而且构成三个关系定义，"周径相乘各当以半"以周长、半径定义了圆面积，也表明了周长、半径和圆面积之间的关系；"今周径两全"以半径定义直径或以直径定义半径，并表明二者的关系；"两田相乘为四，以报除之"，以周长和直径定义了圆面积，并表明了周长、直径、面积之间的关系。

墨家逻辑中有发生定义，如"损，偏去也"（《经上》）。刘徽注更有大量的发生定义，如刘徽注对"幂"的定义："凡广从相乘谓之幂"（方田术）。又如刘徽在方程章对"方程"的定义："群物总杂，各列有数，总言其实。令每行为率，二物者再程。"再如，刘徽对"相与率"的定义："有分则可散，分重叠则约也，等除法实，相与率也。"对"开平方"的定义："术方幂之一面也"，对"开立方"的定义："立方适等，求其一面也。"

另外，如果以西方逻辑的观点看，我赞成郭书春对刘徽注"定义"的评价："首先，被定义概念与定义概念的外延都相同，就是说，定义都是对称的；同时，定义项中没有包含被定义项，没有未知的概念，没有出现循环定义；第三，这些定义简洁明晰，没有使用否定的表达，也没有比喻或含混不清的概念。"[①] 初步统计，刘徽注中至少对 20 多个数学概念作了明确的定义。例如，

> 幂：凡广从相乘谓之幂。
>
> 率：凡数相与者谓之率。
>
> 平分：诸分参差，欲令齐等，减彼之多，增此之少。
>
> 阳马：方锥之一隅也。今谓四柱屋隅为阳马。
>
> 羡除：实隧道也。其所穿地，上平下邪似两鳖臑夹一堑堵，即羡除之形。
>
> 方程：程，课程也。群物总杂，各列有数，总言其实。令每行为率，二物者再程，三物者三程，皆如物数程之，并列为行，故谓之方程。
>
> 正负：今两算得失相反，要令正负以名之。正算赤，负算黑，否则以邪正为异。

2. 刘徽论"辞"

辞，是中国逻辑的一个特有术语，辞由"名"组成，所谓"以名举实，以辞抒意，以说出故。""辞也者，兼异实之名以论一意也。"比较西方传统逻辑的"命题"概念，"辞"概念有相似含义：表达判断的语句和组成推理的成分。

刘徽注多涉"辞"字。

例如"刘徽注序"中有："观阴阳之割裂，总算术之根源，探赜之暇，遂悟其意。是以敢竭顽鲁，采其所见，为之作注。事类相推，各有

---

① 郭书春：《刘徽〈九章算术注〉中的定义及演绎逻辑试析》，《自然科学史研究》1983年第 3 期。

攸归，故枝条虽分而同本干者，知发其一端而已。又所析理以辞，解体用图，庶亦约而能用，通而不黩，览之者思过半矣。"

这段引文中"析理以辞，解体用图"一句历来为中算史家所重视，被认为是刘徽注《九章算术》的宗旨。辞和图不仅体现了刘徽的杰出数学成就，也体现了刘徽高超的逻辑思想。

又如"约分"刘徽注曰："分之为数，繁则难用。设有四分之二者，繁而言之，亦可八方之四；约而言之，则二分之一也。虽则异辞，至于为数，亦同归尔。法实相推，动有参差，故为术者先治诸分。"

又如"刘徽注·方程章"有："问者之辞，虽以损益为说，今按实云：上禾七秉，下禾二秉，实一十一斗；上禾二秉，下禾八秉，实九斗也。"

再如"刘徽注·少广章"有：

> 张衡算又谓立方为质，立圆为浑……今徽全质言中浑，浑又为质，则二质如与之章，犹衡二浑相与之章也。衡盖亦先二质之章推以言浑之章也。圆浑极推，知其多以圆周为方章，浑以为圆章也，失之远矣。衡说之自然，欲协其阴阳奇偶之说而不顾疏密矣。虽有文辞，斯乱道破义，病矣。

郭书春对"析理以辞"中的"辞"的理解是"文字"。李继闵将"问者之辞"中的"辞"释为"叙述"，"虽有文辞"中的"文辞"译为"文章词采"。

笔者认为，这样的理解不完全符合刘徽的本意。"析理以辞"一句不但在句法上与《小取》"以辞抒意"相似，"辞"与"理"同时出现在一句话中，而且刘徽注中明确提及《墨子》一书，刘徽注自序曰："是与敢竭顽鲁，余其所见，为之作注"，又说"故其曰则与古或异，而所论者多近语也"。由此断定，刘徽所取"辞"与"理"当与《墨经》中的"辞"与"理"之意相同。

"问者之辞"中的"辞"，当与"析理以辞"中的"辞"意义相同，不过李继闵的"叙述"也可以理解为"命题"等语。

"虽有文辞"一句的"辞"是刘徽对"张衡算"的评价用语，结合该句在文段的整体意思来看，"文辞"有"文章词采"的意思，更重要的一点是刘徽在此要说明，张衡算法尽管有题（命题），但其推理是错误的且不存在的，所以才说"乱道破义，病矣"。

事实上，从刘徽注的大多数术文来看，刘徽十分注重语句表达，力求以正确而一致的语言去表达命题，可以说，刘徽注中的大多数术文语句是由一个又一个命题（"辞"）构成，这些命题构成一个又一个"术"（相当于中国逻辑中的"说"，相当于推理论证）。

如，"刘徽注·商功章"第 26 题术曰："穿地四为坚三。垣即坚也。今以坚求穿地，当四乘之，三而一。深袤相乘者，为深袤立幂，以深阣立幂除积即阣广。又三之为法，与坚率并除。所得倍之者，为阣有两广，先并而半之，为中平之广。今此得中平之广，故倍之还为两广并。故减上广，余即下广也。"

据巫寿康的分析，这段文论由 10 个判断组成：

判断 1：穿地四为坚三。

判断 2：垣即坚也。

判断 3：今以坚求穿地，当四乘之，三而一。

判断 4：深袤相乘者，为深袤立幂。

判断 5：以深袤立幂除穿地积即阣广。

判断 6：又三倍深袤立幂为法，深袤立幂与坚率并除。

判断 7：所得倍之者，为阣有两广，先并而半之，为中平之广。

判断 8：今此得中平之广。

判断 9：故二倍阣广，还为两广并。

判断 10：故从二倍阣广减去上广，余即下广也。

不仅如此，巫寿康还指出，这 10 个判断构成 5 个推理，即由判断 1 可推出判断 3，由判断 2、3、5 可推出判断 6，由判断 7、8 可推出判断 9，由判断 9 可推出判断 10，由判断 4、6、10 可推出"商功章"第 26 题的术"置垣积尺，四之为实"。①

又如刘徽对"方四术""广从等数相乘得积步"作注："此积谓四幂。凡广从相乘谓之幂。"如此可分为三个命题：命题 p——凡广从相乘谓之幂；命题 q——此积为广从乘；命题 r——此积谓四幂。命题 p 和命题 q 推出命题 r。

再如刘徽在"圆田术""周经相乘，四而一"中有注："周经相乘，各当以半，而今周经两全，故两相乘为四，以报除之。"此注可分为三个命题：命题 a——周经相乘，各当以半；命题 b——而今周经两全；命题 c——两相乘为四，以报除之。从命题 a 和命题 b 可推出命题 c。

总之，从刘徽注的"辞"的使用来看，刘徽注的确彻底贯彻了"析理以辞"的数学思想，其"辞"也不仅有语句、词句之义，还与中国逻辑中的"辞"义相通。

3. 刘徽论"理"

"刘徽注"和"刘徽注序"中有 7 段术文谈到"理"，分别列表如下。（见表 7-3）

表 7-3 《九章刘注》关于"理"的表述

序号	章节	文段
1	刘徽注序	析理以辞、解体用图
2	方田章第九题	方以类聚，物以群分。数同类者无远；数异类者无近。远而通体者，虽异位而相从也；近而殊形者，虽同列而相违也。然而齐同之术要矣。错综度数，动而斯谐，其犹佩觿解结，无往而不理焉。乘以散之，约以聚之，齐同以通之，此其算之纲纪乎。
3	少广章第24题	推而言之，谓夫圆囷为方率，岂不阙哉？以周三分之一为圆率，则圆幂伤少；令圆囷为方率，则丸犹伤多。互相通补，是以九与十六之率偶与实相近，而丸犹伤多耳。观立方之内，合盖之外，虽衰杀有渐，而多少不掩。判合总结，方圆相缠，浓纤诡互，不可等正。欲陋形措意，惧失正理。敢不阙疑，以俟能言者。

---

① 巫寿康：《刘徽〈九章算术注〉逻辑初探》，《自然科学史研究》1987 年第 1 期。

续表

序号	章节	文段
4	商功章 第 18 题	推明义理者：旧说云，凡积刍有上下广曰童，薨谓其屋盖之茨也。是故薨之下广袤与童之上广袤等。
5	商功章 第 15 题	按余数具而可知者有一、二分之分别，即一、二之为率定矣。其于理也岂虚矣。若为数而穷之，置余广袤高之数各半之，则四分之三又可知也。
6	方程章 第 3 题正 负术注	术本取要，必除行管，至于地位，不嫌多少，故或令相减，或令相平，理无同异，而一也。
7	方程章 第 18 题	此"麻麦"与均输、少广之章重衰、积分，皆为大事。其拙于精理徒接本术者，或用算面布毡，方好烦而喜误，曾不知其非，反欲以多为贵。故其算也，莫不暗于没通而专于一端。至于此类，苟务其成，然或失之不可谓要约。更有异术者，庖丁解牛，游刃理间，故能历久其刃如新。夫数犹刃也，易简用之则动中庖丁之理。故能和神爱刃，速而寡尤。
8	句股章 第 11 题	假令句股各五，弦幂五十，开方除之得七尺，有余一不尽。假令弦十，其幂有百，半之为句股二幂，各得五十，当亦不可开。故曰，周三径一，方五斜七，虽不正得尽理，亦可言相近耳。

    从表 7-3 "刘徽注序"和"刘徽注"的文辞来看，其中出现的"理"字，其义与中国逻辑中的"理"相比较，二者之义相通。

    在早期墨家中，"说"由"故""法""类"构成，后期墨家则发展为"故""理""类"，从本质上看，"理"与"法"相通。因此"理"的第一层意思就是：从事实践的法度、标准事物的本质，所谓"百工从事，皆有法所度"（《法仪》）。由"法度"引申出"理"的第二层意思，即"方法""法则"，如《天志中》称以矩测方为"方法明也"，把"顺帝之则"理解为"帝善其顺法则也"。《大取》又说"夫辞以故生，以理长，以类行者也"，意思是说，立辞（论说）的过程要依据一定的准则进行推理（推论），只有"辞"和"故"是不够的，"理"就像道路。因此，"大取"继续说："立辞而不明于其所生，妄也。今人非道无所行；唯（虽）有强股肱而不明于道，其困也可立而待也。夫辞以类行者也，立辞而不明于其类，则必困矣。"

    刘徽深谙墨家的"理"论，灵活应用到他的数学理论中。表 7-3 文段 1 "析理以辞"一句，提纲挈领地表明了立辞（推理、论证）的基本前提和总原则就是要把握和应用"理",把"理"作为数学的宗旨。"析理以辞"一句的"理"具有墨家逻辑"理"的所有含义。

从表7-3文段2与"理"相关的几句来看,大意是说:面对各种错综复杂的变数,只要用这种演算(齐同术)便可把它们统一起来,就好像用佩觽去解开结扣,所到之处没有不通的道路。由此看来,"无往而不理焉"正是使用了墨家逻辑"以理长,以类行者也"的比喻,该句中的"理"比喻为"道路"。

综合理解,表7-3文段3与"理"相连的几句话可以翻译为:两种不同性质的事物交织在一起,方与圆相缠绕,粗与细相交错,不能化为规则的圆形。想用简陋的形体去解释,又恐怕脱离事物的本质。只好阙疑,待后人来解。因此,"惧失正理"一句中"理"取墨家逻辑"理"的第一层意思:事物的本质。

表7-3文段4是说,要推究明白立辞的意义和推理,按以往的说法,凡是草堆有上、下宽的叫作"童",薨就是覆盖"童"的草顶。所以薨的下底面的长宽与童的上底面的长宽分别相等。因此,"推明义理"一句的"理"就是"推理"的意思。

结合表7-3文段5的上下文,该段的大意是:如果在堑堵的3/4中,证明了鳖臑与阳马的体积之比为1∶2;如果证明了余下部分有1∶2的比率,则整个堑堵与阳马的体积之比就是1∶2(即刘徽原理);从推理上讲,该结论也不是虚妄的。因此,"其于理也岂虚矣"一句的"理"与文段4"推明义理"的"理"同义:推理。

表7-3文段6翻译成现代汉语后,可理解为:算法原本的要旨在于必须消除行之首位,至于其他各位则不管其数的多少,所以或令相减,或令相加,数学的法则、方法,不管是同号还是异号,原理都是一个。由此,"理无同异,而一也"一句的"理"就指(数学的)"法则、方法"。

表7-3文段7中有三个"理"字。第一个"理"当理解为(学术的)根本法则、方法,"其拙于精理"的长句可理解为:不精通数学方法只能按原来方法推算的人,或许会为了用算而铺开毡毯展开筹算,这将

非常麻烦而且容易出错，还自以为不错，认为自己用算甚多为宝贵。

"游刃理间"的"理"，本指腠理，即肌肉的纹理与骨节间的缝隙，在此有"比喻数学工作者应灵活运用数学的法则、方法"之义。至于"庖丁之理"一句的"理"当然是指方法，喻指数学方法。

4. 刘徽论"类"

"类"是中国逻辑的基本概念。在中国逻辑中，"类"与同异、有无的认识联系在一起。总体而论，类就是事物间同异关系的概括。《经上》曾对事物间的同异关系进行分析，指出"类"并不指一切同异关系，而仅仅指"类同"或"不类"。《经说上》说"类同"就是"有以同"，"不类"就是"不有同"。"有以同"和"不有同"是说，"事物的一些属性只为某事物所普遍具有，该类事物以外的其他事物普遍不具有，即'偏有偏无有'（《经说下》）"。

类与故、理之间的关系表现在以下几个方面。（1）理、类、故是说（立辞）的三物，"三物必具，然后足以生"，"夫辞，以故生，以理长，以类行者也"（《大取》）。（2）"察类""知类"方能"辨故""明故"。（3）"理"是据"类"而出。

另外，"类"是"说"的基础，"说"是依"类"而推的过程，有所谓"以类取，以类予"（《小取》）。

在刘徽注中，中国逻辑的"类"之思想与方法被刘徽继承和发扬。主要体现在以下几个方面。

（1）对数学概念的重新整理分类

刘徽在"方以类聚，物以群分"的数学分类思想指导下，对数学概念进行分类。例如把数分为整数与分数，进而按不同的分类单位对分数进行分类，提出"数同类者无远，数异类者无近"的思想。又如把数分为正数和负数，有所谓"其异名也，非其类者，犹无对也"。再如，把图形分为直线形和曲线形两类，即"凡物类形象，不圆则方"，进而提出"令出入相补，各从其类""朱青各以其类"，"令颠倒相补，各以类合"的思想，把全等的圆形看成一类，不全等的圆形看成一类。

（2）对数学方法进行归类

对数学方法的归类与分析，是刘徽数学成就的重要方面。

第一，刘徽对数学方法的同一性进行了高度概括，把今有术看成统属经率术、衰分术、返衰术、均输术等几个重要数学方法和许多问题求解的"都术"。

第二，刘徽认识并分析了数学方法的层次性，例如指出"今有术比衰分术等方法高一级"。

第三，分析许多问题在解法上的同一性并归为同一类问题，例如，均输章第20~26题分别是凫雁、相遇、或瓦、矫矢、假田、程耕、五渠共池等不同对象的问题，刘徽分析说，相遇之意"亦凫雁同术，牝、牡瓦相并，犹如凫雁日飞相并也"，矫矢一题"齐其钱，同其亩，亦如凫雁术也"，程耕一题术文"犹凫雁术也"，五渠共池一题术文"犹矫矢之术也"，因此"自凫雁至此，其为同齐有二术焉，可随率宜也"，意思是说这些问题都是同一类问题。

第四，根据数学方法的共通性指出一些具体算法的同一性，例如，勾股章"引兼赴岸""系索""倚木于恒""圆材求径""竹高折地""甲乙同立""甲乙出邑"等问题都有不同的应用对象，并且都有具体的计算方法，但刘徽将它们归结到勾股问题，因为前五个问题全是已知勾与股弦差求股、弦的问题。

刘徽的"类"论继承并光大了中国逻辑的推类思想并进行充分、有效的实施，使推类方法成为刘徽注逻辑推理的根本方法。

5．刘徽论"故"

郭书春对刘徽注的"故"进行了充分而有效的论证。在此将郭先生的主要论述转录如下，同时在此对郭书春先期卓越之贡献，表示敬意和谢意。

刘徽注中大量使用的"故"字有两层意义：一是带有逻辑意义的，训"是以"，其中包括定义、推理、证明和议论；二是训"旧"。刘徽注中使用的219个"故"字，其分布情况如下表。（见表7-4）

表 7-4　《九章刘注》用"故"统计

章	训"是以"			训"旧"	合计
	定义推理	议论	合计		
序	1	3	4	0	4
一	33	2	35	0	35
二	7	0	7	0	7
三	7	0	7	0	7
四	12	1	13	1	14
五	34	1	35	0	35
六	30	0	30	1	31
七	34	1	35	1	36
八	19	7	26	0	26
九	23	1	24	0	24
总计	200	16	216	3	219

从表 7-4 得知，在 219 个"故"字中，训"旧"甚少，只有 3 个，训"是以"或"原因"或"理由"或"说明"则达 216 个，占 98.63%。在笔者所见所用古籍中，用"故"密度之高莫过有二，其一是《墨经》，其二可能就是刘徽《九章算术注》了。《墨经》中"故"字也大多训"是以""原因"等，比例也达 98.53%，而《论语》中所用"故"，却近半训"旧"，可见刘徽注的"故"字使用不能不说是刘徽有意仿墨经而为之。

从前面的论证来看，笔者赞成郭书春先生的论断："刘徽最大量的'故'字是用于推理，即用辞将类、故、理连结起来，这就是'推'……有两种相反的逻辑过程：一是以类求故，由故成理，即通常说的归纳，以小推大，从个别推一般；二是明故以求理，由理知类，即通常说的演绎。刘徽的'析理以辞'，实际上就是'推'"。

第二节　推类是刘徽注逻辑思路的
主导推理类型①

《墨子·小取》说:"推也者,以其所不取之同于其所取之,予之也。"意思是说,"推"指"以论敌所不选取、不赞成的论点与论敌所选取、赞成的论点类同为依据,推论出论敌不能自圆其说,所立的'辞'难于成立"。也可以理解为,"推"就是从已知事物(所取)中得到的认识和方法,向着尚未认识的同类事物(所不取者)推广。"推"是"说"的一种,"以类取、以类予"是说的基本推论原则,"类"是"说"的基础,所以,"类"是"推"的基础,"以类取、以类予"也是"推"的基本推论原则。《墨子·小取》对"譬也者,举他物而以明之也。"沈有鼎对此作了诠释:"逻辑学上所谓类比式的论证通常也只是'譬'。类比推论与比喻之间本来没有固定界限。"②《墨子·小取》对"援"的定义是:"援也者,曰:子然,我奚独不可以然也?"由此,援与譬同为类比推论,"它们的区别只在'譬'所用的前提则是以众所周知的事实为内容的主方自己的话,而'援'所用的前提则是对方说过的话(或行过的事),或某人说过的话(行过的事),为对方做赞成的"。事实上,无论是"譬",还是"援",都是"推"的特殊形式。基于"类"而用"以类取、以类予"也是以"推"为原则的"推"或"譬"或"援"等,就是中国逻辑中所说的"推类"。

推类是中国逻辑主导的推理类型。刘徽注对"推类"不仅多有论述,而且广而用之,成为数学方法的思维媵理和主脉,从以下几个方面可得到证明。

一　刘徽用"类"

据笔者初步统计,刘徽注(包括"序")有"类"字的文段不少于

---

① 本节部分内容以"2.3.6. 推类是刘徽注逻辑思路的主导推理类型"为题,发表于课题组成员刘邦凡著《中国推类逻辑对中国古代科学之影响》(吉林人民出版社,2014)。

② 沈有鼎:《墨经的逻辑学》,中国社会科学出版社,1980,第43页。

18 段。

分别统计如下表。（见表 7-5）

表 7-5　《九章刘注》用"类"表述统计

序号	章节	文段
1	刘徽注序	昔在庖牺氏始画八卦，以通神明之德，以类万物之情，作九九之术以合六爻之变。
2	刘徽注序	事类相推，各有攸归，故枝条虽分而同本干者，知发其一端而已。
3	刘徽注序	按《九章》立四表望远及因木望山之术，皆端旁互见，无有超遽若斯之类。
4	刘徽注序	触类而长之，则虽幽遐诡伏，靡所不入。
5	方田章，第 8 题	方以类聚、物以群分。数同类者无远，数异类者无近。远而通体者，虽异位而相从也；近而殊形者，虽同列而相违也。然则齐同之术要矣。
6	方田章，第 11 题	凡物类形象，不圆则方，方圆之率，诚著于近，则虽远可知也。
7	方田章，第 15 题	今此令周自乘，非但若为圆径自乘者九方而已。然而十二而一，所得又非十二觚之类也。
8	衰分章，第 17 题	今以斤两错互而亦同归者，使干丝以两数为率，生丝以类为率。譬之异类，亦各有一定之势。
9	商功章，第 16 题	鳖臑之物，不同器用。阳马之形，或随修短广狭。然不用鳖臑，无以审阳马之数，不有阳马，无以知锥亭之类，功实之主也。
10	均输章，第 23 题	此同工共作，犹凫雁共至之类，亦以同为实，并齐为法。
11	方程章，第 4 题	益行减行，当各以其类矣。其异各者，非其类也。非其类者，犹无对也，非所得减也。
12	方程章，第 8 题	故往曰：正无实负，负无实正，方为类也。
13	方程章，第 15 题	至于此类，苟务其成，然或失之，不可谓要约。
14	方程章，第 15 题	未暇以论其设动无方，斯胶柱调瑟之类。
15	句股章，第 1 题	句自乘为朱方，股自乘为青方。令出入相补，各从其类。
16	句股章，第 7 题	此术与击索者之类更相反覆也。亦可知上术，令高自乘，余为实倍高为法，则得折之高数也。
17	句股章，第 9 题	各以类合。
18	句股章，第 10 题	令颠倒相补，各以类合。

分析表 7-5 文段可知，除文段 8 中"生丝以类为率"一句中的"类"似为"斤数"之误外，其他各文段"类"字的含义不外有：种类（类别）、分类、类推（推类）、相同、有同、类同等。

而在墨家逻辑那里，"类"与同异、有无的认识联系在一起。类，首先是对事物间同异关系的概括，主要指"类别"、"类同"或"不类"。

这说明刘徽对"类"概念的应用与墨家逻辑的理解是一致的。

二 刘徽用"推"

刘徽注还使用了大量的"推"字，有 20 多处。现举略部分如下表。（见表 7-6）

表 7-6　《九章刘注》用"推"表述统计

序号	章节	文段
1	注序	事类相推
2	注序	夫云尔者，以术推之。
3	方田章，第 32 题	此术不验。故推方锥以见其形。
4	方田章，第 32 题	此以周径谓至然之数非周三径一之率也。周三者从其六弧之环耳，以推圆规多少之觉，乃弓之与弦也，然世传此法，莫肯精核。
5	少广章，第 15 题	质言中浑，浑又言质，则二质相与之率，犹衡二浑相与之率也。衡盖亦先二质之率推以言浑之率也。衡又六十四之面，浑二十五之面，质复言浑，谓居质八分之五也。又云方八之面圆，圆浑相推知……
6	少广章，第 24 题	按合盖者，方章也，凡居其中，即圆率也。推此言之，谓夫圆困为方率，岂不阙哉？以周三分之一为圆率，则圆幂伤少；令圆困为方率，则丸积伤多。互相通补，是以九与十六之率偶与实相近，而丸犹伤多耳。
7	商功章，第 14 题	邪解立方得两堑堵。虽复随方，亦为堑堵，故二而一。此则合所规棋，推其物体，盖为堑上叠也。其形如城，而无上广，与所规棋形异而同实。未闻所以名之堑堵之说也。
8	商功章，第 16 题	穷之，置余广袤高之数各半之，则四分之三已可知也。半之弥少，其余弥细。至细曰微，微则无形。由是言之，按取余哉？数而求穷之者，谓以情（精）推，不用筹算。
9	商功章，第 18 题	按阳马之棋：两邪，棋底方；当其方也，不问旁角而割之，相半可知也。推此上连无成不方，故方锥与阳马同实。

序号	章节	文段
10	商功章，第 19 题	推明义理者：旧说云，凡积刍有上下广曰童，壅谓其屋盖之茨也。
11	均输章，第 1 题	"有分者，上下辈之"；"辈，配也。车、牛、人之数，不可分裂，推少就多，均赋之宜"。
12	均输章，第 16 题	以下第一衰为法，以本重乘其分母之数，而又反此率乘本重为实。一乘一除，势无损益，故为本存焉。众衰相推为率，则其余可知也。
13	方程章，第 3 题	今两算得失相反，要令正负以名之。正算赤，负算黑，否则以邪正为异。方程自有赤黑，取左右数相推求之术，而其并减之势不得交通，故使赤黑相消夺之。
14	方程章，第 8 题	以少行减多行，则牛数尽，惟羊与直金之数见，可得而知也。以小推大，虽四、五行不异也。

从刘徽注的"推"字使用来看，用"推"之意与墨家逻辑的理解是相一致。什么是"推"？"在诸其所然未然者，说在于是推之"（《墨子·经下》），指出了"推"是由"所然"进到"未然"的过程。基于这样的理解，对比刘徽以上对"推"字的使用，可以看出，刘徽用"推"之意与墨家逻辑的理解是相一致的。

三　刘徽用"譬"

刘徽在"方田章""圆田"后对"半周半径相乘地积步"的注释有："由此言之，其用博矣。谨按图验，更造密率。恐空设法，数昧而难譬。故置诸检括，谨其记注焉。"这句话可理解为："由此说来，圆周率的用途是很广博的。严格按图来证明，推算出更加精密的圆周率。唯恐后人说我凭空设置新的圆周率，让人不知数从何来，理从何始，使人无法证明。因此加以校正并详加说明、记录。"由此看来，此处"譬"甚合《墨子·小取》"譬"义："举他物而以明之。"

刘徽在"衰分章"第十七题"术"后注有："今以斤两错互而亦同归者，使干丝以两数为率，生丝以类为率，譬之异类，亦各有一定之势。"众所周知，中算家的"率"概念不局限于同类量相比，更不要求相同单位来表示比数，它仅仅要求数量间的对应成正比例关系而已，即可同时扩大相同的倍数或同时缩小相同的比例。"譬之异类，亦各有一定之势"，也就是说，不同种类的数量之间，也可以按各自一定的比数而构成相依相从关系。"譬之异类"，正是墨家论"譬"的高度概括，刘徽对"譬"有深刻而透彻的理解。

四　推类是刘徽注"析理以辞、解体用图"的基础

刘徽对《九章算术》的作注所依宗旨是："析理以辞，解体用图。"而这一宗旨是当时和前期数学研究范式的文化内涵的高度抽象与高度概括。

"析理"一词最早见于《庄子·天下篇》"析万物之理"。魏晋以前，"析理"并不具有研究范式的价值，甚至也不是方法论。时至魏晋，辩难与善辩之风把"析理"提高到前所未有的高度，各路辩家谈辩，辩驳之首选利器就是"析理"，认为"析理"的实现与技术是辩之根本，即"析理"成为当时辩之主流研究范式。单从当时数学领域看，很多数学家对此都非常重视，除刘徽之外，何晏（？—249）、王弼（226—249）、嵇康（224—263）等都把"析理"作为数学研究的基本范式。嵇康说："况乎天下微事，言所不能及，数所不能分，是以古人存而不论。……今形象著名有数者，犹尚滞之天地广远，品物多方，智之所知者未若所不知者众也。"（《难宅无吉凶摄生论》），嵇康进一步说："夫推类辨物，当先求之自然之理，理已定，然后借古义以明之耳，今未得之于心，而多恃前言以为谈证，自此以往，恐巧历不能纪。"（《声乐哀乐论》）因此，在嵇康看来，析理和推类是数学不可或缺的，"数学家应是析理至精之人"。

如何"析理"，从《周髀算经》开始，人们一致认为，"贵约"。《周髀算经》中有"夫道术，言约而用博者，智类之明"，嵇康则明确提出："析理贵约而尽情，何尝浮秽而迂诞哉？"（《明胆论》）刘徽对数学析理则做出深刻的论证："又所析理以辞，解体用图。庶亦约而能周，通而不黩"，"至于此类，苟务其成，然或失之，不可谓要约"。那么"贵约"的技术要点在于什么，嵇康认为在于"触类而理知"。他说，"故善求者，观物于微，触类而长，不以己为度也"（《答释难宅无吉凶摄生论》）。"触类而长，所致非一"（《琴赋》），"夫至物微妙，可以理知，难以目

识"（《养生论》）。刘徽则认为在于"触类而情推"。他说，"触类而长之，则虽幽遐诡伏，靡所不入"，"教而求穷之者，谓以情推，不用筹算"。由此看来，刘徽与嵇康等人对析理有共识：析理在于贵约，贵约在于推类。

从上述刘徽推类析理思想与嵇康等人的比较来看，刘徽思想与当时的辩难之风存在联系，他没有置身于时代潮流之外，而是与时代潮流息息相关，他受辩难之风的影响析《九章算术》之理，并从思想界辩难中积累大量的思想资料。他或者撷取其正确部分指导自己的数学研究工作，或者以某些命题作为外壳，加以改造，赋予数学内容，得到正确或比较正确的数学结论。他不盲从，不是简单地摘引，而是将这些思想资料与数学研究融为一体，为数学理论的概括服务。刘徽以自己的工作，不仅为数学，也为中华文化做出了贡献。

郭书春的上述论述是很正确的，一个重要的旁证就是，刘徽《九章算术注》中众多思想都与墨、道、易、儒有直接渊流，甚至还直接摘录诸家著作中的言辞，如"衰分章注"就有"《墨子·号令篇》以爵级为赐。然而战国之初有此名也"。

五　以"类"为基础的数学证明

刘徽《九章算术注》对许多数学命题、公式或结论进行了证明，而这些证明的一个重要特点就是：以"类"为基础，证明过程的基本方式与基本原则是"以类合类"。如刘徽对羡除公式的证明就充分体现了这一特点（见图 7-1）。据刘洁民的论证，刘徽的羡除公式之证明具有以下特点：

（1）讨论详尽，条理清晰

刘徽的证明过程可归纳为下图（图中多用简称，如："分"为分解，"比"为相比，"合"为与相应堑堵拼合），逻辑关系十分清晰、准确。

（2）方法多样，巧妙灵活

主要方法是分解和相比，辅之以棋验，"大鳖臑"的处理则是割

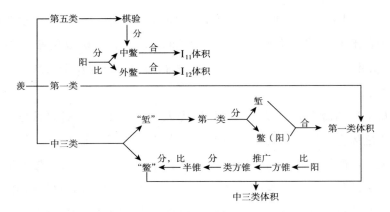

图 7-1 《九章刘注》羡除公式证明

补法的发挥，推而广之，便成为处理几何体的有效手段。此外，这一过程又是"执果索因"的分析法。

（3）思想深刻，逻辑严格

"不问旁、角而割之，相半可知也。推此上连无成不方，故方锥与阳马同实。角而割之者，相半之势"，概括起来即原理一，当其中的常数 k=l 时，就是著名的祖暅原理。

如前所述，刘徽知道两相交直线确定一个平面。此外，由两"大鳖臑"生成方锥，要求拼合体恰有一侧面成为方锥的侧面，它是由两"大鳖臑"的各一侧面拼成的。因此，刘徽必了解两平面重合的条件。

刘徽对严格性要求很高，除被认为显而易见的几个基本假定外，作为推理依据的所有命题都经过了较严的证明。尤其值得提出，在"方锥术"注文中，他已用棋验法验证了方锥体积公式，这里仍给予严格证明，足见他并不满足于直观描述，而是追求逻辑上的严格。

……总之，刘徽的羡除公式证明十分精巧，有独到之处并且比较严格，贯穿了深刻的数学思想。①

① 刘洁民：《浅论刘徽对羡除公式的证明》，中国数学史论文集（一），吴文俊主编，山东教育出版社，1985。

六　广泛而深刻应用"类以合类"的推类基本方法

正如前面有关章节的论述，刘徽特别注重"率"之应用以及强调以"率"为算之纲纪，是有深刻用意的："以率为类""以类合类"的数学逻辑思路是刘徽注的基本演算模式和主导推理类型。

同样以"粟米章"刘徽注为例，就可以明显地看出这一点。

刘徽对"粟米之法"的注释是："凡此诸率，相与大通其特相，求各如本率可约者约之，别术然也。"在这里，刘徽事实上强调了"粟米之法"为后续演算和推演的基准，为后续推类（合类）的"类"。

为了进一步表明这样的观点，刘徽在"今有"中做出更明确的强调："此都术也，凡九数以为篇名，可以广施诸率。所谓告往而知来，举一隅而三隅反者也。诚能分诡数之，纷杂通彼此之否塞。因物成率，审辨名分，平其偏颇，齐其参差，则终无不归于此术也。"同时，我们也看出，刘徽把如何用"率"提高为整个数学方法的基本逻辑。

不仅如此，刘徽还明确指出了实现"以率为类""以类合类"这一基本推演方法的具体要领。刘徽对"术曰：以所有数乘所求率为实，以所有率为法"一句的注释是："少者多之始，一者数之母，故为率者必等之于一。据粟率五粝率三，是粟五而为一、粝米三而为一也。欲化粟为粝米者，粟当先本是一，一者谓以五约之。令五而为一也，讫，乃以三乘之。令一而为三，如是则率至于一，以五为三矣，然先除后乘，或有余分，故术反之。又完言之，知粟五升为粝米三升；分言之，知粟一斗为粝米五分斗之三。以五为母，三为子。以粟求粝米者，以子乘，其母报除也。然则所求之率常为母也。"尽管从这一注释文字看，刘徽是在解释如何使用"粟米之法"来求解问题，但实际上也是在教导读者比照、比类这种具体方法去实现演算和求解。因此，刘徽事实上指出了对粟米问题如何"以类合类"的具体要领。

进一步考察《九章算术》及刘徽注，可以得出这样的结论：刘徽广泛而深刻地应用了"类以合类"的推类基本方法，"类以合类"成为刘徽注数学逻辑思路的基本推类模式。

三国两晋南北朝时期是中国传统数学发展的第二次高潮，不仅包括数学理论，而且包括数学方法。从我们上面的论述来看，不仅数学理论在此时期达到了前所未有的高度，而且数学方法也达到了历史的最高水平，尤其是代表数学方法脊梁与主体的自身逻辑思路，达到了我国传统数学的最高水平，确立了"以类合类"的"推类"思想与方法为中国传统逻辑思路的主导推理类型。因此，可以这么说，刘徽《九章算术注》确立了《九章算术》在中国传统数学中的经典地位和"经术"地位，不仅包括数学理论方面，而且包括自身逻辑思路的形成与确立。

从本节的论述来看，刘徽的逻辑思想和墨家的逻辑思想有直接联系。甚至，"在数学中贯彻逻辑方法时，刘徽在许多方面超过了墨家。墨家只提出了一些数学命题，但没有进行证明，刘徽则不同，他用逻辑方法定义了《九章算术》中'约定俗成'的概念，证明了所有的'术'"。[①] 当然，刘徽在一些方面也不如墨家，尤其是在数学理论的抽象方面远没有超过墨家的水平，如在数学命题的表现形式上，墨家要简练概括。

第三节　中西方必然推理比较研究：
以刘徽《九章算术注》为例

刘徽的《九章算术注》有两种不同的逻辑推理进程：一是从一般（"端"）出发到特殊（"九章"或"九类"）的演绎逻辑进路；二是从特殊（"九章"或"九类"）出发到一般（"端"）的归纳逻辑进路。本节以具体注文为研究对象，实证研究刘徽的演绎逻辑思想，并与西方公理化演绎逻辑思想进行比较。提出"推类"是刘徽演绎逻辑的核心，是中国古代数学的主导推理类型。

笔者所见，汪奠基在 1961 年发表的文章《丰富的中国逻辑思想遗产》[②]，最早提倡对中国古代科学技术文献中演绎逻辑思想进行搜集和

---

① 代钦：《儒家思想与中国传统数学》，商务印书馆，2003，第 143—144 页。转引自刘邦凡《论中国逻辑与中国传统数学》，《自然辩证法研究》2005 年第 3 期。
② 汪奠基：《丰富的中国逻辑思想遗产》，《光明日报》1961 年 5 月 21 日。

整理。他批评了认为中国古代逻辑没有"明白建立起法则式的共同形式"（演绎推理）的观点，指出中国古代演绎推理思想研究"必须联系到历代科学思想发展的情况"。他尤其强调"关于数学方面，我国古代筹策演算的形式，确实保持了一套演绎系统的特殊技术，在人们抽象科学思维的生活上，创造了自己民族科学的独立思考的形式和方法"。中国数学史家钱宝琮、郭书春等的研究成果，对中国古代数学中的演绎推理思想亦多有论及。笔者在前人研究的基础上，尝试以刘徽《九章算术注》具体注文为研究对象，挖掘整理其演绎推理思想，并与西方数学公理化思想进行比较。

一　刘徽《九章算术注》的逻辑思维进路

郭书春认为，刘徽是中国古代数学理论的奠基者。刘徽全面论证了其中的解法、公式，驳正了其失误，奠定了我国古代数学的理论基础，尤其是他在数学证明中引入极限与无穷小分割思想，在古代世界数学舞台上更是独具风骚。通过分析刘徽《九章算术注·序》，可以明晰刘徽数学理论体系的形成过程。[①]

刘徽《九章算术注·序》：中国古代数学"枝条虽分而同本干者，知发其一端而已"。简言之，中国古代数学是从"同本干"的"一端"出发，形成不同的被称为"类"的"枝条"，这些不同的"类"就是《九章算术》的基本构成，共九个部分（九章），或者称为九类，即方田、粟米、衰分、少广、商功、均输、盈不足、方程、勾股。晚近又发展出了重差。显然，从逻辑推理的思维进程分析，这是一个从一般（"端"）出发到特殊（"九章"或"九类"）的演绎逻辑进路。

刘徽《九章算术注·序》："事类相推，各有攸归。"反过来分析，"事类相推，各有攸归"，就是说，这九类问题，又是通过怎样的"类推"（"事类相推"）推理，汇聚到"一端"（"各有攸归"）呢？这个"端"是什么呢？刘徽说，数学"以法相传，以犹规矩度量可得而共"。在中国

---

①　参见郭书春《关于〈九章算术〉及其刘徽注的研究》，《传统文化与现代化》1997年第2期。

古代，"规"是画方的工具，"矩"是画圆的工具，"规矩"在这里是指图形，即我们通常说的物质世界的空间形式。"度"是计量长短的标准，"量"是计量容积的标准，所谓"同其数器，一其度量"，这里是指我们通常说的物质世界的数量关系。由此可见，刘徽所谓中国古代数学的"端"——数学的本源，就是客观世界的空间形式和数量关系的同一性——"共"（"规矩度量可得而共"）。郭书春指出，"空间形式和数量关系的同一，几何和代数的结合，正是中国古代数学的特点之一"①。《九章算术》之"九章"，莫不发源于这个"端"。从逻辑推理的思维进程分析，这是一个从特殊（"九章"或"九类"）出发到一般（"端"）的归纳逻辑进路。

综上所述，刘徽《九章算术注》的逻辑思维进路，既有"枝条虽分而同本干者，知发其一端而已"这样从一般（"端"）出发到特殊（"九章"或"九类"）的演绎逻辑进路；也有"事类相推，各有攸归"这样从特殊（"九章"或"九类"）出发到一般（"端"）的归纳逻辑进路。刘徽的这两个数学逻辑思维进路，最终归为一句话："事类相推"——"推类"，这是中国古代数学的主导推理类型。

刘徽的数学逻辑推理理论体系不同于西方数学逻辑推理论体系的核心，恰恰就是"李约瑟难题"和"爱因斯坦惊奇"的答案：西方数学推理根据思维进路，分别明确地命名为演绎（必然）推理、归纳推理；而中国传统数学推理的思维进路，尽管有演绎（必然）推理和归纳推理之实，却统一命名为"推类"。这正是本书的主要结论。

二　中西方必然推理异同：基于刘徽《九章算术注》的实证研究

（一）刘徽的逻辑定义理论及其推理应用比较

1. 刘徽的逻辑定义理论

（1）方程组的定义

《九章》"方程章"中的"方程"，就是现在的方程组。

---

① 郭书春：《刘徽〈九章算术注〉中的定义及演绎逻辑试析》，《自然科学史研究》1983年第 3 期，第 193 页。

刘徽的"方程"定义是："群物总杂，各列有数，总言其实。令每行为率，二物者再程，三物者三程，皆如物数程之，并列为行，故谓之方程。"该定义阐明了建立方程（组）的方法："群物总杂，各列有数，总言其实"，对构成方程组的各未知数系数和常数项进行合理的安排；"令每行为率"，就一行内部，把一行看成一个整体，其数字排列有一定顺序，与现今方程组理论中的行向量概念相类似；就各行关系来说，各行（包括常数项）相与，相当于现代方程组理论中诸行线性相关（与现在线性代数中线性方程组有解的条件暗合）；"皆如物数程之，并列为行"，准确规定方程的行数必须与未知数个数相等。懂得了方程的定义，自然也就明白了方程的构造方法。《九章算术》中有"五家共井"题，因为不符合"皆如物数程之，并列为行"关于方程组构造方法的要求，即方程的行数不等于（少于）未知数个数，所以只能是一个不定方程，其解法迥异于方程组的解法。这从另一个方面说明了刘徽方程定义的科学性和严谨性。

（2）正负数的定义

《九章》"方程章"提出了正负数的加减法则"正负术"，但没有做出正负数的定义。

刘徽对正负数下定义如下："今两算得失相反，要令正负以名之。"该定义抓住了正数与负数得失相反这一本质属性，相当抽象而严谨，完全符合现代逻辑定义理论对概念下定义的要求。正负数作为概念的定义摆脱了以盈、有为正，以不足、欠为负的原始概念，上升到科学概念层次。"凡正负所以记其同异，使二品互相取而已矣。言负者未必负于少，言正者未必正于多，故每一行之中虽复赤黑异算无伤。"根据这个定义，得失相反的两数，其正负是相对的，可以根据运算的方便和需要而规定。

（3）"幂"定义

"幂"概念是刘徽《九章算术注》"方田术"中"广从步数相乘得积步"时引入的一个概念，主要是为了把"积"概念进一步细分。《九章算术》中没有"幂"概念，"积"兼有面积、体积两层含义，需要明确表达式，不然容易发生歧义，且难以辨析。

刘徽给出的"幂"定义为："凡广从相乘谓之幂"，即长宽相乘的结果称为幂。很显然，该定义下的"幂"概念专指面积（刘徽定义的"幂"概念也不完全等于现代数学中的幂概念——乘方谓之幂），广泛应用于"方田章""勾股章""少广章"中的某些应用数学题的求解。自此，刘徽相当于在"积"作为属概念之下，重新定义了一个种概念"幂"，使得面积（幂）、体积（积）的表述更加科学、更加准确。刘徽关于幂概念的引入、定义和广泛应用，符合现代逻辑概念定义理论对属种关系概念的定义要求，运用"属加种差方法"定义了从种概念"幂"，是对积概念的进一步科学分类，是对《九章算术》理论方法的科学拓展。对此神奇定义，唐朝数学家李淳风居然未解其中玄妙。他说："观斯注意，积幂义同。以理推之，固当不尔。何则？幂是方面单布之名，积乃众数聚居之称。循名责实，二者全殊。虽欲同之，窃恐不可……注云谓之为幂，全乖积步之本意。"[①] 大意是：李淳风分析刘徽的"幂"定义，认为该定义自相矛盾。他分析，刘徽注中积和幂含义相同，但是，幂是平面之积（"单布"），积代表体积（"聚居"），按照循名责实的原则进行推理，"幂"和"积"是完全不同的概念。可见，即使作为数学家，李淳风也没有正确理解刘徽的"幂"定义，从侧面说明了刘徽演绎逻辑思想的深度和广度。

2. 刘徽逻辑定义理论的推理应用及其与西方的比较

刘徽的逻辑定义理论推理应用举例——解二元一次联立方程组。

二元一次联立方程组一般形式为：

$$\begin{cases} a_1x+b_1y=c_1 \cdots\cdots\cdots\cdots\cdots 1 \\ a_2x+b_2y=c_2 \cdots\cdots\cdots\cdots\cdots 2 \end{cases}$$

解：

式 $1 \times a_2$；式 $2 \times -a_1$，原方程组恒等变换为如下形式：

$$\begin{cases} a_1a_2x+b_1a_2y=c_1a_2 \quad\cdots\cdots\cdots\cdots 3 \\ -a_1a_2x-b_2a_1y=-c_2a_1 \cdots\cdots\cdots\cdots 4 \end{cases}$$

经过恒等变换，式 3、式 4 中未知数 x 的系数为刘徽定义的"今两算

---

① 转引自郭书春《刘徽〈九章算术注〉中的意义及演绎逻辑试析》，《自然科学史研究》1983 年第 3 期，第 195 页。

得失相反，要令正负以名之"的"正负数"，这样就符合刘徽《九章算术注》"方程章"："凡正负所以记其同异，使二品互相取而已矣。……然则可得使头位常相与异名"注文的推理意蕴。简言之，在方程组消元时，为方便计算，经常可以使两行头位符号相反（"使头位常相与异名"）。这一理论和西方数学在解方程时应用的"消元法"，本质上完全相同。

仍然以二元一次联立方程组一般形式解法为例进一步说明如下。

由于式3、式4中未知数 x 的系数是"正负数"，符合"使头位常相与异名"的消元条件，则令式3+式4，可得：

$$b_1 a_2 y - b_2 a_1 y = c_1 a_2 - c_2 a_1 \quad\cdots\cdots\cdots\cdots\cdots\cdots\cdots\cdots\quad 5$$

式5恒等变化，得：

$$y = \frac{c_1 a_2 - c_2 a_1}{b_1 a_2 - b_2 a_1} \quad\cdots\cdots\cdots\cdots\cdots\cdots\cdots\quad 6$$

式6就是二元一次联立方程组一般形式未知数 y 的解。

将式6代入式1，得：

$$x = \frac{b_1 c_2 - b_2 c_1}{b_1 a_2 - b_2 a_1} \quad\cdots\cdots\cdots\cdots\cdots\cdots\cdots\quad 7$$

式7就是二元一次联立方程组一般形式未知数 x 的解。

结论：

二元一次联立方程组一般形式的解为：

$$\begin{cases} x = \dfrac{b_1 c_2 - b_2 c_1}{b_1 a_2 - b_2 a_1} \\ y = \dfrac{c_1 a_2 - c_2 a_1}{b_1 a_2 - b_2 a_1} \end{cases}$$

刘徽的逻辑定义理论在解方程中的推理应用与西方的比较：

刘徽《九章算术注》对方程（组）、正负数的准确定义，是《九章算术》"方程章"的逻辑起点，是解方程的关键所在。

刘徽《九章算术注》"使头位常相与异名"的注文，与西方数学解方程所用消元法，具有完全相同的解题效果，推理结果都具有必然地得出逻辑性质。刘徽数学逻辑推理的思维进路和西方数学公理化思维进路有异曲同工之妙。

（二）刘徽数学推理思想的"三段论"模拟

1. 刘徽《九章算术注》"方程术""直除法"的"三段论"模拟

刘徽《九章算术注》"方程术""直除法"——"以右行上禾偏乘中行而以直除"，注文如下："为术之意，令少行减多行，反复相减，则头位必先尽。上无一位则此行亦阙一物矣。然而举率以相减，不害余数之课也。若消去头位则下去一物之实。如是直令左右行相减，审其正负，则可得而知。"

这个推理可以转化成标准的"三段论"格式：

举率以相减，是不害余数之课的；　　　（大前提）

直除法是举率相减；　　　　　　　　　（小前提）

故直除法不害余数之课。　　　　　　　（结论）

此为三段论第一格的 EAE 式演绎推理。上述推理有且仅有三个概念：中项——举率相减；大项——不害余数之课；小项——直除法。大前提是全称否定判断，小前提是单称肯定判断，结论是单称否定判断，完全符合三段论第一格的规则 EAE 式，具有演绎推理必然地得出性质。[①]

2. 刘徽《九章算术注》"方田术"的"三段论"模拟

刘徽在给《九章算术》"方田术"术文"广从步数相乘得积步"作注时说："此积谓田幂。凡广从相乘谓之幂。"刘徽的注文可以转化成传统逻辑的三段论演绎推理：

凡广从相乘谓之幂；　　　　　　　　　（大前提）

此积为广从相乘；　　　　　　　　　　（小前提）

[①]　参见郭书春《刘徽〈九章算术注〉中的定义及演绎逻辑试析》，《自然科学史研究》1983 年第 3 期。

故此积谓田幂。 　　　　　　　　　（结论）

很显然，这是一个三段论第一格的 AAA 式演绎推理。

上述推理有且仅有三个概念：中项——广从相乘；大项——幂（田幂）；小项——积。中项在大前提中周延，结论中概念的外延不大于它们在两个前提中的外延；大前提是全称肯定判断，小前提是单称肯定判断，结论是单称肯定判断。因而，这个推理完全符合三段论第一格的规则，具有演绎推理必然地得出性质。①

（三）刘徽数学推理思想的"复合推理"模拟

1. 刘徽《九章算术注》"商功章""羡除术"的"复合推理"模拟

刘徽"商功章""羡除术"注文："推此上连无成不方，故方锥与阳马同实。"该注文用来推断同底同高的方锥与阳马（直角四棱锥）体积相等。我们可以用传统逻辑复合推理规则，构造一个完备的推理形式：

> 若两锥体每一层都是相等的方形，则其体积相等；
> 同底同高的方锥与阳马每一层都是相等的方形；
> 故同底同高的方锥与阳马体积相等。

显然，这是一个充分条件假言推理，刘徽《九章算术注》注文省略了其中的假言判断"若两锥体每一层都是相等的方形，则其体积相等"。充分条件假言推理的一般形式为：

> 若 p，则 q；
> P，
> q.

①　参见郭书春《刘徽〈九章算术注〉中的定义及演绎逻辑试析》,《自然科学史研究》
　　1983 年第 3 期。

刘徽《九章算术注》"商功章""羡除术"的充分条件假言推理，是充分条件假言推理肯定前件式，是重言式永真推理，其推理结果具有必然地得出演绎推理性质。

2. 刘徽《九章算术注》"商功章""阳马术"的"复合推理"模拟

刘徽在"商功章""阳马术"注中，证明阳马的体积是 1/3abh（a，b 分别是直角四棱锥——阳马底面长和宽，h 是高）。分成两种情形。

第一种情形，当该阳马的长、宽、高相等时，刘徽将一个立方体分割为三阳马，刘徽《九章算术注》云："观其割分，则体势互通，盖易了也。"这段注文也可以用传统逻辑复合推理规则，构造一个完备的推理形式：

若诸立体体势互通（p），则其体积相等（q）

今长、宽、高相等的立方体分割成的三阳马体势互通（p）

故此三阳马体积相等（q）

该复合推理和"羡除术"的推理形式完全相同，也是一个充分条件假言推理肯定前件式，推理结果具有必然地得出演绎推理性质。经此"割分"，结果立刻显而易见，所以刘徽说"易了也"：三阳马体积相等，均为立方体体积 abh 的 1/3。亦即，阳马的体积是 1/3abh。

第二种情形，当该阳马的长、宽、高不相等时，将一个立方体分割为三阳马时，刘徽《九章算术注》云："其棋或修短，或广狭，立方不等者……（则）阳马异体。然阳马异体，则不可纯合。不纯合，则难为之矣。"在此种情形下，三阳马"异体""不纯合"，即体势不互通，这样就无法准确判定阳马的体积（"则难为之矣"）。这段注文，用传统逻辑复合推理规则构造出的完备推理形式如下：

若诸立体体势互通（p），则其体积相等（q）

今长、宽、高不相等的立方体分割成的三阳马体势不互通（非 p）

故此三阳马体积是否相等，尚无法判定（q 真假不定）

该复合推理是一个充分条件假言推理的否定前件式推理，推理结果真假不定。显然，刘徽在《九章算术注》中，已经能够熟练应用充分条件假言推理的各种推理形式。

　　"数学，除开应用的广泛性之外，抽象性也是它的一个显著的特点。作为一门抽象性的科学，它就不能不和逻辑思想发生更多的联系。"① 通过对刘徽《九章算术注》具体注文的整理和研究，我们可以确信，中国古代数学拥有基于自身文化基因的演绎推理体系，中国逻辑演绎推理体系的核心就是"推类"，这是中国古代数学理论体系的基础和中国古代数学逻辑的主导推理类型。

　　笔者充分支持郭书春对刘徽演绎逻辑思想历史贡献的评价。他指出："刘徽的逻辑思想是深邃的。……勿庸置疑，刘徽以演绎证明为主，他的逻辑系统是建立在演绎法为主的基础之上的。这是中国古代数学从感性认识阶段进入到理性思维阶段的重要标志之一。刘徽在实现中国古代数学'从实践到纯知识领域的飞跃中'（李约瑟语——引者注）作出了最伟大的贡献。他无与伦比的数学成就，为他的逻辑思维提供了可供驰骋的广阔原野；而他精湛深邃的逻辑思想，又是使他取得辉煌成就并加以理论概括，成为中国古代数学理论奠基者的重要思想条件。"②

---

① 钱宝琮、杜石然：《试论中国古代数学中的逻辑思想》，《光明日报》1961 年 5 月 29 日。
② 郭书春：《刘徽〈九章算术注〉中的定义及演绎逻辑试析》，《自然科学史研究》1983 年第 3 期。

第八章

会通视野下的中西方必然推理比较研究

按照本书第四章对比较逻辑学理论体系的建构设想，会通是比较逻辑学的最高层次。会通的比较逻辑学研究，以不同逻辑传统之间的平等对话与内在关系的透视会通为基本研究对象。这一阶段是认识论中的理性形成、实践、轮回乃至飞跃的阶段。它不是仅仅局限于对所认识事物的描述或评价，而是在比较逻辑研究的纵横层面突破"公说公有理，婆说婆有理"的限制，使点、线、面之间有一定的建构和会通，从而形成理论并进一步指导实践，而后在实践中检验，进一步丰富其内涵。本章分别选取刘徽《九章算术注》"开方术""测量术"具体术文作为研究对象，基于会通的比较逻辑学理论设计，尝试对同一术文分别应用中国逻辑"推类"推理和西方公理化演绎推理进行求解，通过对比二者的求解过程、求解方法、推理机制和推理结果，分析中西方必然推理机制殊途同归的原因。

第一节　基于刘徽《九章算术注》
"开方术"的比较研究

为探究中国逻辑必然性推理的内在机制，笔者选取《九章算术·少广》第 12 个问题——开方术（自然数 55225 的开平方）作为研究对象。对于该问题，周栢乔已经从科学技术哲学的视角考察了中国数学机械化算法系统的可靠性、普遍性。① 下面笔者尝试用中国逻辑"科技推类"推理方法，证明自然数 55225 的开平方必然推理机制的可靠性与普遍性。

我们的祖先早就认识到"开方是乘方的逆运算"，所以，任何自然数的开平方，都可化约为自然数平方的逆运算：个位数的平方值必小于一百，十位数的平方值必小于一万，百位数的平方值必小于一百万……依此类推。反过来同理，一百万以内自然数的开平方值最大为百位数，一万以内自然数的开平方值最大为十位数，一百以内自然数的开平方值只能是个位数。上述推理过程可以简单表述为：令 X 为任意可开平方数（即该数能够被开平方），如果 X 为 x 的平方值，那么 x 为 X 的开平方值；反之亦然。该表述构成普通逻辑充要条件假言推理复合命题，其前件、后件之间，存在逻辑必然性。

这就如同"抽屉原理"，给定任意的被开平方数，在理"同"、"类"同的基础上，根据上面的"类"同原则进行推理，其开平方值已经被自然限定在很小的范围，重复运用"推类"推理，即可确定结果。"开方术"的"科技推类"推理机制和程序，详解如下。

在中国古代的生产实践中，数量到万万（亿）级，已足够满足大多数实际问题的需要。笔者这里讨论的"开方术"以万万（亿）数量级为界。

令：a 是 0 到 10 之间的任意自然数，那么：（$a \times 10^0$）的值域介于一到十之间；（$a \times 10^1$）的值域介于十到一百之间；（$a \times 10^2$）的值域介于一百到一千之间；（$a \times 10^3$）的值域介于一千到一万之间。则分别有：

$$(a \times 10^0)^2 = a^2 \times 10^0 \cdots\cdots\cdots\cdots\cdots\cdots\cdots\cdots\cdots ①$$

$$(a \times 10^1)^2 = a^2 \times 10^2 \cdots\cdots\cdots\cdots\cdots\cdots\cdots\cdots\cdots ②$$

$$(a \times 10^2)^2 = a^2 \times 10^4 \cdots\cdots\cdots\cdots\cdots\cdots\cdots\cdots\cdots ③$$

$$(a \times 10^3)^2 = a^2 \times 10^6 \cdots\cdots\cdots\cdots\cdots\cdots\cdots\cdots\cdots ④$$

成立。

---

① 周栢乔：《公理化、算法、与科学的可靠性》，《第二届两岸逻辑教学学术会议论文集》（南京），2006 年 10 月，第 386—398 页。

显然，（$a^2×10^0$）的值域介于一到一百之间；（$a^2×10^2$）的值域介于一百到一万之间；（$a^2×10^4$）的值域介于一万到一百万之间；（$a^2×10^6$）的值域介于一百万到一万万之间。式①②③④的语义依次解释为：

式①：任意个位数的平方介于一到一百之间；

式②：任意十位数的平方介于一百到一万之间；

式③：任意百位数的平方介于一万到一百万之间；

式④：任意千位数的平方介于一百万到一万万之间；

式①②③④均为充要条件的合式公式，根据普通逻辑充要条件假言推理复合命题的推理规则，相反地，可推出：

$$（a^2×10^6）^{-2}=（a×10^3）$$ ……………………（一）

$$（a^2×10^4）^{-2}=（a×10^2）$$ ……………………（二）

$$（a^2×10^2）^{-2}=（a×10^1）$$ ……………………（三）

$$（a^2×10^0）^{-2}=（a×10^0）$$ ……………………（四）

语义依次解释为：

式（一）：任意小于一万万自然数的开平方小于一万；

式（二）：任意小于一百万自然数的开平方小于一千；

式（三）：任意小于一万自然数的开平方小于一百；

式（四）：任意小于一百自然数的开平方小于十；

我们设想，把符合"开方术"要求的"可开平方数"分别看作一个个集合（抽屉），符合式（一）（二）（三）（四）数量级的"可开平方数"集合，分别组成：万万级、百万级、万级、百级四个抽屉，依次命名为 A，B，C，D。我们构建如下"抽屉原理"：

1. 如果一个"可开平方数"a 真包含于 A，那么 a 的开平方为千位数；

2. 如果一个"可开平方数"b 真包含于 B，那么 b 的开平方为百位数；

3. 如果一个"可开平方数"c 真包含于 C，那么 c 的开平方为十位数；

4. 如果一个"可开平方数"d 真包含于 D，那么 d 的开平方为个位数；

"抽屉原理"式 1，2，3，4 均为充分条件假言命题，根据充分条件假言推理肯定前件式规则，可知："抽屉原理"式 1，2，3，4 前件、后件之间的推理关系为"必然地得出"。

"抽屉原理"式 1，2，3，4 的语义可简要解释为：尽管我们无法立刻求得某"可开平方数"开平方的准确结果，但是，根据"可开平方数"的数量级，我们可以立刻断定其开平方值的大致范围。

"开方术"的"科技推类"推理机制：把一亿以内的"可开平方数"，按照其开平方结果的范围特征，分为四个具有"类同"关系的开平方值域集合（"抽屉"）——万位数类、千位数类、百位数类、个位数类四个集合。按照"抽屉原理"式 1，2，3，4 充分条件假言推理肯定前件式规则，在前提（可开平方数）和结论（开平方值）之间形成具有"必然地得出"关系的四个"同类"组合：

前　提（可开平方数）　　　→　结　论（开平方值）

万万级（一百万到一万万之间）　→　万位数类（千位数）

百万级（一万到一百万之间）　→　千位数类（百位数）

万　级（一百到一万之间）　→　百位数类（十位数）

百　级（一到一百之间）　　→　十位数类（个位数）

根据上述可开平方数、开平方值的"同类"组合，通过"科技推类"推理，可以迅速推出任意"可开平方数"的开平方值域。本例中，为研究方便，人为地把"可开平方数"限定在一亿以内。显然，该推理适用于一切"可开平方数"的开平方，具有可靠性和普遍性。

"开方术"的"科技推类"推理程序：

第一步，立类，确定被开方数的量级。

第二步，寻同，寻找到与被开方数"同类"的那个"抽屉"。

第三步，推类得值域，初步锁定开平方值的范围。

第四步，对余数反复适用上述三步，直至得出需要的结果。

"抽屉原理"的本质是中国逻辑的"科技推类"推理，符合笔者此前在"测量术""割圆术"中得出的结论。[①]

"开方术"的"科技推类"推理机制研究结果再次表明，在中国古代数学中，"科技推类"推理在形式上具有类比推理的特点，而在推理的前提与结论之间，则具有演绎推理"必然地得出"的逻辑性质。"科技推类"推理机制及其推理程序例证的不断丰富，为证明中国逻辑存在的合理性，提供了越来越充分的理论依据。

第二节　基于刘徽《九章算术注》"测量术"的比较研究

《九章算术》"勾股篇"，有用表、用矩尺测量的例子。我国明朝科学家徐光启曾就其中的解题程序和方法，与《几何原本》的公理化解题方法进行过比较研究，取得研究成果《测量异同》。其中列举了六道应用几何题的中西不同解法。通过比较研究，徐光启得出"其法略同，其义全异"的结论，即中西方在实际运算方法上大致相同，其中蕴含的"义"却大相径庭。"义"就是徐光启看重的西方逻辑演绎推理系统。但是，他对中国古代应用数学中蕴含的"义"却没有认识。当然，我们不能对一位 400 年前的古人求全责备。

---

① 杨岗营：《中国古代数学中的逻辑机制与推理程序研究——以"测量术"为例》，《前沿》2010 年第 14 期。

《测量异同》列举的六道题，可分为两类。

其一，第一题至第三题分别为"以景测高""以表测高""以表测深"。第二、三题是第一题的简单变换。选第一题进行详细剖析。

其二，第四题至第六题分别为"以重表，兼测无远之高，无高之深""四表测远""以重矩，兼测无广之深，无深之广"。三题所用方法近似，所变化者仅在已知与未知间的转换。故仅选第四题作详细研究。

为更清楚地体现《九章算术》和《几何原本》解题的程序、方法，笔者把两种解题的步骤详细列出，以便比较。

第一题　　"以景测高"

欲测甲乙之高，其全景乙丙长五丈，立表于戊为丁戊，高一丈，表景戊丙长一丈二尺五寸，以表与全景相乘，得五万寸为实，以表景百二十五寸为法，除之，得甲乙高四丈。此旧法与今译同。[①]

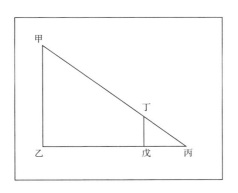

（"表"指测量工具，"景"指物体的影子。引者注）

这是一道很简单的几何题。但是，细究中西方求解的程序和方法，可以发现彼此的本质区别。

《九章算术》解法：

---

①　朱维铮主编《利玛窦中文著译集》，复旦大学出版社，2001，第611页。

"甲乙＝表×全景÷表景"，恒等变化为："甲乙÷全景＝表÷表景"。

"甲乙÷全景＝表÷表景"体现的推理可以用文字描述为：

在有太阳光照射的同一地方、在同一个时刻、由同一个人测得的任意两个物体之高，与其自身的影长成比例。即：物体（A、B）间的"类"（同种性质：长度），在"同"（同时、同地、同一当事人）的前提下，可以推得物体间（物体长和影长）相应比例关系"相同"。此时，选择两物体间任意"类同"的相应比例关系，都可得出同样结果。

一般地，基于"类同"条件，下列关系可以同时成立：

关系1，物体长与自身影长之比相等：
A 物体长÷A 物体影长＝B 物体长÷B 物体影长
关系2，物体间长度之比与各自影长之比相等：
A 物体长÷B 物体长＝A 物体影长÷B 物体影长
关系3，自身与他物影长之比与他物与自身影长之比相等：
A 物体长÷B 物体影长＝B 物体长÷A 物体影长

显然，《九章算术》的解题方法，本质上是一种推类推理。其推理结果具有"必然性"，是"必然地得出"。

"以景测高"解题程序可抽象为：

第一步，通过"知类""察类"，而"立类"，即根据未知的类，确定应选的已知类别。例如，上例中，未知的类是长度（被测物高度），则已知的类也应该是长度（表高），未知和已知间形成"类同"关系。若选圆规作测量工具，则是和"类同"（《墨子·经说上》）对应的"不类"（《墨子·经上》）或"异类"（《墨子·经下》）。"异类不比"（《墨子·经下》）。

第二步，"寻同"，即寻求未知、已知间的"类同"关系。在确立未知和已知间是"类同"关系后，要进一步寻求更多具有"类同"关系的已知条件，如上例中的"影长"。

第三步，"推类"，即根据"以类取，以类予"（《墨子·小取》）的同类相推的推类原则，推知同类关系相同，进而"必然地得出"未知。例如上例中，在同时、同地、同一测量者所测得的，任意物体长与其影长之比相等，即"甲乙÷全景＝表÷表景"，恒等变化为："甲乙＝表×全景÷表景"，结果"必然地得出"。

该题中物体间"类同"关系比较简单，容易"知类""察类"，寻求"类同关系"，进行推类推理。

《几何原本》的解法：

此题若用几何学的定理求解，需要有特殊的要求，即要保证被测物、表及其影子在同一平面内。否则，无法适用平面几何学中的定理。

定理1，三角形相似条件定理："有任一锐角相等的两个直角三角形相似。"

定理2，相似三角形对应边关系定理："相似三角形对应边成比例。"

解：根据定理1可知，甲乙丙、丁戊丙为相似三角形。引定理2，得：

"甲乙÷丁戊＝乙丙÷戊丙"

所以，甲乙＝乙丙×丁戊÷戊丙

几何学公理或定理化的方法，有抽象性强、形式化的特点，很便捷、直观。但是，和中国的推类推理相比，缺乏解决事物间"类同"关系的整体性方案。例如上例中，根据几何学演绎推理，只能由"甲乙÷丁戊＝乙丙÷戊丙"，求出甲乙，这相当于上面《九章算术》的关系2。反过来，由"相似三角形对应边成比例"定理，绝无可能直接得出上文所述《九章算术》的关系1和关系3，而只能进一步通过恒等变换，才可得出相应关系。

需要进一步强调的是，在该例中，《几何原本》的演绎推理仅能适用于被测物体、测量工具和影子在同一个平面内的情况；而《九章算术》

的推类推理，则只强调被测物体和测量工具间的几个"类"，要有"同"的性质，无须考虑相对位置是否处于同一平面中。

可见，徐光启所说"此旧法与今译同"，仅仅是所选择的、中西方两种解法的巧合。在本质上，《九章算术》采用的是推类推理，《几何原本》采用的是演绎推理，二者的推理类型和方法迥然相异。这种"科技推类"的推理结果，具有和演绎推理结果相同的必然性。

第四题"以重表，兼测无远之高，无高之深"

欲于戊，测甲乙之高，乙丙之远，或不欲至，或不能至，则用重表法。先于丙立丁丙表，高十尺，却后五尺，立于戊，目在己，己戊高四尺，视表末丁，与甲为一直线。次从前表却后十五尺，立癸壬表于壬，亦高十尺，却后八尺，立于子，去壬八尺，其目在丑，丑子亦高四尺，从丑视癸、甲为一直线。次以表高十尺，减足至目四尺，得表目较癸辛或丁寅六尺，与表间度癸丁或壬丙十五尺，相乘，得九十尺为实。以两测所得己寅、丑辛相减之较卯辛三尺此较，旧名景差，今名两测较。为法，除之，得三十尺，加表高十尺，得甲乙高四十尺。若以两测所得之小率丙戊五尺，与表间度癸丁或壬丙十五尺相乘，得七十五为实，以卯辛三尺为法，除之，即得乙丙远二十五尺。

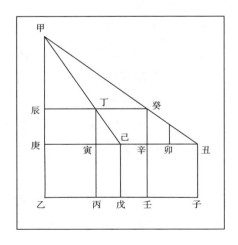

此旧法测高以癸辛或丁寅与辛卯，偕甲辰与等壬丙之丁癸，为同理之比例，今译以癸辛或丁寅与辛卯，偕甲庚与等戊子之乙丑，为同理之比例，旧用壬丙，表间也，今用戊子，距较也。其实同法同论。何者？甲辰与辰丁，若甲庚与庚己也，辰丁与丁癸，若庚己与己丑也。六卷四。平之，则甲辰与丁癸，若甲庚与己丑也。

补论曰：旧法以重表测远，则卯辛与等丙戊之己寅之比例，若等壬丙之癸丁与等乙丙之丁辰。何者？甲辰癸、癸辛丑为等角形，六卷卅二。即丑辛、癸辰为相似边。是丑辛与癸辰，若己寅与丁辰也。六卷四。更之，则丑辛与己寅，若癸辰与丁辰也。今于丑辛减己寅之度，存卯辛，与癸辰减丁辰，存癸丁，则卯辛与己寅，若癸丁与丁辰也。所减之比例等，所存之比例亦等。①

该题是刘徽《海岛算经》中"海岛公式"的延伸，刘徽的证明采用的是"出入相补原理"，其本质也是推类。本例中，物体间的"类同"关系由简单逐渐变复杂。但是，遵循由简到繁，循序渐进的程序。

《九章算术》解法：

测高

欲求甲乙，需先求甲辰（先求甲庚亦可），因为辰乙、庚乙分别为表高和测量者从足到眼的高度，是已知条件。求甲辰，《九章算术》解法仅用一步，即给出必然结果，没有步骤和演算。"表目较癸辛或丁寅六尺，与表间度癸丁或壬丙十五尺，相乘，得九十尺为实。以两测所得己寅、丑辛相减之较卯辛三尺此较，旧名景差，今名两测较。为法，除之，得三十尺。"转换成现在的表述：

"甲辰＝癸辛×癸丁÷卯辛"，恒等变换为："甲辰÷癸丁＝癸辛÷卯辛"。

上述结果，已被《几何原本》的求解结果证实，是正确的。其内在机制是什么呢？

下面，笔者用《九章算术》推类方法，还原求解过程。

---

① 朱维铮主编《利玛窦中文著译集》，复旦大学出版社，2001，第613—614页。另，引文中注明某卷者，为徐光启援引《几何原本》的例证。

假定测甲庚高，分两个时间、地点立表，则形成两组物体长和影长间的"类同"关系：

第一组：A 时间，物体长甲辰、影长庚己与表长丁寅、表影长寅己的"类同"关系；

第二组：B 时间，物体长甲辰、影长庚丑与表长癸辛、表影长辛丑的"类同"关系；

第三组：已知关系，辰庚＝丁寅＝癸辛，辰丁＝庚寅＝乙丙，

丁癸＝寅辛＝丙壬，卯辛＝辛丑－寅己。

那么，根据第一题，经推类推理所得之"类同"关系，结合上面三组关系，可得：

$$甲庚÷丁寅＝庚己÷寅己＝辰丁÷寅己＋1……………………（一）$$

$$甲庚÷癸辛＝庚丑÷辛丑＝庚辛÷辛丑＋1……………………（二）$$

结合（一）（二），得：

$$辰丁÷寅己＝庚辛÷辛丑……………………（三）$$

经恒等变换，得

$$辛丑÷寅己＝庚辛÷辰丁……………………（四）$$

等式两边分别减去 1，可得：

$$卯辛÷寅己＝丁癸÷辰丁……………………（五）$$

即：

$$辰丁÷寅己＝卯辛÷丁癸……………………（六）$$

由（一）（六），并经恒等变换，得出：

$$甲辰÷丁寅＝卯辛÷丁癸……………………（七）$$

式（七）即《九章算术》提供的求解甲辰的公式。

上述推理中，原始关系式（一）、（二）为"推类"推理的必然地得出。其后各关系式：（三）（四）（五）（六）（七）之间，都是通过恒等变换必然地得出。

那么，式（七）隐含着什么样的"类同"关系呢？

请看：

甲辰，其"类"为被测物高度（甲乙）与测量工具——表高（辰

乙＝丁丙＝癸壬）之差。

　　癸丁，其"类"为"表间度"，即两次测量时，测量工具的间距。

　　癸辛，其"类"为"表目较"，即测量工具高和测量者眼足间高之差。

　　卯辛，其"类"为"旧名景差，今名两测较"，即两次测量时，测得表影长之差。

　　"甲辰÷癸丁＝癸辛÷卯辛"的内在机制可以描述为：

　　被测物高度与测量工具高度差与表间度之比，等于表目较与两测较之比。可进一步抽象为：高度差与间距之比相等。

　　显然，这是一种物体间长度"差等类同"关系的推类推理。

　　测远

　　　　以两测所得之小率丙戊五尺，与表间度癸丁或壬丙十五尺相乘，得七十五为实，以卯辛三尺为法，除之，即得乙丙远二十五尺。

　　即：

　　"乙丙＝丙戊×癸丁÷卯辛"，恒等变换为"乙丙÷丙戊＝癸丁÷卯辛"。

　　乙丙，其"类"为被测之距。

　　丙戊，其"类"为测量工具和测量者间距。

　　那么，"乙丙＝丙戊×癸丁÷卯辛"可描述为：被测之远与测量工具和测量者间距之比，等于测量工具和测量者眼睛间高度差与测量工具和测量者间距之比。可进一步抽象为：间距与间距之比相等。这也是关于物体间长度"差等类同"关系的推类。

　　相对于第一题的简单推类，第四题的"察类""立类"工作要困难得多。其"类同"关系虽然本质上都是物体间长度之差，但是表现形态各异。所以，中国古代数学家，能够在众多"类"关系中，寻找到适合在已知和未知间进行推类推理的"类同"关系，确非易事。所以，《墨经》有"推类之难，说在（类）之大小。"（《墨子·经下》）的论述。意在提醒人们，"类"的范畴越大，进行推类越难。因为，"类"越大，蕴含在事物间的"类同"关系也越难以梳理清楚。

《几何原本》的解法：

运算中要用到数学中的三个定理。

定理1，三角形相似条件定理：有任一锐角相等的两个直角三角形相似。此即徐光启译《几何原本》六卷卅二。

定理2，相似三角形对应边关系定理：相似三角形对应边成比例。此即徐光启译《几何原本》六卷四。

定理3，恒等变换定理：等式两边减去相同的数，相等关系不变。

测高

根据定理1，判定甲辰丁与丁寅己、甲辰癸与癸辛丑分别为相似三角形；引定理2，分别得：

"甲辰÷丁寅＝辰丁÷己寅"①

"甲辰÷癸辛＝辰癸÷辛丑"②

因为"丁寅＝癸辛"，所以"甲辰÷丁寅＝甲辰÷癸辛"③，由①②③得：

"辰丁÷己寅＝辰癸÷辛丑"④

亦即"辛丑÷己寅＝辰癸÷辰丁"⑤，引定理3，等式两边各减去1，得：

"卯辛÷己寅＝癸丁÷辰丁"⑥

即"辰丁÷己寅＝癸丁÷卯辛"⑦，由①⑦得：

"甲辰÷丁寅＝癸丁÷卯辛"⑧

则"甲辰＝癸辛×癸丁÷卯辛"⑨

此结果与《九章算术》相同。

测远

根据定理1，甲辰癸、癸辛丑为相似三角形。根据定理2，相似三角形甲辰癸、癸辛丑的对应边成比例，得：

"丑辛÷癸辰＝己寅÷丁辰"①

亦即：

"丑辛÷己寅＝癸辰÷丁辰" ②

引定理3，等式两边各减去1，得：

"卯辛÷己寅＝癸丁÷丁辰" ③

即 "丁辰÷己寅＝癸丁÷卯辛" ④

因为 "己丙＝丁辰"，"丙戊＝己寅"，结合④，可得：

乙丙＝丙戊×癸丁÷卯辛⑤

此结果与《九章算术》亦同。

通过对"勾股"问题的测量术进行研究，初步厘清了这类问题蕴含的共同的推理机制。在《测量异同》中，所谓"大类"指测量任意事物的高度、距离，"类同"指用"日影法"测事物的高度、距离，均符合"物影关系"，即"类"（物高与影高之比）"同"（相等）。所以，中国古代科学技术中的推理，本质上是完全不同于西方公理化演绎推理的"科技推类"，这是基于事物间"类同"关系的推类推理，其推理的前提是某大类事物间要有实质上的"类同"关系。拥有这样的"类同"关系的任何同类事物都可以采取同样的方法解决。其不同只是在于，较简单的问题直接套用"类同"关系即可得解；较复杂的问题则要在"类同"基础上进行一些必要"恒等变换"运算。

至此，通过比较《九章算术》和《几何原本》中，中西方应用数学蕴含的不同推理方法，我们可以得出结论："科技推类"是在中国古代数学中以解决实际问题为目的、基于事物间"类同"关系的推类推理。有一套基于实际经验的推理程序和方法。其推理程序可用"类""同""推"三个字概括。其大致表述如下：

第一步，"类"——"立类"，即根据未知问题的类，通过"知类""别类""察类"等方法，确定应选的已知问题类别。

第二步，"同"——"寻同"，即寻求未知、已知间的"类同"关系。在确立未知和已知是"类同"关系后，要进一步寻求更多具有"类同"关系的已知条件，以利未知的求解。

第三步，"推"——"推类"，即根据"以类取，以类予"的同类相推的推类原则，推知"同类"关系相同，进而得出未知。

通过上述方法、步骤求得的结果，具有必然性。

"科技推类"的推理步骤和西方演绎推理的过程相似，推理结果和西方演绎推理的结果相同，但是，两者的推理内在机制却迥然相异，表现在以下几个方面。

"科技推类"是基于事物间"类同"关系的推理；而西方演绎推理是基于公理化方法的推理。

对中国古代数学中"科技推类"内在机制的研究表明，"科技推类"是蕴含在我国古代科学技术领域的一种实用性很强的推理类型，有自己独特的推理方法、推理程序，其推理结果具有必然性。"科技推类"的真实存在，初步揭开了"爱因斯坦之谜"，为"中国逻辑的合法性"问题提供了正面的、准确的、系统的理论依据。

本书还回答了"中国古代逻辑是什么"的问题。

中国古代逻辑的主导类型是"推类"。"推类"推理具有两重性。在人文社会科学领域，推类具有普通逻辑类比推理的逻辑性质，其前提与结论的联系只具有或然性，这种推类属或然性推理，故称为"人文推类"。在中国古代科学技术中，存在另一种具有普通逻辑演绎推理性质的推类，其前提与结论的联系具有必然性，这种推类属必然性推理，故称为"科技推类"。

第九章

中西方必然推理比较研究展望

第一节　中西方必然推理比较研究的领域可望
再度拓展：从中西方音律比较看

中西方音律都起源于数，呈现效果都是音乐，都是世界文化艺术宝库的重要组成部分。但是，在思维方式、表现形式、功用、呈现载体（乐器）等诸多方面，中西方音律都存在明显差异。在思维方式上，西方音乐源于数，是数学计算的运用；中国古代音乐虽源于数，却是《易经》五行理论的推类。在表现形式上，西方为 7 音，中国为 5 音。在功用上，中国古代音乐在战争预测等方面的独特运用，延续了《易经》思维方式的推类特征，西方音乐则没有。在呈现载体上，西方乐器是基于数学运算结果的精确制造，中国乐器多为模拟自然之物。直到朱载堉发明十二平均律，中西方在音律标准上才逐渐走向科学的统一。基于此，中西方必然推理比较研究可望在音律上进一步展开。以下是笔者的尝试，期望对未来的研究提供一种视角。

音乐，在中国文化史上，具有特殊的地位。在古代，礼乐并重，班固《汉书·艺文志》引孔子话说："安上治民，莫善于礼；移风易俗，莫善于乐。二者相与并行。"音乐在古代社会中的地位，由此可见一斑。古人对音乐的重视，促进了相应音律知识的发展。

一　音律的起源

现代物理学知识告诉我们，乐音的音高，是由发声乐器震动的频率决定的。如果一个声音的震动频率为 a，另一个声音的震动频率是 2a，那么，后一个声音就是前一个声音的"纯八度"高音。同理，如果一个声音的震动频率为 a，另一个声音的震动频率为 a 的一半（a/2），那么，后一个声音就是前一个声音的"纯八度"低音。

中国古人虽然不懂得震动发声的物理学理论，但是他们总结出了跟现代发声理论完全一致的道理。一件圆径固定、长度固定的发声器所发出的声音是一个定值，如果另一件圆径相同的发声器的长度是这件发声器长度的一半，那么，另一件发声器所发出的声音，就是一个纯八度的高音。同理，如果另一件发声器的长度是这件发声器长度的两倍，那么，另一件发声器所发出的声音，就是一个纯八度的低音。

中国古人所使用的音阶是"五声音阶"，即"宫商角徵羽"五个音。其中，宫相当于西洋音阶的 1（dou），商相当于 2（re），角相当于 3（mi），徵相当于 5（sou），羽相当于 6（la）。

二　中国古代音律发展历程

（一）"三分损益法"

"三分损益法"是春秋时期管仲发明的，用来计算五声音阶的律度。三分损益有两个含义：三分损一和三分益一。根据某一特定的弦，去其 1/3，即三分损一，可得出该弦音的上方五度音；将该弦增长 1/3，即三分益一，可得出该弦音的下方四度音。从一律出发，将上述两种方法交替、连续使用，各音律得以生成。三分损益法的记载最早见于《管子·地员》，只算到 5 个音。

> 凡听徵，如负猪豕觉而骇。凡听羽，如鸣马在野。凡听宫，如牛鸣窌中。凡听商，如离群羊。凡听角，如雉登木以鸣，音疾以清。凡将起五音，凡首，先主一而三之，四开以合九九，以是生黄钟小

素之首，以成宫。三分而益之以一，为百有八，为徵。不无有三分而去其乘，适足，以是生商。有三分，而复于其所，以是成羽。有三分，去其乘，适足，以是成角。《管子·地员》第五十八

音效举例：

七音中，以其中任何一音为主（即乐曲主旋律中居于核心地位的主音），就构成了一个调式，不同的调式有不同的感情色彩和表达功能，因而能产生不同的音乐效果。例如，《荆轲刺秦王》叙述荆轲一行出发时，"高渐离击筑，荆轲和而歌，为变徵之声，士皆垂泪涕泣"，"变徵之声"就是变徵调式，这种调式旋律苍凉悲壮，适宜于悲歌。下文又有"复为羽声慷慨"，"羽声"就是羽调式，这种调式高亢激越，所以听后"士皆瞋目，发尽上指冠"。

"三分损益法"的基本原理是：

以一段圆径绝对均匀的发声管为基数——宫（1）；然后，将此发声管均分成三段，舍弃其中的一段保留二段，这就是"三分损一"，余下来的三分之二长度的发声管所发出的声音，就是"宫"的纯五度高音——徵（5）；将徵管均分成三份，再加上一份，即徵管长度的三分之四，这就是"三分益一"，于是就产生了徵的纯四度低音——商（2）；商管保留三分之二，"三分损一"，于是得出商的纯五度高音——羽（6）；羽管"三分益一"，即羽管的三分之四的长度，就是角管，角管发出羽的纯四度低音——角（3）。

这样，在有了基本音"宫"之后，经过两次"三分损一"和两次"三分益一"，"宫、商、角、徵、羽"五个音阶就生成了。宫生徵，徵生商，商生羽，羽生角，由于是"五五相生"，因此，乐律家们说起五个音阶来，他们不是说"宫、商、角、徵、羽"，而是说"宫、徵、商、羽、角"。

根据上述理论而得出的算式，应为：

计算先后程序所合的音算式

（1）宫 1×基本音（假设为 81）＝ 81

（2）徵 81×4/3＝108

（3）商 108×2/3＝72

（4）羽 72×4/3＝96

（5）角 96×2/3＝64①

它们的实际比数是：

宫 徵 商 羽 角＝81 108 72 96 64

继管仲之后，《吕氏春秋·音律篇》在管仲五音的基础上又继续相生了11次，也就是相生到"清黄钟"，使十二律的相生得以完成。"三分损一"，"三分益一"……在连续进行了各六次之后，共得出十二个音，就是我们现在音乐上所使用的一个八度之内的十二个半音。中国古人将这十二个半音音阶称为"十二律"。至此，中国古代音律框架基本形成——"五音十二律"：

五音是宫、商、角、徵、羽。

十二律是指黄钟、大吕、太簇、夹钟、姑洗、仲吕、蕤宾、林钟、夷则、南吕、无射、应钟。

秦汉以后，在五个基本音阶之外，增加"变宫""变徵"两个音阶，就构成了七音。与今天的西方七音阶对比：

宫	商	角	变徵	徵	羽	变宫
1	2	3	4	5	6	7

（二）"十二平均律"

朱载堉（1536—1611），字伯勤，号句曲山人，青年时自号"狂生""山阳酒狂仙客"，又称"端靖世子"，明代著名的律学家（有"律圣"之称）、历学家、音乐家。朱载堉出生于怀庆（今河南沁阳），是明太祖朱元璋九世孙，明成祖朱棣的第八世孙，郑恭王朱厚烷嫡子。其著作有《乐律全书》《律吕正论》《律吕质疑辨惑》《嘉量算经》《律吕精义》《律历融通》《算学新说》《瑟谱》等。

朱载堉发明以珠算开方的办法，求得律制上的等比数列，具体说来

---

① 《史记·律书》以81为宫，先损后益得五声：宫81，徵54，商72，羽48，角64；《管子·地员》以81为宫，先益后损得：宫81，徵108，商72，羽96，角64。

就是，用发音体的长度计算音高，假定黄钟正律为1尺，求出低八度的音高弦长为2尺，然后将2开12次方得频率公比数1.059463094，该公比数自乘12次即得十二律中各律音高，且黄钟正好还原。这种方法第一次解决了十二律自由旋宫转调的千古难题，是音乐史上的重大事件。现代乐器的制造都是用十二平均律来定音的。十二平均律理论被传教士带到了西方，产生了深远的影响，朱载堉也随之享誉欧洲。戴念祖引用了德国物理学家赫尔姆霍茨的一段话："在中国人中，据说有个王子叫载堉的，他在旧派音乐家的大反对中，倡导七声音阶。把八度分成十二个半音以及变调的方法，也是这个有天才和技巧的国家发明的。"① 十二平均律理论被广泛应用在世界各国的键盘乐器上，包括钢琴，故朱载堉被誉为"钢琴理论的鼻祖"。在西方，从严格的数学角度解决十二平均律的理论问题，一般认为是由法国数学家、音乐理论家默森（Marin Mersenne，1588-1648）在他1636年出版的 *Harmonic Universelle* 一书中完成的。他的方法、计算结果和朱载堉完全相同，但是比朱载堉的《律学新说》晚52年。②

中国著名的律学专家黄翔鹏先生说，十二平均律的根本原则"不是一个单项的科研成果，而是涉及古代计量科学、数学、物理学中的音乐声学，纵贯全部中国乐律学史，旁及天文历算并密切相关于音乐艺术实践的、博大精深的成果"。③ 十二平均律是音乐学和音乐物理学的一大革命，也是世界科学史上的一大发明。

戴念祖指出："为了创建十二平均律，他不得不同时解决一系列围绕着它的科学课题。首先，必须找到计算十二平均律的数学方法。这使他在数学上作出了两个当时世界上最先进的成就：一、他最早解答了已知等比数列的首项、末项和项数，而求解等比数列其它各项的方法；二、他最早解决了不同进位数的换算方法，提出了九进制与十进制的换算法则。此外，他最早运用珠算进行开方计算，提出了一套有关开方的

---

① 转引自戴念祖《明代的科学家和艺术家朱载堉》，《自然辩证法通讯》1986年第12期。
② 参见戴念祖《朱载堉及其对音律学的贡献——纪念朱载堉创建十二平均律四百周年》，《自然科学史研究》1984年第4期。
③ 黄翔鹏：《律学史上的伟大成就及其思想启示》，《音乐研究》1984年第8期。

珠算口诀。"①

朱载堉是一位百科全书式的学者，他巧妙地把自然科学知识运用到艺术科学之中，让数学之美在艺术史上绽放异彩。有学者归纳总结了朱载堉"四个世界第一"的成就：他是世界上第一个发明十二平均律理论的人；他是世界上第一个在音乐上实践十二平均律理论的人；他制造了世界上第一件按照十二平均律理论发音的乐器——弦准；他是世界上第一个创立"舞学"一词并为它规定了内容大纲的人。②

对朱载堉在自然科学和艺术科学上取得的成就，李约瑟给予了崇高的评价："朱载堉对人类的贡献是发明了以相等音程来调谐音阶的数学方法，这是一种十分重要的使用体系。"③"朱载堉本人肯定是第一个给另一个研究者以应得评价并最后一个争得优先权的人。毫无疑问，首先从数学上系统阐述平均律的荣誉应归之于中国。"④

第二节　中国数学推理机制在
计算机时代应用展望

通过本书的实证研究可以得出结论：中国传统数学有迥异于西方数学公理化系统的必然推理机制。从推理进程上讲，西方数学公理化演绎推理系统主要是从定义和不证自明的公理公设出发，去证明定理，然后应用得证为真的定理去解决问题；中国古代数学是以应用为导向的，它的主要内容是解方程。解方程的要件：首先是存在一个有原始数据的问题，其次是通过推理得出这个问题的答案，这个答案就是需求数据。而在原始数据（已知数）和需求数据（未知数）之间，通过由已知数和未知数建立起来的关系就是一种方程。只要客观存在解决各种各样问题的

① 戴念祖：《明代的科学家和艺术家朱载堉》，《自然辩证法通讯》1986 年第 12 期。
② 参见戴念祖《明代的科学家和艺术家朱载堉》，《自然辩证法通讯》1986 年第 12 期。
③ 〔英〕李约瑟：《中国科学技术史（第四卷）：物理学及相关技术（第一分册 物理学）》，陆善学等译，科学出版社，2003，第 208 页。
④ 〔英〕李约瑟：《中国科学技术史（第四卷）：物理学及相关技术（第一分册 物理学）》，陆善学等译，科学出版社，2003，第 215 页。

需求，就要建立并解决形形色色的方程。所以，我们从刘徽《九章算术注》"方程章"的"消元法"之"凡正负所以记其同异，使二品互相取而已矣。……然则可得使头位常相与异名"入手分析，发现了远远早于西方"高斯消元法"的"刘徽正负数消元法"，其核心推理机制"使头位常相与异名"，也就是说让拟消元的未知数的系数成为绝对值相等的正负数，从而实现"消元"，这种推理机制成为独具中国传统数学特色的解方程"术"——吴文俊院士称之为"算法"（吴文俊认为，解方程就是以解决各种各样问题为出发点，着重计算，把计算的过程、方法、步骤演算出来。这个方法步骤，就相当于算法）。经过近千年的发展完善，从三国曹魏时期的"刘徽正负数消元法"解线性联立方程组到元代李世杰《四元宝鉴》的"四元术"（即多元高次方程组的建立和求解方法。该方法吸收了刘徽正负数消元法、秦九韶的高次方程数值解法和李冶的天元术），中国式解方程形成了一套完备的数学推理体系。

对于中国古代科学技术在计算机时代的作用，吴文俊给出了明确的答案："计算机数学即是算法的数学。中国的古代数学是一种算法的数学，也就是一种计算机的数学。进入到计算机时代，这种计算机数学或者是算法的数学，刚巧是符合时代要求，符合时代精神的。从这个意义上来讲，我们最古老的数学也是计算机时代最适合、最现代化的数学。"[1]一些西方科学家也认识到中国古代科学整体论的思想对现代科学发展具有重要指导意义。美国物理学家卡普拉把现代物理学与中国传统思想作了对比，认为两者在许多地方极其一致。诺贝尔奖获得者、复杂科学创始人之一普里高津指出，中国文化"具有一种远非消极的整体和谐。这种整体和谐是由各种对抗过程间的复杂平衡造成的"。哈肯则提出"协同学和中国古代思想在整体性观念上有深刻的联系"，他创立协同学是受到中医等东方思维的启发。李约瑟在 1975 年强调"我再一次说，要按照东方见解行事"。

朱清时和姜岩在《东方科学文化的复兴》[2] 一书中，将"李约瑟难

---

①　吴文俊：《东方数学的使命》，《光明日报》2003 年 12 月 12 日。
②　朱清时、姜岩：《东方科学文化的复兴》，北京科学技术出版社，2004。

题"转换成如下问题：中国古代科学思想与方法是否符合现代科学的发展趋势，是否能成为 21 世纪世界科学的主要思想和方法。他们通过比较研究中西方科学技术史，提出了中西方科学与文明的不同内核：源于古希腊的西方科学与文明，其科学思想是还原论，方法是公理化研究方法；源于古代中国的东方科学与文明。其科学思想是整体论，方法是实用化研究方法。该书提出了第二次科学革命的概念。这次革命兴起于 20 世纪，在 21 世纪还将继续发展。它是指目前正在兴起的、与以还原论为指导思想的第一次科学革命有着根本不同的科学革命，它的指导思想是整体论，它的研究对象是从微观、宏观到宇宙观各种尺度下，包括天、地、生和人类社会等各种层次中的整体性、非线性、复杂性、不可逆性、系统的开放性和功能性。《东方科学文化的复兴》一书认为，正如第一次科学革命导致了西方文明的崛起一样，第二次科学革命必然导致中华民族的伟大复兴。因此，吴文俊在该书的"序"中认为该书"实质上已回答了所谓李约瑟难题（即中国近代科技为什么落后的问题）"。

第三节　中国逻辑的未来

中国逻辑过去的辉煌，不代表现实。事实上，中国逻辑为世界所知甚少。要把中国逻辑介绍出去，一个重要的方法就是广泛开展比较逻辑研究。

比较逻辑（Comparison Logic）是跨文化逻辑研究的一种重要方法。它有别于一般的逻辑史研究，有其自身的内涵和特点。它是在比较不同国家、不同时代、不同类型的逻辑之后，实现不同逻辑之间的沟通与重组，发现不同的逻辑（也包括不同类型的现代逻辑）的理论与方法的缺陷或内部系统的缺失，并进行弥补与修改，从而实现新的升华。

我国比较逻辑研究源流远长，从唐代玄奘在公元 645 年从印度带回因明逻辑书籍并进行传播开始，至今已有一千多年，但真正从事比较逻辑研究，还是从严复那里开始的，其后有章太炎、梁启超、章士钊、胡适等人的研究工作涉及逻辑的比较。20 世纪 30 年代至 1978 年改革开放前，我国比较逻辑研究一直处于低谷，很少有人从事这方面的工作。改革开放以后，比较逻辑研究有了一些发展，取得了一定的成绩，如杨百顺的《比较逻辑史》、詹剑峰的《墨家的形式逻辑》、陈孟麟的《墨辩逻辑学》、谭戒甫的《墨经他类译注》和周云之的《墨经逻辑学》等。很明显，比较逻辑研究还不够充分。中国逻辑与外国逻辑（西方逻辑）、因明与西方逻辑、近代逻辑与古代逻辑等比较研究都有待深入，现代东西方逻辑比较研究、现代逻辑在国外与在国内的比较研究、比较逻辑自身的理论研究、比较逻辑方法的研究、国外逻辑教学和国外逻辑研究等都值得我们深入探究。

比较逻辑研究的加强，必将促进我国的逻辑史的研究。同时，逻辑史的研究与深入反过来又将促进比较逻辑史研究。相较于比较逻辑研究，我国的逻辑史研究要好得多，有一支高水平的研究队伍，取得了不少研究成果。近二十年来，尤其是崔师清田先生、刘培育先生、孙中原先生等师者的工作，对中国逻辑史研究有巨大的推动。

但中国逻辑史研究仍有待深入。

一是要注重方法的更新。要"用历史分析与文化诠释的方法代替以西方传统逻辑为唯一参照模式去解释和重构名学与辩学的方法"。[①] 也就是说，对中国古代逻辑思想与理论的理解与继承，不能仅仅以西方传统逻辑为唯一参照物，要注重中国古代逻辑产生、形成与发展所面临的特定的社会的和文化的历史背景。这样做，既可以明辨中国古代逻辑与西方传统逻辑之差异，也能"促使我们思考有关逻辑学及其在中国发展状况的一些根本问题，如，逻辑学的发展是否既有共性也有个性？逻辑学在中国发展的特殊性是什么……我们应当怎样吸收历史的经验与教训，以推进我国逻辑学的发展"。[②]

二是要注重拓展中国逻辑史研究的范围。除了研究中国逻辑发展状况以外，还要研究逻辑在欧美、印度或其他国家和地区的古代、近代、现代以及当代的发展状况；除了研究名家、墨家的逻辑思想，还要研究中国逻辑在中国文化的其他领域中的发展与影响。这两方面的工作我们

---

① 崔清田：《中国逻辑史研究世纪谈》，《社会科学战线》1996 年第 4 期。

② 崔清田：《中国逻辑史研究世纪谈》，《社会科学战线》1996 年第 4 期。

做得并不多，值得进一步深入探究。

在中国逻辑史的研究范围上尤其值得关注的是，中国少数民族文献蕴藏大量丰富的与先秦名辩学有着重要区别的逻辑思想和逻辑类型。中国有 55 个少数民族，至少有 12 个民族在新中国成立前就有自己的文字，多个民族有丰富的古籍经典，记载了本民族厚重的文化。没有文字的许多少数民族也有丰富的文化，如口口相传的史诗，各种仪式用语等富含说理论证的素材。这是中国逻辑史研究的富矿，当深入开掘。

对于这些重要素材，在研究方法上，除了运用历史分析与文化诠释的方法，从理论上认识到民族文化的生成不只是可见的表象。不同的逻辑传统应是其所依托的文化的有机组成部分，参照文化发展的总体特征，对不同逻辑传统给出有理有据的说明，同时要融合不同学科的背景，不断开拓理论研究视野，并持续不断地探索其自在的内部文化逻辑生成机制，这需要多学科的交叉融合。我们认为认知科学的方法可资借鉴。认知科学建立在"6+1"学科框架基础上。"6+1"学科，即哲学（含逻辑学）、心理学、语言学、人类学、计算机科学、神经科学和教育学。这些学科方法的深度融合或综合运用，必将给中国逻辑史研究提供强有力的新工具，同时运用新工具必将产生逻辑史研究的新范式和更多高水平的新成果。就少数民族逻辑思想素材，可基于逻辑学的视角，把民族文化与传统思维和逻辑结合起来，将其文化作为思维论证的重要依托，发现并总结民族文化与传统思维的论证模式。通过对少数民族相关文献的研究并开展田野调查印证，从整体上提炼与民族传统思维契合的论证模式，为更好地了解传统思维论证提出可借鉴的案例。在此基础上，应用认知科学的理论和研究成果，考察少数民族传统思维的逻辑、心理与文化的交互作用，用心理逻辑和文化逻辑的方法加以分析，并建立少数民族传统思维和论证的心理逻辑模型、文化逻辑模型、思维论证模式和行为分析数据。如此，对探究少数民族逻辑思想和逻辑类型的生发有了多学科的支撑，同时对丰富认知科学特别是认知逻辑的基本理论，以及文化与进化的逻辑理论，对促进我国少数民族传统思维和文化的研究，铸牢中华民族共同体意识有重要价值。

参考文献

北京大学哲学系外国哲学史教研室编译《西方哲学原著选读》，商务印书馆，1999。

蔡曙山：《言语行为和语用逻辑》，中国社会科学出版社，1998。

陈波：《逻辑学是什么》，北京大学出版社，2002。

陈波：《逻辑哲学》，北京大学出版社，2005。

陈道德等：《二十世纪意义理论的发展与语言逻辑的兴起》，中国社会科学出版社，2007。

陈宗明主编《中国语用学思想》，浙江教育出版社，1997。

崔清田：《墨家逻辑与亚里士多德逻辑比较研究——兼论逻辑与文化》，人民出版社，2004。

崔清田：《显学重光》，辽宁教育出版社，1997。

崔清田主编《名学与辩学》，山西教育出版社，1997。

董志铁：《名辩艺术与思维逻辑》，中国广播电视出版社，1998（2007年修订）。

杜石然：《中国古代科学家传记》，科学出版社，1992。

方授楚：《墨学源流》，中华书局、上海书局，1989。

冯友兰：《中国现代哲学史》，广东人民出版社，1999。

冯友兰：《中国哲学简史》，新世界出版社，2004。

傅汛际译义，李之藻达辞《名理探》，生活·读书·新知三联书店，1959。

郭桥:《逻辑与文化——中国近代时期西方逻辑传播研究》,人民出版社,2006。

郭书春:《古代世界数学泰斗刘徽》,山东科技出版社,1992。

郭书春:《中国古代数学》(增补本),商务印书馆,1997。

何洋:《墨家辩学》,南海出版公司,2002。

洪谦:《西方现代资产阶级哲学论著选辑》,商务印书馆,1982。

胡适:《胡适学术文集·中国哲学史》,中华书局,1991。

胡适:《先秦名学史》,安徽教育出版社,1999。

胡适:《中国哲学史大纲》(卷上),商务印书馆,1987。

胡阳、李长铎:《莱布尼茨二进制与伏羲太极八卦图考》,上海人民出版社,2006。

胡泽洪:《逻辑的哲学反思:逻辑哲学专题研究》,中央编译出版社,2004。

黄见德:《20世纪西方哲学东渐史导论》,首都师范大学出版社,2002。

黄见德:《西方哲学东渐史》(上、下),人民出版社,2006。

金岳霖:《金岳霖文集》第1—4卷,甘肃人民出版社,1995。

金岳霖:《逻辑》,商务印书馆,1949;上海书店影印《民国丛书》(第三编9)。

金岳霖主编《形式逻辑》,人民出版社,1979。

晋荣东:《逻辑何为——当代中国逻辑的现代性反思》,上海古籍出版社,2005。

靖玉树:《中国历代算学集成》,山东人民出版社,1994。

《九章算经》,《中国历代算学集成》(靖玉树编勘),山东人民出版社,1994。

李继闵:《从"演纪之法"与"大衍总数术"看秦九韶在算法上的成就,秦九韶与数书九章》,北京师范大学出版社,1987。

李匡武主编《中国逻辑史》(五卷本),甘肃人民出版社,1989。

李娜:《数理逻辑的思想与方法》,南开大学出版社,2006。

梁启超：《梁启超哲学思想论文选》，葛懋春、蒋俊编选，北京大学出版社，1984。

梁启超：《饮冰室合集》，中华书局，1989。

梁启超：《中国近三百年学术史》，上海三联书店，2005。

林铭钧、曾祥云：《各辩学新探》，中山大学出版社，2000。

刘邦凡：《中国逻辑与中国传统数学》，南开大学博士学位论文，2004。

刘徽：《九章算经注》，《中国历代算学集成》（靖玉树编勘），山东人民出版社，1994。

刘培育主编《中国古代哲学精华》，甘肃人民出版社，1992。

陆谷孙主编《英汉大词典》（缩印本），上海译文出版社，1993。

麻天祥：《中国近代学术史》，武汉大学出版社，2007。

马佩等编《英汉逻辑学词汇》，四川人民出版社，1988。

牟宗三：《理则学》，江苏教育出版社，2006。

彭漪涟、马钦荣主编《逻辑学大辞典》，上海辞书出版社，2004。

彭漪涟：《中国近代逻辑思想史论》，上海人民出版社，1991。

钱宝琮：《中国数学史》，科学出版社，1981。

钱宝琮：《中国数学史话》，中国青年出版社，1957。

沈有鼎：《墨经的逻辑学》，中国社会科学出版社，1980。

沈有鼎：《沈有鼎文集》，人民出版社，1992。

宋文坚：《逻辑学的传入与研究》，福建人民出版社，2005。

宋志明、孙小金：《20世纪中国实证哲学研究》，中国人民大学出版社，2002。

（清）孙诒让撰，孙启治点校《墨子间诂》，中华书局，2001。

《孙子算经·上》，《中国历代算学集成》（靖玉树编勘），山东人民出版社，1994。

孙中山：《建国方略》，张小莉、申学锋评注，华夏出版社，2002。

孙中原：《中国逻辑史》（先秦），中国人民大学出版社，1987。

孙中原：《中国逻辑研究》，商务印书馆，2006。

覃光广：《文化学辞典》，中央民族学院出版社，1988。

谭戒甫：《墨辩发微》，中华书局，1964（2005 重印）。

汪奠基：《中国逻辑思想史》，上海人民出版社，1979。

汪奠基：《中国逻辑思想史料分析》第一辑，中华书局，1961。

汪馥郁、郎成好：《实用逻辑学词典》，冶金工业出版社，1990。

王克喜：《古代汉语与中国古代逻辑》，天津人民出版社，2000。

王路：《逻辑的观念》，商务印书馆，2000。

王路：《逻辑与哲学》，人民出版社，2007。

王路：《走进分析哲学》，商务印书馆，2000。

王维贤、李先焜、陈宗明：《语言逻辑引论》，湖北人民出版社，1989。

温公颐、崔清田主编《中国逻辑史教程》，南开大学出版社，2001。

温公颐：《温公颐文集》，山西高校联合出版社，1996。

温公颐：《先秦逻辑史》，上海人民出版社，1983。

温州市政协文史资料委员会编《温州文史资料》第五辑，浙江人民出版社，1990。

吴克峰：《易学逻辑研究》，人民出版社，2005。

吴文俊：《秦九韶与数书九章》，北京师范大学出版社，1987。

吴文俊：《吴文俊论数学机械化》，山东教育出版社，1996。

严复：《穆勒名学》，商务印书馆，1981。

严复：《社会剧变与规范重建——严复文选》，上海远东出版社，1996。

严复：《严复集》，中华书局，1986。

杨沛荪：《中国逻辑思想史教程》，甘肃人民出版社，1988。

曾祥云：《中国近代比较逻辑思想研究》，黑龙江教育出版社，1993。

翟锦程：《先秦名学研究》，天津古籍出版社，2004。

詹剑峰：《墨家的形式逻辑》，湖北人民出版社，1956。

张斌峰：《近代墨辩复兴之路》，山西教育出版社，1999。

张斌峰：《人文思维的逻辑——语用学与语用逻辑的维度》，天津人民出版社，2001。

张家龙、刘培育等：《逻辑学思想史》，湖南教育出版社，2004。

张清宇、郭世铭、李小五：《哲学逻辑研究》，社会科学出版社，

1997。

张晴：《20 世纪的中国逻辑史研究》，中国社会科学出版社，2007。

张汝伦编选《理性与良知——张东荪文选》，上海远东出版社，1995。

张申府：《张申府散文》，中国广播电视出版社，1993。

张晓芒：《先秦辩学法则史论》，中国人民大学出版社，1996。

张学立：《金岳霖逻辑哲学思想研究》，贵州人民出版社，2004。

张耀南编选《知识与文化——张东荪文化论著辑要》，中国广播电视出版社，1995。

张忠义、光泉、刚晓主编《因明新论——首届国际因明学术研讨会文萃》，中国藏学出版社，2006。

张忠义：《中国逻辑队"必然地得出"的研究》，人民日报出版社，2006。

章士钊：《逻辑指要》，生活·读书·新知三联书店，1961。

章士钊：《逻辑指要》，重庆时代精神出版社，1943；上海书店影印《民国丛书》（第三编 9）。

郑君文、张恩华：《数学逻辑学概论》，安徽教育出版社，1995。

郑文辉：《欧美逻辑学说史》，中山大学出版社，1994。

《中国逻辑史研究（中国逻辑史第一次学术讨论会文集)》，中国社会科学出版社，1982。

中国逻辑史研究会资料编选组：《中国逻辑史资料选》（先秦卷），甘肃人民出版社，1985。

中国逻辑史研究会资料编选组：《中国逻辑史资料选》（现代卷），甘肃人民出版社，1991。

周礼全：《周礼全集》，中国社会科学出版社，2000。

周礼全主编《逻辑——正确思维和有效交际的理论》，人民出版社，1994。

周山：《中国逻辑史稿》，辽宁教育出版社，1988。

周山主编《中国传统类比推理系统研究》，上海辞书出版社，2011。

周山主编《中国传统思维方法研究》，学林出版社，2010。

周文英：《中国逻辑史稿》，人民出版社，1979。

周文英：《周文英学术著作自选集》，人民出版社，2002。

周云之：《名辩学论》，辽宁教育出版社，1996。

周云之：《中国逻辑史研究》，社会科学文献出版社，2005。

周云之主编《中国逻辑史》，山西教育出版社，2004。

邹崇理：《逻辑、语言和蒙太古语法》，社会科学文献出版社，1995。

邹崇理：《逻辑、语言和信息》，人民出版社，2002。

邹崇理：《自然语言逻辑研究》，北京大学出版社，2000。

〔美〕爱因斯坦：《爱因斯坦文集》第一卷，许良英、范岱年编译，商务印书馆，1976。

〔罗马尼亚〕安东·杜米特留：《逻辑史》第四卷，算盘出版社，1977。

〔英〕C. P. 斯诺：《两种文化》，纪树立译，生活·读书·新知三联书店，1994；陈克艰、秦小虎译，上海科学技术出版社，2003。

〔美〕陈汉生：《中国古代的语言和逻辑》，周文英、张清宇、崔清田等译，社会科学文献出版社，1998。

〔德〕伽达默尔：《哲学解释学》，夏镇平等译，上海译文出版社，1994。

〔德〕伽达默尔：《真理与方法》，洪汉鼎译，上海译文出版社，1999。

〔德〕H. 肖尔兹：《简明逻辑史》，张家龙等译，商务印书馆，1993。

〔英〕哈克：《证据与探究——走向认识论重构》，陈波等译，中国人民大学出版社，2004。

〔德〕海德格尔：《存在与时间》（修订译本），陈嘉映、王庆节译，生活·读书·新知三联书店，1999。

〔德〕海德格尔：《路标》，孙周兴译，商务印书馆，2000。

〔英〕赫胥黎：《天演论》，严复译，华夏出版社，2002。

〔德〕黑格尔：《逻辑学》上卷，杨一之译，商务印书馆，1996。

〔英〕I. M. 科庇：《符号逻辑》，宋文坚、宋文淦译，北京大学出版社，1988。

〔英〕J. S. 密尔：《穆勒名学》，严复译，商务印书馆，1981。

〔英〕吉尔比：《经院辩证法》，王路译，上海三联书店，2000。

〔德〕卡尔-奥托·阿佩尔：《哲学的转变》，胡万福译，光明日报出版社，1992。

〔德〕康德：《纯粹理性批判》，邓晓芒译、杨祖陶校，人民出版社，2004。

〔德〕康德：《纯粹理性批判》，蓝公武译，商务印书馆，2005。

〔美〕克鲁克洪等：《文化与个人》，高佳等译，浙江人民出版社，1986。

〔德〕莱布尼茨：《人类理智新论》上册，陈修斋译，商务印书馆，1982。

〔英〕李约瑟：《中国科学技术史》第一卷，科学出版社，1975。

〔法〕利科尔：《解释学与人文科学》，陶远华等译，河北人民出版社，1987。

〔意〕利玛窦等：《利玛窦中国札记》，何济高等译，中华书局，1987。

〔波〕卢卡西维茨：《亚里士多德的三段论》，李真、李先焜译，商务印书馆，1981。

〔英〕罗素：《西方哲学史》上、下卷，商务印书馆，1976。

〔美〕M. 克莱因：《古今数学思想》，上海科学技术出版社，1980。

〔英〕马林诺夫斯基：《文化论》，费孝通等译，中国民间文艺出版社，1987。

Peirce Charles Sanders, *Articles Dictionary of Philosophy and Psychology*, The Macmillan Company, 1925.

〔英〕培根：《新工具》，许宝骙译，商务印书馆，1997。

〔美〕塞路蒙·波克纳：《数学在科学起源中作用》，1992。

〔俄〕舍尔巴茨基：《佛教逻辑》，商务印书馆，1997。

〔英〕特瑞·伊格尔顿：《文化的观念》，方杰译，南京大学出版社，2003。

〔英〕W. D. 罗斯：《亚里士多德》，王路译，张家龙校，商务印书馆，1997。

〔英〕W. S. 耶方斯：《名学浅说》，严复译，商务印书馆，1981。

〔英〕威廉·涅尔、玛莎·涅尔：《逻辑学的发展》，张家龙、洪汉鼎译，商务印书馆，1985。

〔法〕维克多·埃尔：《文化概念》，康新文等译，上海人民出版社，1988。

〔英〕维特根斯坦：《哲学研究》，陈嘉映译，上海人民出版社，2005。

〔奥〕维特根斯坦：《逻辑哲学论》，贺绍甲译，商务印书馆，2005。

〔古希腊〕亚里士多德：《工具论》（上、下），余纪元等译，中国人民大学出版社，2003。

〔古希腊〕亚里士多德：《形而上学》，吴寿彭译，商务印书馆，1997。

〔德〕尤尔根·哈贝马斯：《交往行为理论：行为合理性与社会合理化》，曹卫东译，上海人民出版社，2004。

蔡曙山：《论哲学的语言转向及其意义》，《学术界》2001年第1期。

蔡曙山：《逻辑学与现代科学的发展》，《中国社会科学》2000年第4期。

查永平：《中西数学符号之比较与不同结局》，《科学技术与辩证法》1998年第12期。

陈道德：《20世纪语言逻辑的发展：世界与中国》，《哲学研究》2005年第11期。

陈卫平：《"金岳霖问题"与中国哲学史学科独立性的探求》，《学术月刊》2005年第11期。

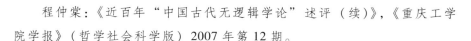

程仲棠：《近百年"中国古代无逻辑学论"述评（续）》，《重庆工学院学报》（哲学社会科学版）2007 年第 12 期。

程仲棠：《近百年"中国古代无逻辑学论"述评》，《学术研究》2006 年第 11 期。

程仲棠：《评张东荪的文化主义逻辑观》，《中国哲学史》2006 年第 3 期。

楚明锟：《简论冯友兰的逻辑分析法思想》，《哲学研究》1998 年第 10 期。

崔清田：《关于中西逻辑的比较研究——由中西文化交汇引发的思考》，《信阳师范学院学报》（哲学社会科学版）2003 年第 2 期。

崔清田：《墨家逻辑与亚里士多德逻辑的比较研究》，《南开学报》（哲学社会科学版）2002 年第 6 期。

崔清田：《推类——中国逻辑的主导推理类型》，《中州学刊》2004 年第 3 期。

崔清田：《中国逻辑史研究世纪谈》，《社会科学战线》1996 年第 4 期。

崔清田：《中国逻辑与中国传统伦理思想》，《山东师范大学学报》（人文社会科学版）2003 年第 3 期。

戴建平：《李约瑟、李约瑟问题与〈中国科学技术史〉》，《科技与经济》2003 年第 1 期。

董志铁：《东西方逻辑的三源交汇与比较研究的兴起》，《北京航空航天大学学报》（社会科学版）1999 年第 4 期。

董志铁：《关于"逻辑"译名的论战》，《天津师范大学学报》（社会科学版）1986 年第 1 期。

杜光：《为胡适辩诬——对"大胆假设，小心求证"和"问题与主义"的再认识》，《炎黄春秋》2005 年第 7 期。

葛荃：《逻辑与政治思想——推类逻辑与中国传统政治思维》，《中州学刊》2003 年第 2 期。

郭桥：《西方逻辑的引入与墨子研究新范式》，《自然辩证法研究》

2005 年第 4 期。

　　郭桥：《严复输入西方逻辑探源》，《科学技术与辩证法》2000 年第 6 期。

　　郭书春：《〈九章算术〉勾股章的校勘和刘徽勾股理论系统初探》，《自然科学史研究》1985 年第 10 期。

　　郭书春：《〈九章算术〉和刘徽注中之率概念及其应用试析》，《科学史集刊》1984 年第 8 期。

　　郭书春：《关于〈九章算术〉及其刘徽注的研究》，《传统文化与现代化》1997 年第 1 期。

　　郭书春：《关于中国传统数学的"术"》，载《数学与数学机械化》，山东教育出版社，2001。

　　郭书春：《关于中国古代数学哲学的几个问题》，《自然辩证法研究》1988 年第 3 期。

　　郭书春：《刘徽〈九章算术注〉中的定义及演绎逻辑试析》，《自然科学史研究》1983 年第 3 期。

　　郭书春：《刘徽思想探源》，《中国哲学史研究》1984 年第 2 期。

　　郭书春：《试论刘徽的数学理论体系》，《自然辩证法通讯》1987 年第 11 期。

　　郭书春：《希腊与中国古代数学比较刍议》，《自然辩证法研究》1988 年第 11 期。

　　郭书春：《希腊与中国古代数学比较刍议》，《自然辩证法研究》1988 年第 6 期。

　　郭书春：《中国古代没有演绎逻辑吗》，《中华读书报》2000 年 7 月 26 日。

　　郭书春：《中国古代数学理论奠基者刘徽》，载《山东古代科学家》，山东教育出版社，1992。

　　何新：《黑格尔"逻辑学"释名》，《学术研究》1986 年第 1 期。

　　江晓原：《〈周髀算经〉——中国古代唯一的公理化尝试》，《自然辩证法通讯》1996 年第 3 期。

解启扬：《胡适的墨学研究》，《安徽史学》1998 年第 4 期。

鞠实儿：《逻辑学的问题与未来》，《中国社会科学》2006 年第 9 期。

乐爱国：《略论〈周易〉对中国古代历法的影响——兼与李申先生商榷》，《周易研究》2005 年第 5 期。

李春泰：《论墨子与亚里士多德逻辑学的差别及其意义》，中国人民大学复印报刊资料《逻辑》2001 年第 5 期。

李春勇：《20 世纪中国逻辑的争辩与逻辑观》，博士学位论文，华东师范大学，2002。

李迪：《序一》，《杰出数学家秦九韶》，科学出版社，2003。

李根蟠：《〈陈旉农书〉与"三才"理论与〈齐民要术〉比较》，《华南农业大学学报》（社会科学版）2003 年第 2 期。

李小五：《何谓现代归纳逻辑》，《哲学研究》1996 年第 9 期。

李小五：《什么是逻辑?》，《哲学研究》1997 年第 10 期。

李卒：《中国逻辑史研究方法的新探索——浅述崔清田教授的"历史分析与文化诠释方法"》，中国逻辑学会编《逻辑研究文集（六次全国逻辑学大会论文集）》，西南师大出版社，2001。

梁宗巨：《从数学史看中国近代科学落后的原因》，《科学传统与文化——中国近代科学落后的原因》，陕西科学技术出版社，1983。

刘邦凡、何向东：《面向不足与复杂认知的当代归纳逻辑研究》，《哲学动态》2012 年第 1 期。

刘邦凡、刘新文：《2009 年应用逻辑学术会议综述》，《哲学动态》2009 年第 10 期。

刘邦凡、王静：《中国传统数学的逻辑过程》，《汉中师范学院学报》（社会科学版）1998 年第 4 期。

刘邦凡、王磊：《论逻辑的自然与自然的逻辑》，《自然辩证法研究》2010 年第 1 期。

刘邦凡：《"推类"是〈数书九章〉的基本推理类型》，《科技信息》2007 年第 2 期。

刘邦凡：《当今三大发展中逻辑的交叉及其认知归省》，《哲学动态》

2008 年第 6 期。

刘邦凡：《关注中国传统数学》，《河南教育学院学报》（自然科学版）2005 年第 3 期。

刘邦凡：《科学史与逻辑史的交叉研究》，《中国社会科学报》2010 年 1 月 28 日。

刘邦凡：《刘徽〈九章算术注〉的逻辑思路与先秦诸家》，《科技信息》2007 年第 6 期。

刘邦凡：《论〈九章算术〉原文的推类思想》，《科技信息》2007 年第 8 期。

刘邦凡：《论推类逻辑与中国古代科学》，《哲学研究》2007 年第 11 期。

刘邦凡：《论推类逻辑与中国古代医学》，《医学与哲学》（人文社会医学版）2008 年第 8 期。

刘邦凡：《论中国逻辑与中国传统数学》，《自然辩证法研究》2005 年第 3 期。

刘邦凡：《浅论"中算"逻辑与中国古代逻辑思想》，《康定民族师范专科学校学报》2000 年第 3 期。

刘邦凡：《什么是中国逻辑》，《船山学刊》2005 年第 4 期。

刘邦凡：《中国逻辑的近代复兴与未来发展》，《燕山大学学报》（哲学社会科学版）2007 年第 1 期。

刘邦凡：《中国逻辑与中国古代数学》，博士学位论文，南开大学，2004。

刘钝：《谈中国数学史上的正则模型化方法》，《科学月刊》1994 年第 5 期。

刘静芳：《从胡适的哲学观看其对中国传统文化的态度》，《上海大学学报》（社会科学版）2004 年第 1 期。

刘培育：《20 世纪名辩与逻辑、因明的比较研究》，《社会科学辑刊》2001 年第 3 期。

刘培育：《名辩学与中国古代逻辑》，《哲学研究》1998 年增刊。

刘培育：《名辩学与中国古代逻辑》，《哲学研究》1998 年增刊。

刘培育：《秦后八百年逻辑发展概观》，《自然辩证法研究》1988 年第 6 期。

刘培育：《沈有鼎研究先秦名辩学的原则和方法》，《哲学研究》1997 年第 10 期。

刘培育：《中国逻辑史研究 50 年概览》，《哲学动态》1999 年第 2 期。

马来平：《严复论传统认识方式与科学》，《自然辩证法通讯》1995 年第 2 期。

马佩：《要提倡大逻辑观，反对狭隘的小逻辑观——评王路先生的〈逻辑的观念〉》，《河南大学学报》（社会科学版）2001 年第 1 期。

梅荣照：《〈墨经〉的逻辑学与数学》，载《中国传统科技文化探胜——纪念科学史家严敦杰先生》，1999。

梅荣照：《宋元数学中新的思想、方法和理论》，《自然科学史研究》1990 年第 1 期。

南明镇：《中国何以未发展出西方那样的逻辑学》，《孔子研究》1992 年第 3 期。

宁莉娜：《论金岳霖逻辑方法的跨界性特征》，《哲学研究》2006 年第 1 期。

钱宝琮、杜石然：《试论中国古代数学中的逻辑思想》，《光明日报》1961 年 5 月 29 日。

钱宝琮、杜石然：《试论中国古代数学中的逻辑思想》，《光明日报》1961 年 5 月 29 日。

乔清举：《金岳霖前期哲学体系纵论》，《哲学研究》1999 年第 3 期。

任秀玲：《先秦逻辑的“应因之术”是形成中医理论体系的重要方法》，《中国医药学报》1998 年第 6 期。

沈清松：《斯德哥尔摩“文化诠释”学术研讨会议评述》，（台湾）“国立政治大学”哲学系网站，2003 年 7 月。

宋述刚、陈彰栋：《试论荆州古代数学》，《荆州师专学报》（自然科学版）1995 年第 5 期。

　　宋文淦：《符号逻辑基础》，北京师范大学出版社，1993。

　　孙宏安：《〈九章算术〉思想方法的特点》，《辽宁师范大学学报》（自然科学版）1997 年第 4 期。

　　孙宏安：《宋元数学发展的文化分析》，《东北师范大学学报》（自然科学版）2000 年第 1 期。

　　孙宏安：《中国古代科学发展的文化背景》，人民网，2004 年 2 月 13 日。

　　孙杰远：《古典数学思想的中西比较及哲学思考》，《广西师范大学学报》（自然科学版），1997。

　　孙诒让：《与梁卓如论墨子书》，墨学源流，中华书局，1934。

　　孙中山：《孙中山选集》，人民出版社，1981。

　　孙中原：《论墨家逻辑》，《哲学研究》1998 年增刊。

　　孙中原：《论中国逻辑史研究中的肯定与否定》，《广西师院学报》（哲学社会科学版）2000 年第 4 期。

　　孙中原：《世界逻辑元研究的进展——评〈逻辑学思想史〉》，《哲学动态》2005 年第 6 期。

　　孙中原：《中国古代有逻辑论》，《人文杂志》2002 年第 6 期。

　　孙中原：《中国逻辑史方法论》，《武汉科技大学学报》（社会科学版）2001 年第 1 期。

　　孙中原：《中国逻辑史研究百年玄览》，《光明日报》2000 年 6 月 6 日。

　　孙中原：《中国逻辑史研究若干问题》，《哲学动态》2001 年第 7 期。

　　孙中原：《中国逻辑研究百年论要》，《东南学术》2001 年第 1 期。

　　孙中原：《中国逻辑研究解论要》，《东南学术》2001 年第 1 期。

　　孙中原：《中国逻辑元研究》，《中国人民大学学报》2005 年第 2 期。

　　汪奠基：《丰富的中国逻辑思想遗产》，《哲学研究》1961 年第 1 期。

　　汪奠基：《关于中国逻辑史的对象和范围问题》，《哲学研究》1957 年第 2 期。

汪奠基：《关于中国逻辑史的对象和范围问题》，《哲学研究》1957年第2期。

汪奠基：《先秦逻辑思想的重要贡献》，《哲学研究》1962年第1期。

王克喜：《开拓逻辑应用研究的新局面》，《哲学动态》2004年第9期。

王克喜：《论逻辑和文化》，《南京社会科学》2006年第12期。

王克喜：《文化视角下的逻辑东渐》，《中州学刊》2006年第4期。

王路、张立娜：《逻辑的观念与理论——中国逻辑史研究的两个重要因素》，《求是学刊》2007年第5期。

王路：《关于逻辑哲学的几点思考》，《中国社会科学》2003年第3期。

王路：《论"必然地得出"》，《哲学研究》1999年第10期。

王路：《逻辑和思维》，《社会科学战线》1990年第3期。

王全峰、刘兴祥：《〈九章算术〉中最小公倍数求法的理论化和程序化》，《延安大学学报》（自然科学版）1999年第1期。

王荣彬：《〈九章算术〉商功章的逻辑顺序及造术初探》，《数学史研究文集》（第二辑、李迪编），1994。

王渝生：《机械化数学的新曙光》，《科学月刊》1997年第12期。

王雨田：《关于逻辑与逻辑现代化的几个问题——评唯演绎主义》，《自然辩证法研究》2002年第8期。

王雨田：《逻辑学中怎能没有归纳逻辑——评唯演绎主义的逻辑观》，《哲学研究》2002年第3期。

王玉民：《司天观象、敬授民时——中国古代天文学》，《天文爱好者》2004年第5期。

巫寿康：《刘徽〈九章算术注〉逻辑初探》，《自然科学史研究》1987年第1期。

吴家国：《我的逻辑观》，《湘潭师范学院学报》（社会科学版）2002年第2期。

吴克峰：《中国逻辑史视野下的易学与名辩学》，《周易研究》2006

年第 2 期。

吴文俊：《从〈数书九章〉看中国传统数学构造性与机械化的特色》，《秦九韶与数书九章》，北京师范大学出版社，1987。

吴文俊：《关于研究数学在中国的历史与现状——〈东方数学典籍《九章算术》及其刘徽注研究〉序言》，《自然辩证法通讯》1990 年第 4 期。

吴文俊：《中国传统数学的未来》，《文汇报》2001 年 2 月 21 日。

席泽宗：《中国科学的传统与未来》，《共同走向科学——百名院士科技系列报告集·下》，新华出版社，2000。

行华：《经学方法与古代农书的编纂——以〈齐民要术〉为例》，《河北农业大学学报》（农林教育版）2006 年第 4 期。

熊明辉：《语用论辩术——一种批判性思维视角》，《湖南科学技术大学学报》（社会科学版）2006 年第 1 期。

许锦云：《论墨经逻辑的价值》，《职大学报》2003 年第 1 期。

颜华东：《近代中西学之争与严复译介西方逻辑》，《兰州大学学报》（社会科学版）2000 年第 6 期。

杨振宁：《中国文化与科学》（2000 年 12 月 3 日在香港中文大学“新亚书院”举行的“金禧讲座”上演讲），北京文化网，2003 年 12 月。

俞瑾：《中国逻辑史研究之误区》，《江苏教育学院学报》（社会科学版）1997 年第 2 期。

袁彩云：《金岳霖逻辑思想研究》，《江汉论坛》2002 年第 3 期。

曾祥云、刘志生：《跨世纪之辩：名辩与逻辑——当代中国逻辑史研究的检视与反思》，中国人民大学复印报刊资料《逻辑》2003 年第 3 期。

曾祥云：《20 世纪中国逻辑史研究的反思——拒斥“名辩逻辑”》，中国人民大学复印报刊资料《逻辑》2001 年第 2 期。

曾雄生：《儒学与中国传统农学》，《传统文化与现代化》1995 年第 6 期。

曾昭式：《普通逻辑语境下墨辩逻辑学研究的回顾与反思》，《哲学研究》2005 年第 11 期。

曾昭式：《中国逻辑史研究的三种立场》，《哲学动态》2002年第8期。

曾昭式：《中国逻辑史研究的一种观念》，《哲学动态》2008年第5期。

翟锦程：《从〈逻辑史手册〉看逻辑史研究与逻辑学发展的新趋势——兼谈中国逻辑研究的问题》，《东南大学学报》（哲学社会科学版）2007年第4期。

翟锦程：《近代先秦名学研究的文化意义与价值》，《南开学报》（哲学社会科学版）2004年第5期。

翟锦程：《先秦名家论名及其谬误》，《中州学刊》2001年第2期。

翟锦程：《用逻辑的观念审视中国逻辑研究——兼论逻辑史研究中的几个问题》，《南开学报》（哲学社会科学版）2007年第4期。

张斌峰：《在逻辑与文化之间——张东荪的逻辑文化观》，《安徽史学》2001年第2期。

张建军：《真正重视"逻先生"——简论逻辑性的三重学科性质》，《人民日报》2002年1月12日。

张晴：《20世纪中国逻辑研究》，博士学位论文，中国社会科学院研究生院，2004。

张祥龙：《周敦颐的〈太极图说〉、〈易〉象数及西方有关学说》，《现代哲学》2005年第1期。

张晓光：《墨家的"类推思想"》，《中国哲学史》2002年第2期。

张晓光：《中国逻辑传统中类与推类》，《广东社会科学》2002年第3期。

张耀南：《张东荪与金岳霖：两条不同的知识论路向》，《长沙水电师院社会科学学报》1996年第1期。

张钟静：《试论〈九章算术〉的问题设计》，《自然科学史研究》1996年第2期。

赵敦华：《逻辑和形而上学的起源》，《学术月刊》2004年第1期。

赵敏：《中国哲学与古代农学》，《船山学刊》2002年第2期。

《中国传统逻辑在近、现、当代的升华与发展》（上、下），《江西教育学院学报》（社会科学版），1998。

中国大百科全书编辑委员会：《中国大百科全书·哲学卷》，中国大百科全书出版社，1995。

中国科学院《自然辩证法通讯》杂志社编《科学传统与文化——中国近代科学落后的原因》，陕西科学技术出版社，1983。

中国自然科学史研究所：《宋元时期数学与道学的关系》，《钱宝琮科学史论文选》，科学出版社，1983。

周栢乔：《公理化、算法、与科学的可靠性》，载《第二届两岸逻辑教学学术会议论文集》（南京），2006 年 10 月。

周躬方：《跋〈辩学遗牍〉》，《文献季刊》2000 年第 2 期。

周礼全：《形式逻辑和自然语言》，《哲学研究》1993 年第 12 期。

周文英：《中国逻辑的独立发展和奠基时期》（上、下），《江西教育学院学报》（社会科学）1997 年第 2、4 期。

邹大海：《出土〈算数书〉初探》，《自然科学史研究》2001 年第 3 期。

邹大海：《刘徽的无限思想及其解释》，《自然科学史研究》1995 年第 1 期。

后　记

　　本书是 2011 年度国家社科基金西部项目"中西方必然推理比较研究——以《九章算术》刘徽注为对象"（11XZX009）的成果。本书继承和发展了被北欧学者称为中国逻辑史研究的"南开学派"的逻辑观念及研究方法，即以逻辑与文化关系为主线，深刻认识并高度认同关于逻辑具有共通性和特殊性的思想，坚持文化逻辑观，精准运用"历史分析与文化诠释"的方法。在研究过程中，得到崔清田先生的悉心指导，先生对项目组提出的新观点、涉及的新材料，给予了诸多重要的帮助。在此，对崔清田先生表示最诚挚的谢意。

　　本书就研究的核心问题——中西方必然推理，在研究内容上做出三个相结合：整体性历史把握与局部性重点研究相结合，描述性（定性）论证与实证性（定量）论证相结合，历史分析与文化诠释相结合。项目组成员刘邦凡教授、刘明明教授、王东浩博士从各自专业领域，为本书成稿贡献了智慧和力量。感谢大家的辛勤付出！

　　本书的撰写和出版，得到项目负责人所在单位贵州省社会科学院和项目责任单位贵州工程应用技术学院的大力支持，贵州民族大学"多彩贵州文化省部共建协同创新中心"给予资助。中国逻辑学会会长、中国社会科学院哲学研究所研究员杜国平先生欣然为本书作序，给予诸多肯定和鼓励；社会科学文献出版社的责任编辑袁卫华老师以极端负责的工作态度，反复认真审阅文稿并给予精心编辑，为本书提高质量、顺利付梓贡献良多；李琦老师参与了本书的文字校勘和出版协调工作，在此一并致谢。

鉴于本书时间跨度大、涉及专家学者成果较多，在内容的约取上难免挂一漏万，行文错漏肯定存在，敬请方家不吝赐教、广大读者批评指正。

2024 年仲夏于贵阳

图书在版编目（CIP）数据

中西方必然推理比较研究 / 张学立，杨岗营著. --
北京：社会科学文献出版社，2024.8
ISBN 978-7-5228-0681-5

Ⅰ.①中… Ⅱ.①张… ②杨… Ⅲ.①逻辑推理-对
比研究-中国、西方国家 Ⅳ.①B812.23

中国版本图书馆 CIP 数据核字（2022）第 166631 号

中西方必然推理比较研究

著　　者 / 张学立　杨岗营

出 版 人 / 冀祥德
责任编辑 / 袁卫华
责任印制 / 王京美

出　　版 / 社会科学文献出版社·人文分社（010）59367215
　　　　　　地址：北京市北三环中路甲 29 号院华龙大厦　邮编：100029
　　　　　　网址：www.ssap.com.cn
发　　行 / 社会科学文献出版社（010）59367028
印　　装 / 三河市尚艺印装有限公司

规　　格 / 开　本：787mm×1092mm　1/16
　　　　　　印　张：19　字　数：281 千字
版　　次 / 2024 年 8 月第 1 版　2024 年 8 月第 1 次印刷
书　　号 / ISBN 978-7-5228-0681-5
定　　价 / 138.00 元

读者服务电话：4008918866